Réussir

Eureka Math

3ᵉ année
Modules 1–4

Great Minds PBC is the creator of Eureka Math®,
Wit & Wisdom®, Alexandria Plan™, and PhD Science™.

Published by Great Minds PBC. greatminds.org

Copyright © 2020 Great Minds PBC. All rights reserved. No part of this work may be reproduced or used in any form or by any means—graphic, electronic, or mechanical, including photocopying or information storage and retrieval systems—without written permission from the copyright holder.

ISBN 978-1-64929-082-3

1 2 3 4 5 6 7 8 9 10 XXX 25 24 23 22 21 20

Printed in the USA

Apprendre ♦ Pratiquer ♦ Réussir

Le matériel pédagogique d'*Eureka Math®* pour *A Story of Units®* (K-5) est proposé dans le trio *Apprendre, Pratiquer, Réussir*. Cette série prend en charge la différenciation et la remédiation tout en gardant les documents pour les élèves organisés et accessibles. Les éducateurs constateront que la série *Apprendre, Pratiquer* et *Réussir* propose également des ressources cohérentes—et donc plus efficaces—pour la réponse à l'intervention (RAI), la pratique supplémentaire et l'apprentissage pendant l'été.

Apprendre

Eureka Math® Apprendre sert de compagnon de classe aux élèves, où ils montrent leurs réflexions, partagent ce qu'ils savent, et voient leurs connaissances s'enrichir chaque jour. *Apprendre* rassemble le travail quotidien en classe—Problèmes d'application, Tickets de sortie, Ensembles de problèmes, Modèles—dans un volume organisé et facilement navigable.

Pratiquer

Chaque leçon *Eureka Math®* commence par une série d'activités de maîtrise énergiques et joyeuses, y compris celles se trouvant dans *Eureka Math® Pratiquer*. Les élèves qui maîtrisent déjà leurs savoirs en mathématiques peuvent acquérir une plus grande maîtrise pratique, encore plus approfondie. Avec *Pratiquer,* les élèves acquièrent des compétences dans les savoirs nouvellement acquis et renforcent leurs apprentissages antérieurs en vue de la leçon suivante.

Ensemble, *Apprendre* et *Pratiquer* fournissent tout le matériel imprimé que les élèves utiliseront pour leur enseignement fondamental des mathématiques.

Réussir

Eureka Math® Réussir permet aux élèves de travailler individuellement vers leur maîtrise. Ces Ensembles additionnels de problèmes font correspondre chaque leçon à l'enseignement en classe, ce qui les rend idéaux comme devoirs ou pratiques supplémentaires. Chaque Ensemble de problèmes est accompagné d'une Aide aux devoirs, un ensemble d'exemples concrets qui illustrent comment résoudre des problèmes similaires.

Les enseignants et les tuteurs peuvent utiliser les livres *Réussir* des niveaux précédents comme outils cohérents avec le programme pour combler des lacunes dans les connaissances fondamentales. Les élèves s'épanouiront et progresseront plus rapidement parce que les modèles familiers facilitent les connexions au contenu de leur niveau scolaire actuel.

Élèves, familles et éducateurs :

Merci de faire partie de la communauté Eureka Math®, qui célèbre la passion, l'émerveillement et le plaisir des mathématiques.

Rien ne vaut la satisfaction de la réussite : plus les élèves sont compétents, plus leur motivation et leur engagement sont grands. Le livre *Eureka Math® Réussir* fournit les conseils et les exercices supplémentaires dont les élèves ont besoin pour consolider leurs connaissances de base et acquérir la maîtrise de nouveaux matériaux.

Que contient le livre Réussir *?*

Les livres *Eureka Math® Réussir* fournissent des ensembles d'exercices pratiques qui complémentent les leçons de *Une Histoire d'unités®*. Chaque leçon de Réussir commence par un ensemble d'exemples travaillés, appelés "Aides aux devoirs", qui illustrent la façon dont le programme d'études utilise la modélisation et le raisonnement pour renforcer la compréhension. Ensuite, les élèves s'exercent à l'aide d'une série de problèmes soigneusement séquencés afin de partir d'une zone de confort, puis augmentent progressivement en complexité.

Comment utiliser Réussir *?*

La série de livres *Réussir* peut être utilisée comme enseignement différencié, exercices pratiques, devoirs ou comme soutien scolaire. Associées à *Affirmé®*, le système d'évaluation numérique d'*Eureka Math®*, les leçons de *Réussir* permettent aux éducateurs de dispenser une pratique ciblée et d'évaluer les progrès des élèves. L'alignement de *Réussir* avec les modèles mathématiques et le langage utilisés dans *Une Histoire d'unités* garantit aux élèves de comprendre les liens et la pertinence de leur enseignement quotidien, qu'ils travaillent sur les compétences de base ou qu'ils approfondissent leurs savoirs.

*Où puis-je en savoir plus sur les ressources d'*Eureka Math® *?*

L'équipe de Great Minds® s'engage à aider les élèves, les familles, et les éducateurs avec une bibliothèque de ressources en constante expansion, disponible sur le site eureka-math.org. Le site Web propose également des histoires de réussite inspirantes survenues dans la communauté *Eureka Math®*. Partagez vos idées et vos réalisations avec d'autres utilisateurs en devenant un Champion d'*Eureka Math®*.

Meilleurs vœux pour une année remplie de moments Eureka !

Jill Diniz
Jill Diniz
Directrice des mathématiques
Great Minds®

Table des matières

Module 1: Propriétés des multiplications et des divisions et résolution de problèmes avec des unités de 2 à 5 et 10

Sujet A : Les multiplications et la signification des facteurs

Leçon 1 3

Leçon 2 7

Leçon 3 11

Sujet B : Les divisions comme problème de facteur inconnu

Leçon 4 15

Leçon 5 19

Leçon 6 23

Sujet C : Les multiplications en utilisant des unités de 2 et de 3

Leçon 7 27

Leçon 8 31

Leçon 9 35

Leçon 10 39

Sujet D : Les divisions en utilisant des unités de 2 et de 3

Leçon 11 43

Leçon 12 47

Leçon 13 51

Sujet E : Les multiplications et divisions en utilisant des unités de 4

Leçon 14 55

Leçon 15 59

Leçon 16 63

Leçon 17 67

Sujet F : La propriété distributive et la résolution de problèmes en utilisant des unités de 2 à 5 et 10

Leçon 18 71

Leçon 19 75

Leçon 20 79

Leçon 21 83

Module 2 : Valeur de position et résolution de problèmes avec les unités de mesure

Sujet A : La mesure du temps et la résolution de problèmes

Leçon 1 89

Leçon 2 93

Leçon 3 97

Leçon 4 101

Leçon 5 105

Sujet B : Mesurer les masses et le volume des liquides en unités métriques

Leçon 6 109

Leçon 7 113

Leçon 8 117

Leçon 9 121

Leçon 10 125

Leçon 11 129

Sujet C : Arrondir à la dizaine ou à la centaine la plus proche

Leçon 12 133

Leçon 13 137

Leçon 14 141

Sujet D : Les additions de mesures à deux ou trois chiffres en utilisant l'algorithme standard

Leçon 15 145

Leçon 16 149

Leçon 17 153

Sujet E : Les soustractions de mesures à deux ou trois chiffres en utilisant l'algorithme standard

Leçon 18 157

Leçon 19 161

Leçon 20 165

Leçon 21 169

Module 3 : Multiplications et divisions avec des unités de 0, 1 et 6–9, et des multiples de 10

Sujet A : Les propriétés des multiplications et des divisions

Leçon 1 175

Leçon 2 179

Leçon 3 183

Sujet B : Les multiplications et les divisions en utilisant des unités de 6 et de 7

Leçon 4 187

Leçon 5 191

Leçon 6 195

Leçon 7 199

Sujet C : Les multiplications et les divisions en utilisant des unités jusqu'à 8

Leçon 8 203

Leçon 9 207

Leçon 10 211

Leçon 11 215

Sujet D : Les multiplications et les divisions en utilisant des unités de 9

Leçon 12 219

Leçon 13 223

Leçon 14 227

Leçon 15 231

Sujet E : L'analyse de modèles et résolution de problèmes comprenant des unités de 0 et de 1

Leçon 16 235

Leçon 17 239

Leçon 18 245

Sujet F : Les multiplications de facteurs à un chiffre et multiples de 10

Leçon 19 249

Leçon 20 253

Leçon 21 257

Module 4 : Multiplications et aires

Sujet A : Les bases pour comprendre les aires

Leçon 1 263

Leçon 2 267

Leçon 3 271

Leçon 4 275

Sujet B : Les concepts de la mesure des aires

Leçon 5 279

Leçon 6 283

Leçon 7 287

Leçon 8 291

Sujet C : Les propriétés arithmétiques en utilisant les modèles de aires

Leçon 9 295

Leçon 10 299

Leçon 11 303

Sujet D : Les applications des aires en utilisant la longueur des côtés des figures

Leçon 12 307

Leçon 13 311

Leçon 14 315

Leçon 15 319

Leçon 16 323

3ᵉ année

Module 1

1. Résous chaque phrase numérique.

  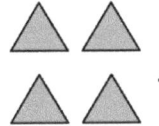

> Je sais que cette image montre des groupes égaux parce que chaque groupe a le même nombre de triangles. Il y a 3 groupes égaux de 4 triangles.

3 groupes de 4 = **12**

3 quatres = **12**

4 + 4 + 4 = **12**
3 × 4 = **12**

> Je peux multiplier pour trouver le nombre total de triangles car la multiplication est la même chose que l'addition répétée ! 3 groupes de 4 est la même chose que 3 × 4. Il y a 12 triangles au total, donc 3 × 4 = 12.

2. Entoure l'image qui montre 3 × 2.

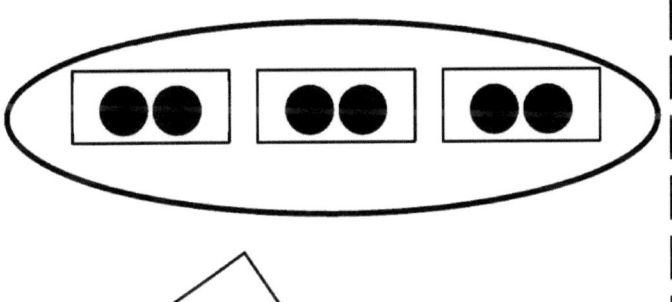 

> Cette image montre 3 × 2 car elle comporte 3 groupes de 2. Les groupes sont égaux.

> Cette image ne montre pas 3 × 2 parce que les groupes ne sont pas égaux. Deux des groupes contiennent 2 objets, mais l'autre n'a qu'un seul objet.

Leçon 1 : Comprendre *les groupes égaux de* comme une multiplication.

Nom _____   Date _____

1. Remplis les blancs pour faire des déclarations correctes.

a. 4 groupes de cinq = _____

   4 cinq = _____

   4 × 5 = _____

b. 5 groupes de quatre = _____

   5 quatre = _____

   5 × 4 = _____

c. 6 + 6 + 6 = _____

   _____ groupes de six = _____

   3 × _____ = _____

d. 3 + ____ + ____ + ____ + ____ + ____ = _____

   6 groupes de _____ = _____

   6 × _____ = _____

Leçon 1 : Comprendre *les groupes égaux de* comme une multiplication.

2. L'image montre 3 groupes de hot dogs. L'image montre-t-elle 3 × 3 ? Expliques pourquoi ou pourquoi pas.

 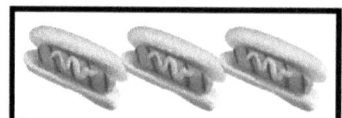 

3. Dessine une image pour montrer 4 × 2 = 8.

4. Entoure les crayons ci-dessous pour montrer 3 groupes de 6. Écris une phrase d'addition répétée et une phrase de multiplication pour représenter l'image.

UNE HISTOIRE D'UNITÉS — Leçon 2 Aide aux devoirs 3•1

1. Utilise la matrice ci-dessous pour répondre aux questions.

> Les cœurs sont disposés en matrice, et je sais qu'une rangée dans une matrice va tout droit en travers. Il y a 5 rangées dans ce tableau. Chaque rangée a 4 coeurs.

a. Quel est le nombre de rangées ? __5__

b. Quel est le nombre d'objets dans chaque rangée ? __4__

c. Écris une expression de multiplication pour décrire la matrice. __5 × 4__

> Je sais qu'une expression de multiplication est différente d'une équation parce qu'elle n'a pas de signe égal.

> Je peux écrire l'expression 5 × 4 parce qu'il y a 5 rangées avec 4 coeurs dans chaque rangée.

2. Les triangles ci-dessous montrent 2 groupes de quatre.

a. Redessine les triangles comme un tableau qui montre 2 rangées de quatre.

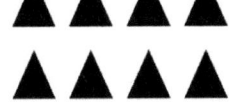

> Je peux redessiner les groupes égaux comme un tableau. Je peux dessiner 2 rangées avec 4 triangles dans chaque rangée.

b. Compare les groupes de triangles à votre tableau. En quoi sont-ils similaires ? En quoi sont-ils différents ?

Ils sont identiques car ils ont tous deux le même nombre de triangles, soit 8. Ils sont différents parce que les triangles du tableau sont en ligne, mais les autres triangles ne sont pas en ligne.

> Je dois m'assurer d'expliquer en quoi ils sont identiques et en quoi ils sont différents !

Leçon 2 : Associer les multiplications aux modèles de matrice.

3. Kimberley dispose ses 14 marqueurs comme dans une matrice. Dessine une matrice que Kimberley pourrait faire elle-même. Ensuite, écris une équation de multiplication pour décrire ta matrice.

 2
 4
● ● 6
● ● 8
● ● 10
● ● 12
● ● 14

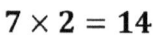

$7 \times 2 = 14$

> Je peux écrire l'équation en inscrivant le nombre de lignes (groupes), 7, fois le nombre dans chaque groupe, 2. Le produit (total) est de 14.

> Ce problème ne me dit pas le nombre de lignes ni le nombre d'objets dans chaque ligne. Je dois utiliser le total, 14, pour faire un tableau. Comme le 14 est un nombre pair, je vais faire des rangées de 2. Je peux sauter le comptage par 2 et m'arrêter quand j'arrive à 14.

> Je pense qu'il y a d'autres tableaux qui fonctionneraient pour un total de 14. J'ai hâte de voir ce que mes amis ont trouvé !

Leçon 2 : Associer les multiplications aux modèles de matrice.

Nom _____ Date _____

Utilise les matrices ci-dessous pour répondre à chaque série de questions.

1.    a. Combien de rangées de gommes y a-t-il ? _____

   b. Combien de gommes y a-t-il dans chaque rangée ? _____

2.    a. Quel est le nombre de rangées ? _____

   b. Quel est le nombre d'objets dans chaque rangée ? _____

3. 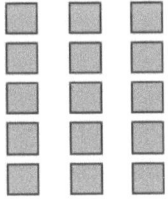   a. Il y a 3 carrés dans chaque rangée. Combien de carrés y a-t-il dans 5 rangées ? _____

   b. Écris une expression de multiplication pour décrire la matrice. _____

4.    a. Il y a 6 rangées d'étoiles. Combien d'étoiles y a-t-il dans chaque rangée ? _____

   b. Écris une expression de multiplication pour décrire la matrice. _____

Leçon 2 : Associer les multiplications aux modèles de matrice.

5. Les triangles ci-dessous montrent 3 groupes de quatre.

   a. Redessine les triangles comme une matrice qui montre 3 rangées de quatre.

   b. Compare le dessin à ta matrice. En quoi sont-ils similaires ? En quoi sont-ils différents ?

6. Roger a une collection de timbres. Il dispose les timbres en 5 rangées de quatre. Dessine une matrice pour représenter les timbres de Roger. Ensuite, écris une équation de multiplication pour décrire la matrice.

7. Kimberley dispose ses 18 marqueurs comme dans une matrice. Dessine une matrice que Kimberley pourrait faire elle-même. Ensuite, écris une équation de multiplication pour décrire ta matrice.

1. Il y a ___3___ pommes dans chaque panier. Combien de pommes y a-t-il dans 6 paniers ?

   a. Nombre de groupes : ___6___ Taille de chaque groupe : ___3___

   b. 6 × ___3___ = ___18___

   c. Il y a ___18___ pommes en tout.

   > Chaque cercle représente un panier de pommes. Il y a 6 cercles avec 3 pommes dans chaque cercle. Le nombre de groupes est de 6 et la taille de chaque groupe est de 3. Il y a 18 pommes en tout. Je peux le montrer avec l'équation 6 × 3 = 18.

2. Il y a 3 bananes dans chaque rangée. Combien de bananes y a-t-il dans ___4___ rangées ?

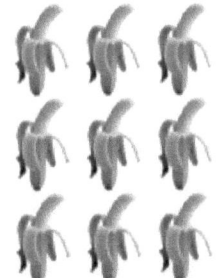

   a. Nombre de lignes : ___4___ Taille de chaque rangée : ___3___

   b. ___4___ × 3 = ___12___

   c. Il y a ___12___ bananes en tout.

   > Je peux le montrer avec l'équation 4 × 3 = 12. Le 4 dans l'équation est le nombre de lignes, et le 3 est la taille de chaque ligne.

Leçon 3 : Interpréter la signification des facteurs : la taille du groupe ou le nombre de groupes.

> Les facteurs me disent le nombre de groupes et la taille de chaque groupe. Je peux dessiner un tableau avec 3 rangées et 5 dans chaque rangée.

3. Dessine un tableau en utilisant les facteurs 3 et 5. Ensuite, montre une liaison numérique où chaque partie représente la quantité sur une ligne.

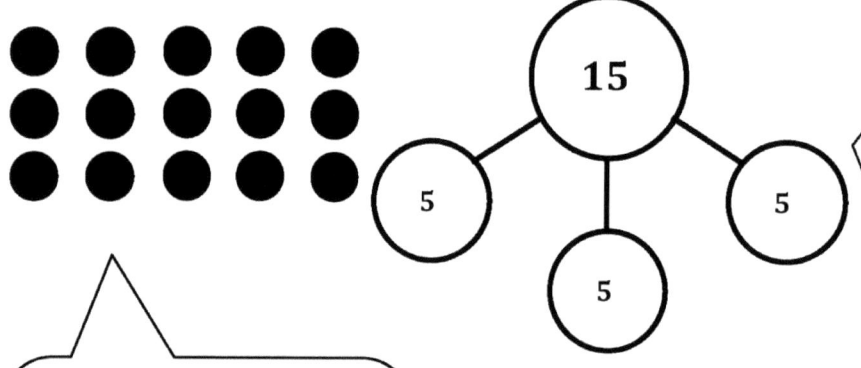

> Un lien numérique montre une relation partielle ou complète. Je peux tirer une liaison numérique avec un total de 15 car il y a 15 points dans mon tableau. Je peux dessiner 3 parties pour ma liaison numérique car il y a 3 lignes dans mon tableau. Je peux étiqueter chaque partie de ma liaison numérique comme étant 5 car la taille de chaque ligne est 5.

> Mon tableau montre 3 rangées de 5. J'aurais pu utiliser les mêmes facteurs, 3 et 5, pour dessiner un tableau avec 5 rangées de 3. Ma liaison numérique aurait alors 5 parties, et chaque partie aurait une valeur de 3.

Leçon 3 : Interpréter la signification des facteurs : la taille du groupe ou le nombre de groupes.

Nom _____ Date _____

Résous les problèmes 1 à 4 en utilisant les images fournies pour chaque problème.

1. Il y a 5 ananas dans chaque groupe. Combien y a-t-il d'ananas dans 5 groupes ?

   a. Nombre de groupes : _____   Taille de chaque groupe : _____

   b. 5 × 5 = _____

   c. Il y a _____ ananas en tout.

---

2. Il y a _____ pommes dans chaque panier. Combien de pommes y a-t-il dans 6 paniers ?

    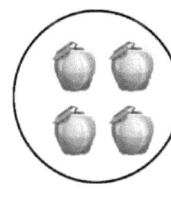 

   a. Nombre de groupes : _____   Taille de chaque groupe : _____

   b. 6 × _____ = _____

   c. Il y a _____ pommes en tout.

Leçon 3 : Interpréter la signification des facteurs : la taille du groupe ou le nombre de groupes.

3. Il y a 4 bananes dans chaque rangée. Combien de bananes y a-t-il dans _____ rangées ?

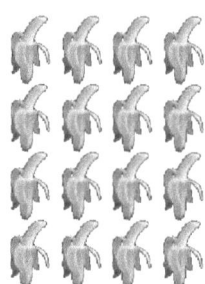

a. Nombre de rangées : _____ Taille de chaque rangée : _____

b. _____ × 4 = _____

c. Il y a _____ bananes en tout.

---

4. Il y a _____ poivrons dans chaque rangée. Combien de poivrons y a-t-il dans 6 rangées ?

a. Nombre de rangées : _____ Taille de chaque rangée : _____

b. _____ × _____ = _____

c. Il y a _____ poivrons en tout.

---

5. Dessine une matrice en utilisant les facteurs 4 et 2. Ensuite, montre une liaison numérique où chaque partie représente la quantité sur une ligne.

1. Remplis les blancs.

Les poulets sont disposés en rangée. Je sais qu'il y a 12 poulets divisés en 3 groupes égaux puisque chaque rangée représente 1 groupe égal. Chaque groupe (rangée) compte 4 poulets. Ainsi, la réponse dans ma phrase de division, 4, représente la taille du groupe.

___12___ poulets sont répartis en ___3___ groupes égaux.

Il y a ___4___ marqueurs dans chaque rangée.

$12 \div 3 =$ ___4___

2. Grace a 16 marqueurs. L'image montre comment elle les a placés sur la table. Écris une phrase de division pour représenter comment elle a regroupé ses marqueurs de manière égale.

Il y a ___4___ marqueurs dans chaque rangée.

___16___ $\div$ ___4___ $=$ ___4___

Je peux écrire le nombre total de marqueurs que Grace a, 16, puisqu'une équation de division commence par le total.

Le 4 représente le nombre de groupes égaux. Je sais qu'il y a 4 groupes égaux parce que le tableau montre 4 rangées de marqueurs.

Ce 4 représente la taille du groupe. Je le sais parce que le tableau montre 4 marqueurs dans chaque rangée.

Leçon 4 : Comprendre la signification de l'inconnu comme la taille du groupe dans la division.

Nom _____ Date _____

1.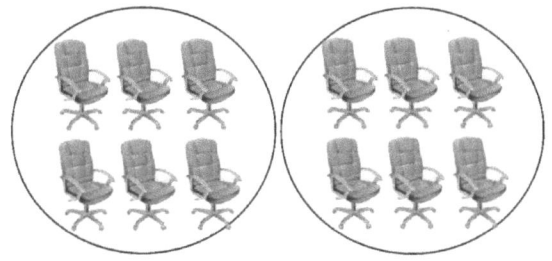

   12 chaises sont divisées en 2 groupes égaux.

   Il y a _____ chaises dans chaque groupe.

2.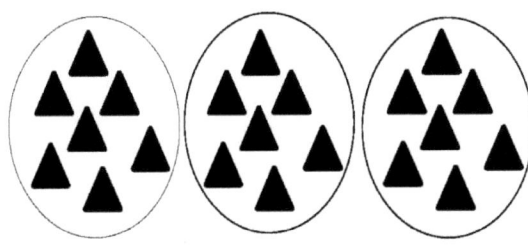

   21 triangles sont divisés en 3 groupes égaux.

   Il y a _____ triangles dans chaque groupe.

3.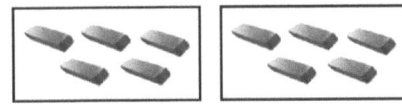
   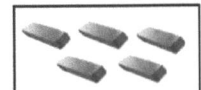  

   25 gommes sont divisées en _____ groupes égaux.

   Il y a _____ gommes dans chaque groupe.

4.

   _____ poules sont divisées en _____ groupes égaux.

   Il y a _____ poules dans chaque groupe.

   9 ÷ 3 = _____

5.

   Il y a _____ seaux dans chaque groupe.

   12 ÷ 4 = _____

6.

   16 ÷ 4 = _____

Leçon 4 : Comprendre la signification de l'inconnu comme la taille du groupe dans la division.

7. Andrew a 21 clés. Il les répartit en 3 groupes égaux. Combien de clés y a-t-il dans chaque groupe ?

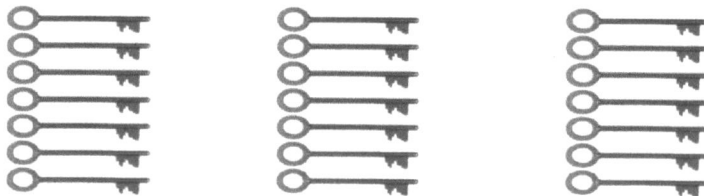

Il y a _____ clés dans chaque groupe.

21 ÷ 3 = _____

8. M. Doyle a 20 crayons. Il les répartit de manière égale sur 4 tables. Dessine les crayons sur chaque table.

Il y a _____ crayons sur chaque table.

20 ÷ _____ = _____

9. Jenna a des marqueurs. L'image montre comment elle les a placés sur son banc. Écris une phrase de division pour représenter comment elle a regroupé ses marqueurs de manière égale.

Il y a _____ marqueurs dans chaque rangée.

_____ ÷ _____ = _____

UNE HISTOIRE D'UNITÉS   Leçon 5 Aide aux devoirs   3•1

1. Regroupe les carrés pour montrer 8 ÷ 4 = _____ où l'inconnu représente le nombre de groupes.

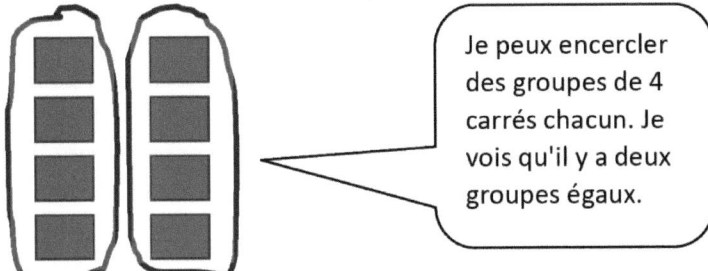

> Je peux encercler des groupes de 4 carrés chacun. Je vois qu'il y a deux groupes égaux.

Combien de groupes y a-t-il ? ____2____

8 ÷ 4 = ____2____

2. Nathan a 14 pommes. Il met 7 pommes dans chaque panier. Entoure les pommes pour trouver le nombre de paniers que Nathan remplit.

> Je peux encercler des groupes de 7 pommes pour trouver le nombre total de paniers que Nathan remplit, 2 paniers.

a. Écris une phrase de division où la réponse représente le nombre de paniers que Nathan remplit.

____14____ ÷ ____7____ = ____2____

> Je peux écrire une phrase de division commençant par le nombre total de pommes, 14, divisé par le nombre de pommes dans chaque panier, 7, pour trouver le nombre de paniers de Nathan, 2. Je peux vérifier ma réponse en la comparant à l'image encerclée ci-dessus.

Leçon 5 : Comprendre la signification de l'inconnu comme le nombre de groupes dans la division.

b. Dessine une liaison numérique pour représenter le problème.

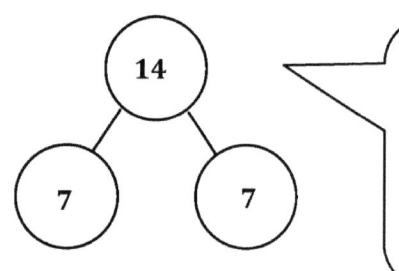

Je sais qu'une liaison numérique montre une relation partielle. Je peux marquer 14 comme un tout pour représenter le nombre total de pommes de Nathan. Ensuite, je peux dessiner 2 parties pour montrer le nombre de paniers que Nathan remplit et étiqueter 7 dans chaque partie pour montrer le nombre de pommes dans chaque panier.

3. Lily dessine des tables. Elle dessine 4 pieds à chaque table pour un total de 20 pieds.

   a. Utilise un décompte pour trouver le nombre de tables que Lily dessine. Fais un dessin pour représenter ton comptage.

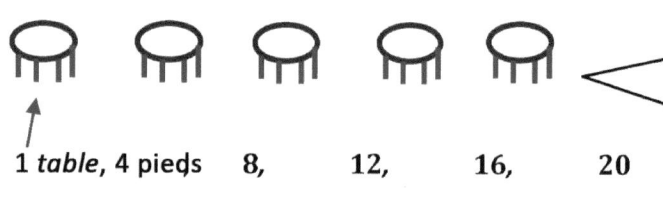

Je peux dessiner des modèles pour représenter chacune des tables de Lily. En dessinant chaque table, je peux compter par quatre jusqu'à ce que j'atteigne 20. Ensuite, je peux compter pour trouver le nombre de tables que Lily dessine, 5 tables.

   b. Écris une phrase de division pour représenter le problème.

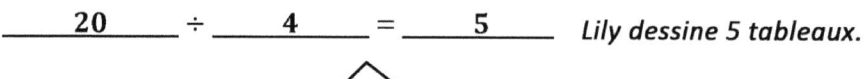

_____20_____ ÷ _____4_____ = _____5_____ Lily dessine 5 tableaux.

Je peux dessiner un tableau de 5 rangées pour représenter les piles de bols de Sharon. Je peux continuer à dessiner des colonnes de 5 points jusqu'à ce que j'aie un total de 20 points. Le nombre dans chaque rangée indique combien de bols se trouvent dans chaque pile.

Nom _____ Date _____

1.

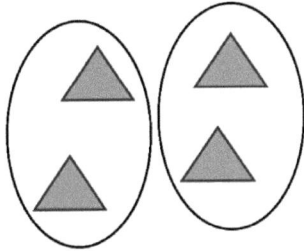

Divise 4 triangles en groupes de 2.

Il y a _____ groupes de 2 triangles.

4 ÷ 2 = 2

2.

Divise 9 œufs en groupes de 3.

Il y a _____ groupes.

9 ÷ 3 = _____

3.

Divise 12 pots de peinture en groupes de 3.

12 ÷ 3 = _____

4.

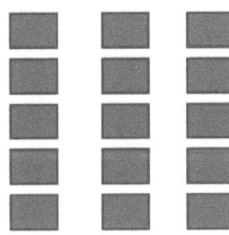

Regroupe les carrés pour montrer 15 ÷ 5 = _____, où l'inconnu représente le nombre de groupes.

Combien de groupes y a-t-il ? _____

5. Daniel a 12 pommes. Il met 6 pommes dans chaque sac. Entoure les pommes pour trouver le nombre de sacs que Daniel fait.

a. Écris une phrase de division où la réponse représente le nombre de sacs de Daniel.

b. Dessine une liaison numérique pour représenter le problème.

6. Jacob dessine des chats. Il dessine 4 pattes à chaque chat pour un total de 24 pattes.

a. Utilise un décompte pour trouver le nombre de chats que Jacob dessine. Fais un dessin pour représenter ton comptage.

b. Écris une phrase de division pour représenter le problème.

1. Sharon lave 20 bols. Ensuite, elle essuie et empile les bols de manière égale en 5 piles. Combien de bols y a-t-il dans chaque pile ?

    $20 \div 5 =$ __4__

    $5 \times$ __4__ $= 20$

    Je peux dessiner un tableau de 5 rangées pour représenter les piles de bols de Sharon. Je peux continuer à dessiner des colonnes de 5 points jusqu'à ce que j'aie un total de 20 points. Le nombre dans chaque rangée indique combien de bols se trouvent dans chaque pile.

    Quelle est la signification du facteur inconnu et du quotient ? __*Il représente la taille du groupe.*__

    Je sais que le quotient est la réponse que vous obtenez lorsque vous divisez un nombre par un autre.

    Je peux voir dans mon tableau que le facteur inconnu et le quotient représentent tous deux la taille du groupe.

2. John résout l'équation _____ $\times 5 = 35$ en écrivant et en résolvant $35 \div 5 =$ ____. Explique pourquoi la méthode de John fonctionne.

    La méthode de John fonctionne parce que dans les deux problèmes il y a 7 groupes de 5 et un total de 35. Trouver le quotient d'une division c'est comme trouver le facteur inconnu d'une multiplication.

    Les blancs dans les deux équations de John représentent le nombre de groupes. Dessine une matrice pour représenter les équations.

    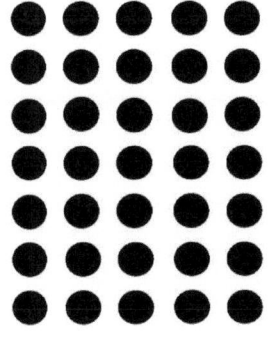

    La réponse aux deux équations de John est 7. Je sais que 7 représente le nombre de groupes, je peux donc dessiner 7 lignes dans mon tableau. Je peux ensuite dessiner 5 points dans chaque rangée pour montrer la taille du groupe, ce qui donne un total de 35 points dans mon tableau.

Nom _____ Date _____

1. M. Hannigan met 12 crayons dans des boîtes. Chaque boîte contient 4 crayons. Entoure les groupes de 4 pour montrer les crayons dans chaque boîte.

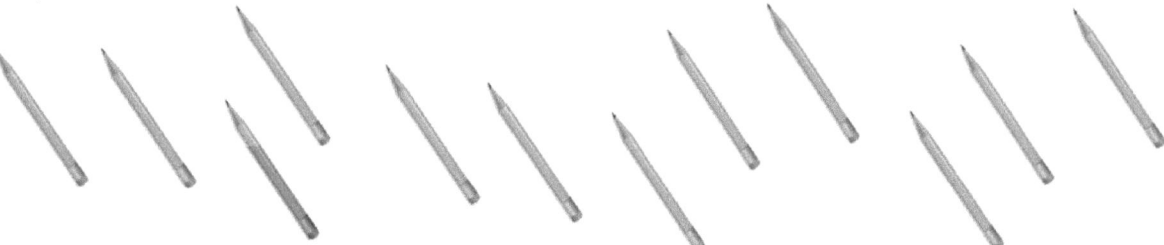

M. Hannigan a besoin de _____ boîtes.

_____ × 4 = 12

12 ÷ 4 = _____

2. M. Hannigan place 12 crayons en 3 groupes égaux. Fais un dessin pour montrer combien de crayons il y a dans chaque groupe.

Il y a _____ crayons dans chaque groupe.

3 × _____ = 12

12 ÷ 3 = _____

3. Utilise une matrice pour modéliser le problème 1.

   a. _____ × 4 = 12

   12 ÷ 4 = _____

   Le nombre dans les blancs représente

   _____.

   b. 3 × _____ = 12

   12 ÷ 3 = _____

   Le nombre dans les blancs représente

   _____.

Leçon 6 : Interpréter l'inconnu dans la division en utilisant le modèle de matrice.

4. Judy lave 24 assiettes. Ensuite, elle essuie et empile les assiettes de manière égale en 4 piles. Combien d'assiettes y a-t-il dans chaque pile ?

   24 ÷ 4 = _____

   4 × _____ = 24

   Quelle est la signification du facteur inconnu et du quotient ? _____

5. Nate résout l'équation _____ × 5 = 15 en écrivant et en résolvant 15 ÷ 5 = ____. Explique pourquoi la méthode de Nate fonctionne.

6. Les blancs dans le problème 5 représentent le nombre de groupes. Dessine une matrice pour représenter les équations.

1. Dessine une matrice qui montre 5 rangées de 2.

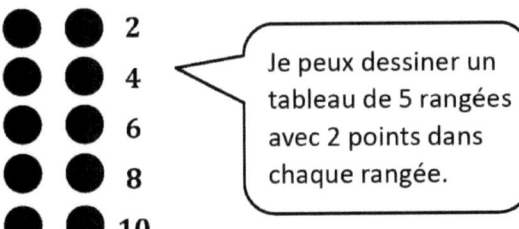

Écris une phrase de multiplication où le premier facteur représente le nombre de rangées.

___5___ × ___2___ = ___10___

Je peux écrire une phrase de multiplication avec 5 comme premier facteur car 5 est le nombre de lignes. Le deuxième facteur est 2 car il y a 2 points dans chaque rangée. Je peux compter 2 par 2 pour trouver le produit, 10.

2. Dessine une matrice qui montre 2 rangées de 5.

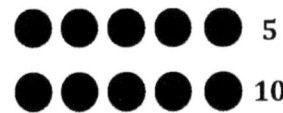

Je peux dessiner un tableau qui a 2 rangées avec 5 points dans chaque rangée.

Écris une phrase de multiplication où le premier facteur représente le nombre de rangées.

___2___ × ___5___ = ___10___

Je peux écrire une phrase de multiplication avec 2 comme premier facteur car 2 est le nombre de lignes. Le deuxième facteur est 5 car il y a 5 points dans chaque rangée. Je peux compter par intervalles de 5 pour trouver le produit, 10.

3. Pourquoi les facteurs dans tes phrases de multiplication sont-ils dans un ordre différent ?

Les facteurs sont dans un ordre différent parce qu'ils signifient des choses différentes. Le problème 1 est composé de 5 rangées de 2 et le problème 2 est composé de 2 rangées de 5. Dans le problème 1, le 5 représente le nombre de lignes. Dans le problème 2, le 5 représente le nombre de points dans chaque ligne.

Les matrices montrent la propriété commutative. L'ordre des facteurs a changé car les facteurs ont une signification différente pour chaque tableau. Le produit est resté le même pour chaque tableau.

Leçon 7 : Démontrer la commutativité des multiplications et s'entraîner à reconnaître les faits correspondants en comptant par intervalles dans les modèles de matrice.

UNE HISTOIRE D'UNITÉS   Leçon 7 Aide aux devoirs   3•1

4. Écris une phrase de multiplication pour associer le nombre de groupes. Compte par intervalles pour trouver les totaux.

   a. 7 deux : $7 \times 2 = 14$

   b. 2 sept : $2 \times 7 = 14$

   > 7 deux est une forme unitaire. Cela signifie qu'il y a 7 groupes de 2. Je peux représenter cela avec la multiplication 7 × 2 = 14. 2 sept signifie 2 groupes de 7, que je peux représenter avec la multiplication 2 × 7 = 14.

   > Je vois un modèle ! 7 deux est égal à 2 sept. C'est la propriété commutative. Les facteurs ont changé de place et signifient des choses différentes, mais le produit n'a pas changé.

5. Trouver le facteur inconnu pour que chaque équation soit correcte.

   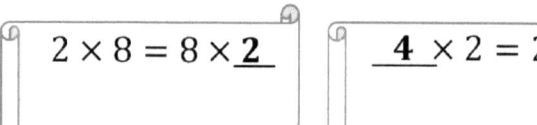

   $2 \times 8 = 8 \times \underline{2}$ $\underline{4} \times 2 = 2 \times 4$

   > Pour faire de véritables équations, je dois m'assurer que ce qui se trouve à gauche du signe égal est identique (ou égal) à ce qui se trouve à droite du signe égal.

   > Je peux utiliser la propriété commutative pour m'y aider. Je sais que 2 × 8 = 16 et 8 × 2 = 16, donc je peux écrire 2 dans le premier blanc. Pour résoudre le deuxième problème, je sais que 4 × 2 = 8 et 2 × 4 = 8. Je peux en écrire 4 dans la case blanche.

Leçon 7 : Démontrer la commutativité des multiplications et s'entraîner à reconnaître les faits correspondants en comptant par intervalles dans les modèles de matrice.

Nom _____   Date _____

1. a. Dessine une matrice qui montre 7 rangées de 2.

2. a. Dessine une matrice qui montre 2 rangées de 7.

   b. Écris une phrase de multiplication où le premier facteur représente le nombre de rangées.

   _____ × _____ = _____

   b. Écris une phrase de multiplication où le premier facteur représente le nombre de rangées.

   _____ × _____ = _____

3. a. Retourne la feuille pour regarder les matrices dans les problèmes 1 et 2 de différentes manières. Quelles similitudes et quelles différences vois-tu entre elles ?

   b. Pourquoi les facteurs dans tes phrases de multiplication sont-ils dans un ordre différent ?

4. Écris une phrase de multiplication pour associer le nombre de groupes. Compte par intervalles pour trouver les totaux. La première a été faite pour toi.

   a. 2 deux : __2 × 2 = 4__

   b. 3 deux : _____

   c. 2 trois : _____

   d. 2 quatre : _____

   e. 4 deux : _____

   f. 5 deux : _____

   g. 2 cinq : _____

   h. 6 deux : _____

   i. 2 six : _____

Leçon 7 : Démontrer la commutativité des multiplications et s'entraîner à reconnaître les faits correspondants en comptant par intervalles dans les modèles de matrice.

5. Écris et résous les phrases de multiplication dans lesquelles le deuxième facteur représente la taille de la rangée.

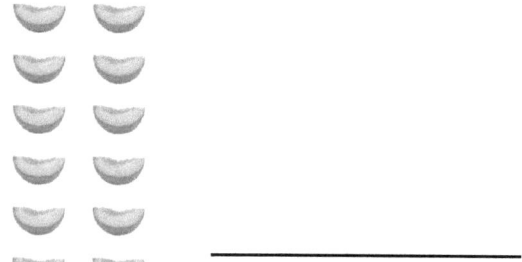

_____

_____

6. Angel écrit 2 × 8 = 8 × 2 dans son cahier. Es-tu d'accord ou pas ? Dessine des matrices pour expliquer ton raisonnement.

7. Trouve le facteur manquant pour que chaque équation soit correcte.

| 2 × 6 = 6 × _____ | _____ × 2 = 2 × 7 | 9 × 2 = _____ × 9 | 2 × _____ = 10 × 2 |

8. Tamia achète 2 sachets de bonbons. Chaque sachet contient 7 bonbons.

   a. Dessine une matrice pour montrer combien de bonbons Tamia a en tout.

   b. Écris et résous une phrase de multiplication pour décrire la matrice.

   c. Utilise la propriété commutative pour écrire et résoudre une phrase de multiplication différente pour la matrice.

UNE HISTOIRE D'UNITÉS — Leçon 8 Aide aux devoirs 3•1

1. Trouve les inconnus pour que les équations soient correctes. Ensuite, relie les équations correspondantes.

   a. $3 + 3 + 3 + 3 =$ __12__

   b. $3 \times 7 =$ __21__

   c. 5 trois + 1 trois = __6 trois__

   d. $3 \times 6 =$ __18__

   e. __12__ $= 4 \times 3$

   f. $21 = 7 \times$ __3__

   > $3 + 3 + 3 + 3$ est égal à 4 trois ou 4×3, ce qui équivaut à 12. Ces équations sont liées car elles montrent toutes deux que 4 groupes de 3 sont égaux à 12.

   > 5 trois + 1 trois = 6 trois. 6 trois est la même chose que 6 trois de 3 ou 6×3, ce qui équivaut à 18. Je peux utiliser la propriété commutative pour faire correspondre cette équation avec $3 \times 6 = 18$.

   > Je peux utiliser la propriété commutative pour faire correspondre $3 \times 7 = 21$ et $21 = 7 \times 3$.

2. Fred colle 3 autocollants sur chaque page de son album. Il colle des autocollants sur 7 pages.

   a. Utilise des cercles pour dessiner une matrice qui représente le nombre total d'autocollants dans l'album de Fred.

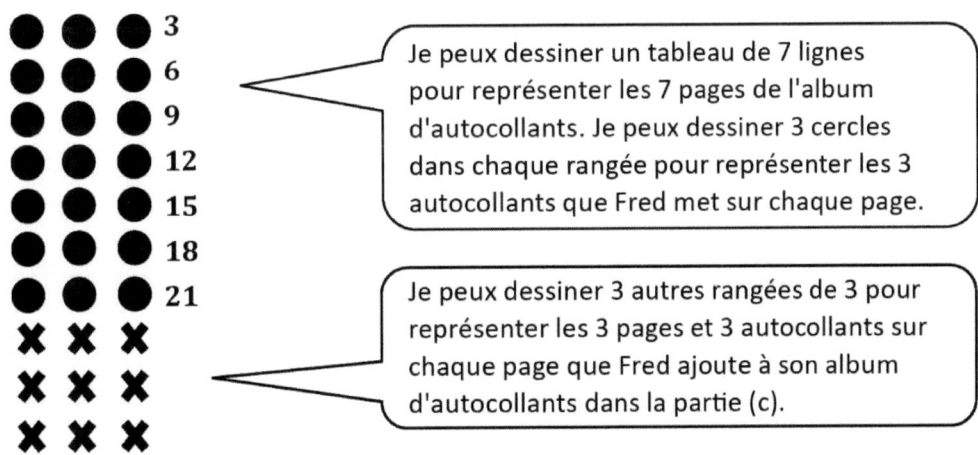

> Je peux dessiner un tableau de 7 lignes pour représenter les 7 pages de l'album d'autocollants. Je peux dessiner 3 cercles dans chaque rangée pour représenter les 3 autocollants que Fred met sur chaque page.

> Je peux dessiner 3 autres rangées de 3 pour représenter les 3 pages et 3 autocollants sur chaque page que Fred ajoute à son album d'autocollants dans la partie (c).

Leçon 8 : Démontrer la commutativité des multiplications et s'entraîner à reconnaître les faits correspondants en comptant par intervalles dans les modèles de matrice.

UNE HISTOIRE D'UNITÉS — Leçon 8 Aide aux devoirs 3•1

b. Utilise ta matrice pour écrire une phrase de multiplication afin de trouver combien d'autocollants Fred a au total.

$7 \times 3 = 21$

Fred met 21 autocollants dans son album d'autocollants.

> Je peux écrire l'équation de multiplication 7 × 3 = 21 pour trouver le total car il y a 7 lignes dans mon tableau avec 3 cercles dans chaque ligne. Je peux utiliser mon tableau pour sauter le comptage afin de trouver le total, 21.

c. Fred ajoute encore des autocollants sur 3 pages de son album. Il colle 3 autocollants sur chaque nouvelle page. Dessine des x pour montrer les nouveaux autocollants sur la matrice dans la partie (a).

d. Écris et résous une phrase de multiplication pour trouver le nouveau nombre total d'autocollants dans l'album de Fred.

$24, 27, 30$

$10 \times 3 = 30$

Fred a un total de 30 autocollants dans son album d'autocollants.

> Je peux continuer à sauter le comptage par trois de 21 pour trouver le total, 30. Je peux écrire l'équation de multiplication 10 × 3 = 30 pour trouver le total car il y a 10 lignes dans mon tableau avec 3 dans chaque ligne. Le nombre de rangées a changé, mais la taille de chaque rangée est restée la même.

Leçon 8 : Démontrer la commutativité des multiplications et s'entraîner à reconnaître les faits correspondants en comptant par intervalles dans les modèles de matrice.

Nom _____   Date _____

1. Dessine une matrice qui montre 6 rangées de 3.

2. Dessine une matrice qui montre 3 rangées de 6.

3. Écris des expressions de multiplication pour les matrices des problèmes 1 et 2. Le premier facteur dans chaque expression va représenter le nombre de rangées. Utilise la propriété commutative pour t'assurer que l'équation ci-dessous soit correcte.

_____ × _____ = _____ × _____
Problème 1   Problème 2

4. Écris une phrase de multiplication pour chaque expression. Tu peux compter par intervalles pour trouver les totaux. La première a été faite pour toi.

   a. 5 trois : _5 × 3 = 15_

   b. 3 cinq : _____

   c. 6 trois : _____

   d. 3 six : _____

   e. 7 trois : _____

   f. 3 sept : _____

   g. 8 trois : _____

   h. 3 neuf : _____

   i. 10 trois : _____

5. Trouve les inconnus pour que les équations soient correctes. Ensuite, relie les équations correspondantes.

   a. 3 + 3 + 3 + 3 + 3 + 3 = _____

   b. 3 × 5 = _____

   c. 8 trois + 1 trois = _____

   d. 3 × 9 = _____

   e. _____ = 6 × 3

   f. 15 = 5 × _____

Leçon 8 : Démontrer la commutativité des multiplications et s'entraîner à reconnaître les faits correspondants en comptant par intervalles dans les modèles de matrice.

UNE HISTOIRE D'UNITÉS Leçon 8 Devoirs 3•1

6. Fernando colle 3 photos sur chaque page de son album photos. Il colle des photos sur 8 pages.

   a. Utilise des cercles pour dessiner une matrice qui représente le nombre total de photos dans l'album de Fernando.

   b. Utilise ta matrice pour écrire et résoudre une phrase de multiplication afin de trouver combien de photos Fernando a au total.

   c. Fernando ajoute 2 pages de photos à son album. Il colle 3 photos sur chaque nouvelle page. Dessine des x pour montrer les nouvelles photos sur la matrice dans la partie (a).

   d. Écris et résous une phrase de multiplication pour trouver le nouveau nombre total de photos dans l'album de Fernando.

7. Ivania recycle. Elle reçoit 3 centimes pour chaque boîte en métal qu'elle recycle.

   a. Combien gagne Ivania si elle recycle 4 boîtes ?

   _____ × _____ = _____ centimes

   b. Combien gagne Ivania si elle recycle 7 boîtes ?

   _____ × _____ = _____ centimes

Leçon 8 : Démontrer la commutativité des multiplications et s'entraîner à reconnaître les faits correspondants en comptant par intervalles dans les modèles de matrice.

UNE HISTOIRE D'UNITÉS Leçon 9 Aide aux devoirs 3•1

1. Matt organise ses cartes de baseball en 3 rangées de trois. Jenna ajoute 2 rangées de 3 cartes de baseball en plus. Complète les équations pour décrire le nombre total de cartes de baseball dans la matrice.

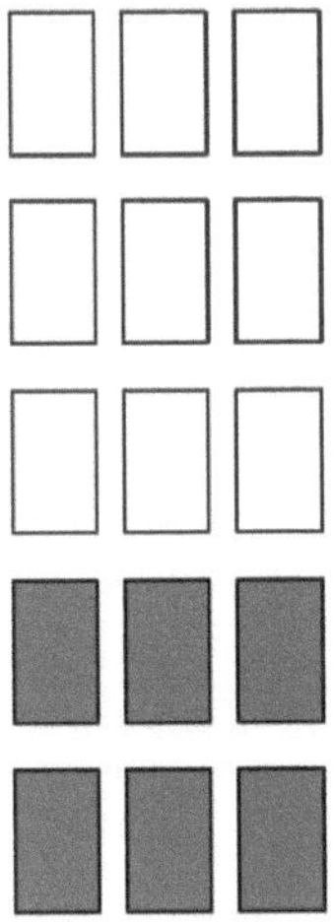

a. $(3 + 3 + 3) + (3 + 3) =$ __15__

b. 3 trois + __2__ trois = __5__ trois

c. __5__ $\times 3 =$ __15__

L'équation de multiplication pour ce tableau est 5 × 3 = 15 car il y a 5 trios ou 5 rangées de 3, soit un total de 15 cartes de baseball.

Le total des cartes de baseball de Matt (les rectangles non ombrés) peut être représenté par 3 + 3 + 3 car il y a 3 rangées de 3 cartes de baseball. Le total des cartes de baseball de Jenna (les rectangles ombrés) peut être représenté par 3 + 3 car il y a 2 rangées de 3 cartes de baseball. Cela peut être représenté sous forme d'unité avec 3 trois + 2 trois, ce qui équivaut à 5 trois.

2. $8 \times 3 =$ __24__

Je peux trouver le produit de 8 × 3 en utilisant le tableau et les équations ci-dessous. Ce problème est différent du problème ci-dessus parce que maintenant je trouve deux produits et je soustrais au lieu d'additionner.

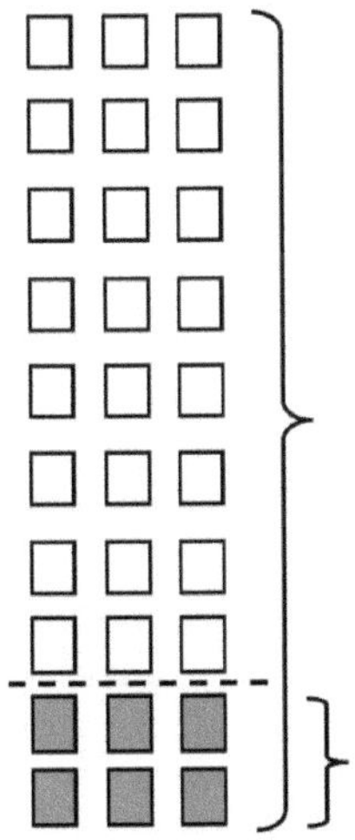

L'équation de multiplication pour l'ensemble du tableau est 10 × 3 = 30. L'équation de multiplication pour la partie ombrée est 2 × 3 = 6.

$10 \times 3 =$ __30__

$2 \times 3 =$ __6__

$30 -$ __6__ $= 24$

__8__ $\times 3 = 24$

Pour résoudre 8 × 3, on peut penser à 10 x 3 parce que c'est un fait plus facile. Je peux soustraire le produit de 2 × 3 du produit de 10 × 3. 30 - 6 = 24, so 8 × 3 = 24.

Leçon 9 : Trouver les multiplications correspondantes en additionnant et en soustrayant les groupes égaux dans les modèles de matrice.

35

Nom _____ Date _____

1. Dan organise ses autocollants en 3 rangées de quatre. Irene ajoute 2 rangées d'autocollants. Complète les équations pour décrire le nombre total d'autocollants dans la matrice.

a. (4 + 4 + 4) + (4 + 4) = _____

b. 3 quatre + _____ quatre = _____ quatre

c. _____ × 4 = _____

2. 7 × 2 = _____

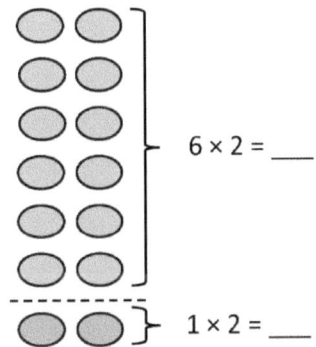

6 × 2 = ___

1 × 2 = ___

12 + 2 = _____

_____ × 2 = 14

3. 9 × 3 = _____

10 × 3 = ___

1 × 3 = ___

30 − _____ = 27

_____ × 3 = 27

Leçon 9 : Trouver les multiplications correspondantes en additionnant et en soustrayant les groupes égaux dans les modèles de matrice.

4. Franklin collectionne les autocollants. Il organise ses autocollants en 5 rangées de quatre.

   a. Dessine une matrice pour représenter les autocollants de Franklin. Représente chaque autocollant avec un x.

   b. Résous l'équation pour trouver combien d'autocollants Franklin a au total. 5 × 4 = _____

5. Franklin ajoute 2 rangées. Utilise des cercles pour montrer ses nouveaux autocollants sur la matrice au Problème 4(a).

   a. Écris et résous une équation pour représenter les cercles que tu as ajoutés à la matrice.

   _____ × 4 = _____

   b. Complète l'équation pour montrer de quelle manière tu as additionné les 2 nombres que tu connaissais de la multiplication pour trouver le nombre d'autocollants que Franklin possède.

   _____ + _____ = 28

   c. Complète l'inconnu pour montrer le nombre d'autocollants que Franklin a au total.

   _____ × 4 = 28

Leçon 10 Aide aux devoirs 3•1

1. Utilise la matrice pour t'aider à remplir les blancs.

    $6 \times 2 = \underline{\quad 12 \quad}$

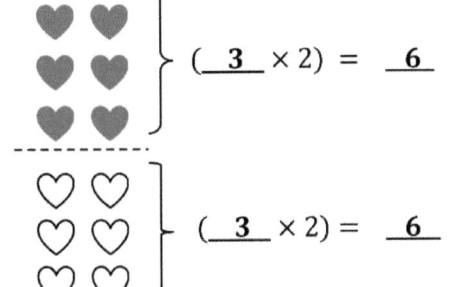

(__3__ × 2) = __6__

(__3__ × 2) = __6__

La ligne pointillée dans le tableau montre comment je peux diviser 6 × 2 en deux faits plus petits. Ensuite, je peux additionner les produits des petits faits pour trouver le produit de 6 × 2.

Je sais que le premier facteur dans chaque équation est 3 parce qu'il y a 3 lignes dans chacun des petits tableaux. Le produit pour chaque tableau est de 6.

$(3 \times 2) + (3 \times 2) = \underline{\ 6\ } + \underline{\ 6\ }$

$\underline{\ 6\ } \times 2 = \underline{\ 12\ }$

Les expressions entre parenthèses représentent les petits tableaux, je peux additionner les produits de ces expressions pour trouver le nombre total de coeurs dans le tableau. Les produits des plus petites expressions sont tous les deux 6. 6 + 6 = 12, donc 6 × 2 = 12.

Hé, regarde ! C'est un double fait ! 6 + 6 = 12. Je connais mes doubles faits, c'est donc facile à résoudre !

Leçon 10 : Modéliser la propriété distributive avec les matrices pour décomposer les unités comme stratégie de mulitplication.

2. Lilly colle des autocollants sur une feuille de papier. Elle colle 3 autocollants sur chaque rangée.

    a. Complète les équations à droite. Utilise-les pour dessiner des matrices qui montrent les autocollants sur les parties supérieure et inférieure de la feuille de Lilly.

> Je sais qu'il y a 3 autocollants dans chaque rangée et cette équation me dit aussi qu'il y a 12 autocollants en tout sur le dessus du papier. Je peux compter 3 par 3 pour savoir combien de rangées d'autocollants il y a. 3, 6, 9, 12. J'ai compte 4 fois par trois, il y a donc 4 rangées de 3 autocollants. Maintenant, je peux dessiner un tableau de 4 rangées de 3.

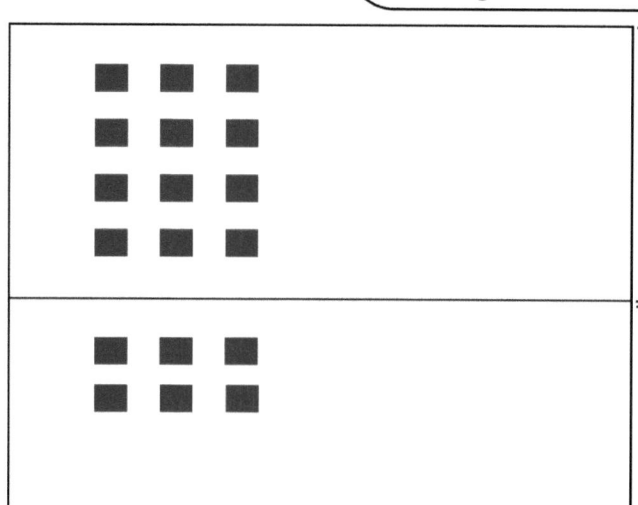

__4__ × 3 = 12

__2__ × 3 = 6

> Je vois 6 rangées de 3 en tout. Je peux utiliser les produits de ces deux petits tableaux pour résoudre 6 × 3.

> Je peux utiliser la même stratégie pour trouver le nombre de lignes dans cette équation. J'ai sauté 2 trois, il y a donc 2 rangées de 3 autocollants. Maintenant, je peux dessiner un tableau avec 2 rangées de 3.

Leçon 10 : Modéliser la propriété distributive avec les matrices pour décomposer les unités comme stratégie de mulitiplication.

UNE HISTOIRE D'UNITÉS Leçon 10 Devoirs 3•1

Nom _____ Date _____

1. 6 × 3 = _____

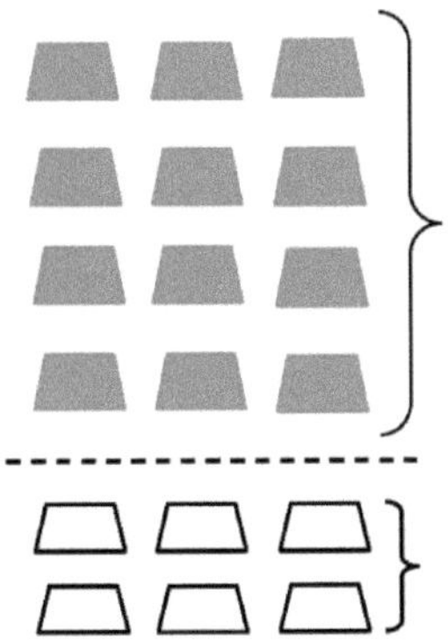

(4 × 3) = 12

(2 × 3) = _____

12 + _____ = _____

6 × 3 = _____

2. 8 × 2 = _____

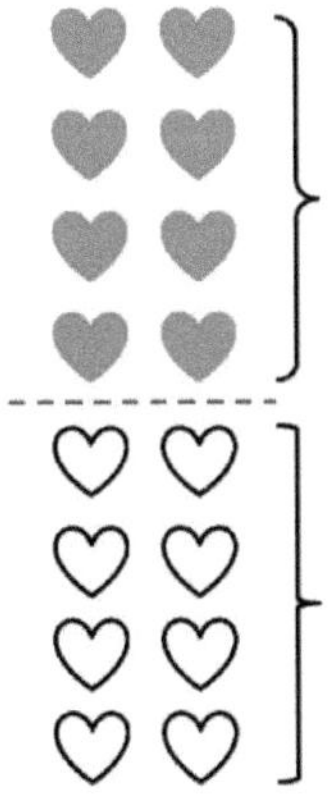

(___ × 2) = _____

(___ × 2) = _____

(4 × 2) + (4 × 2) = _____ + _____

___ × 2 = _____

Leçon 10 : Modéliser la propriété distributive avec les matrices pour décomposer les unités comme stratégie de mulitiplication.

41

3. Adriana organise ses livres sur les étagères. Elle place 3 livres sur chaque rangée.

   a. Complète les équations à droite. Utilise-les pour dessiner des matrices qui montrent les livres sur les étagères supérieure et inférieure d'Adriana.

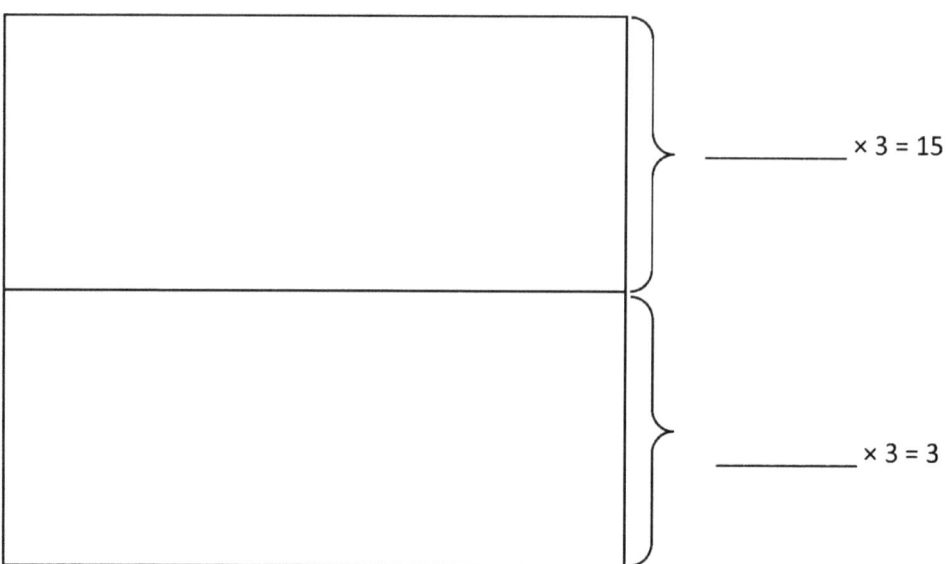

   _____ × 3 = 15

   _____ × 3 = 3

   b. Adriana calcule le nombre total de livres tel qu'indiqué ci-dessous. Utilise la matrice que tu as dessinée pour expliquer le calcul d'Adriana.

   $$6 \times 3 = 15 + 3 = 18$$

UNE HISTOIRE D'UNITÉS — Leçon 11 Aide aux devoirs 3•1

1. M. Russell range 18 presse-papiers de manière égale dans 3 boîtes. Combien de presse-papiers y a-t-il dans chaque boîte ? Modélise le problème avec une matrice et un diagramme en bande étiqueté. Montre chaque colonne comme le nombre de presse-papiers dans chaque boîte.

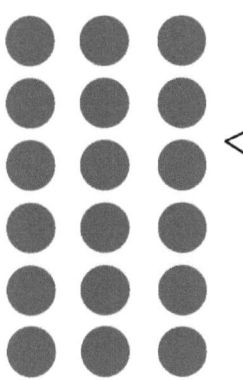

Je peux dessiner un tableau avec 3 colonnes car chaque colonne représente 1 boîte de presse-papiers. Je peux dessiner des rangées de 3 points jusqu'à ce que j'ai un total de 18 points. Je peux compter le nombre de points dans chaque colonne pour résoudre le problème.

Je sais que le nombre total de presse-papiers est de 18 et qu'il y a 3 boîtes de presse-papiers. Je dois déterminer combien de presse-papiers se trouvent dans chaque boîte. Je peux considérer cela comme une division, $18 ÷ 3 =$ ____, ou comme une multiplication, $3 × $ ___ $ = 18$.

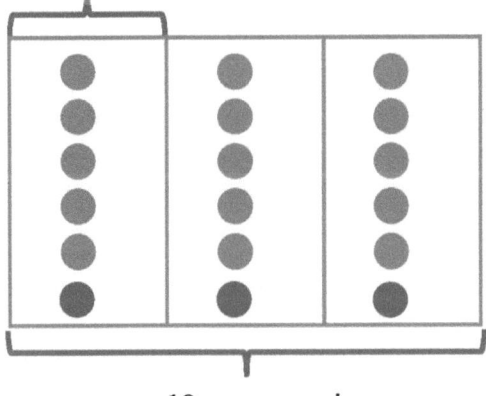

Je peux dessiner 3 unités dans mon diagramme en bande pour représenter les 3 boîtes de presse-papiers. Je peux marquer tout le diagramme du ruban avec "18 presse-papiers". Je peux étiqueter une unité dans le diagramme de la bande avec "? presse-papiers" parce que c'est ce que je suis en train de résoudre. Je peux dessiner 1 point dans chaque unité jusqu'à ce que j'ai un total de 18 points.

Il y a <u>6</u> presse-papiers dans chaque boîte.

Regarde, mon tableau et mon diagramme en bandes montrent tous deux des unités de 6. Les colonnes de mon tableau ont chacune 6 points et les unités de mon diagramme en bande ont chacune une valeur de 6.

Je sais que la réponse est 6 car mon tableau a 6 points dans chaque colonne. Mon diagramme à bande montre également la réponse car il y a 6 points dans chaque unité.

Leçon 11 : Modéliser la division comme le facteur inconnu dans une multiplication en utilisant des matrices et des diagrammes en bande.

2. Caden lit 2 pages de son livre chaque jour. Combien de jours lui faudra-t-il pour lire un total de 12 pages ?

Ce problème est différent de l'autre car les informations connues sont le total et la taille de chaque groupe. J'ai besoin de savoir combien de groupes il y a.

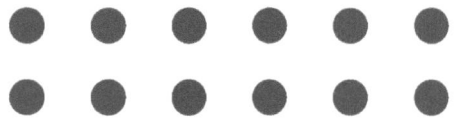

Je peux dessiner un tableau où chaque colonne représente le nombre de pages que Caden lit chaque jour. Je peux continuer à dessiner des colonnes de 2 jusqu'à ce que j'aie un total de 12.

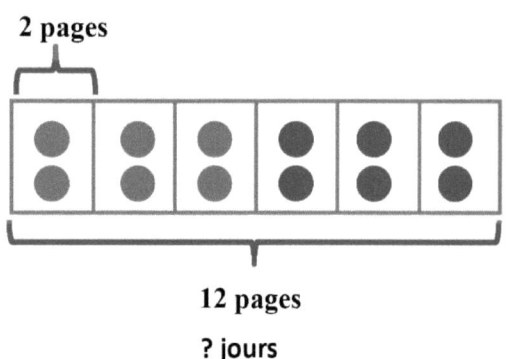

Je peux utiliser mon tableau pour m'aider à dessiner un diagramme sur bande. Je peux dessiner 6 unités de 2 dans mon diagramme en bande car mon tableau montre 6 colonnes de 2.

$12 \div 2 = 6$

Je sais que la réponse est 6 parce que mon tableau montre 6 colonnes de 2 et mon diagramme sur bande montre 6 unités de 2.

Il faudra 6 jours à Caden pour lire un total de 12 pages.

Je peux écrire une déclaration pour répondre à la question.

UNE HISTOIRE D'UNITÉS   Leçon 11 Devoirs 3•1

Nom _____   Date _____

1. Fred a 10 poires. Il met 2 poires dans chaque panier. Combien de paniers a-t-il ?

   a. Dessine une matrice dans laquelle chaque colonne représente le nombre de poires dans chaque panier.

   _____ ÷ 2 = _____

   b. Redessine les poires dans chaque panier comme une unité dans le diagramme en bande. Étiquette le diagramme avec les informations connues et inconnues du problème.

   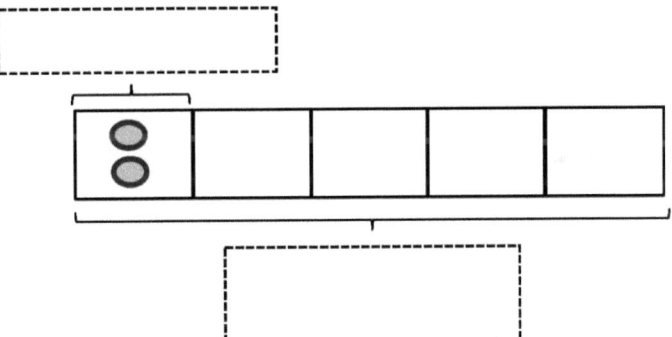

2. Mlle Russell range 15 presse-papiers de manière égale dans 3 boîtes. Combien de presse-papiers y a-t-il dans chaque boîte ? Modélise le problème avec une matrice et un diagramme en bande étiqueté. Montre chaque colonne comme le nombre de presse-papiers dans chaque boîte.

   Il y a _____ presse-papiers dans chaque boîte.

Leçon 11 : Modéliser la division comme le facteur inconnu dans une multiplication en utilisant des matrices et des diagrammes en bande.

UNE HISTOIRE D'UNITÉS — Leçon 11 Devoirs 3•1

3. Seize figurines sont disposées de manière égale sur deux étagères. Combien y a-t-il de figurines sur chaque étagère ? Modélise le problème avec une matrice et un diagramme en bande étiqueté. Montre chaque colonne comme le nombre de figurines sur chaque étagère.

4. Jasmine range 18 chapeaux. Elle place un nombre identique de chapeaux sur 3 étagères. Combien y a-t-il de chapeaux sur chaque étagère ? Modélise le problème avec une matrice et un diagramme en bande étiqueté. Montre chaque colonne comme le nombre de chapeaux sur chaque étagère.

5. Corey ramène 2 livres de la bibliothèque par semaine. Combien de semaines lui faudra-t-il pour ramener un total de 14 livres ?

UNE HISTOIRE D'UNITÉS — Leçon 12 Aide aux devoirs 3•1

1. Mme Harris distribue 14 fleurs de manière égale entre 7 groupes d'élèves pour les étudier. Dessine les fleurs pour trouver combien il y en a dans chaque groupe. Étiquette les informations connues et inconnues sur le diagramme en bande pour t'aider à résoudre le problème.

Je connais le nombre total de fleurs et le nombre de groupes. Je dois résoudre pour le nombre de fleurs dans chaque groupe.

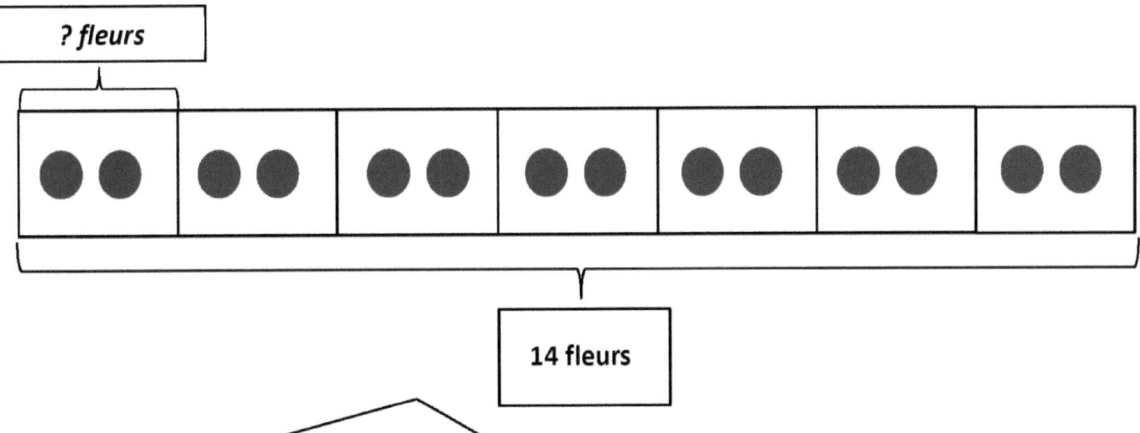

Je peux qualifier la valeur du diagramme sur bande de "14 fleurs". Le nombre d'unités dans le diagramme en bande, 7, représente le nombre de groupes. Je peux étiqueter l'inconnu, qui est la valeur de chaque unité, comme "? fleurs". Je peux dessiner 1 fleur dans chaque unité jusqu'à ce que j'aie un total de 14 fleurs. Je peux dessiner des points au lieu de fleurs pour être plus efficace !

Je peux utiliser mon diagramme en bande pour résoudre le problème en comptant le nombre de points dans chaque unité.

$7 \times \underline{\textbf{2}} = 14$

$14 \div 7 = \underline{\textbf{2}}$

Il y a <u>2</u> fleurs dans chaque groupe.

Leçon 12 : Interpréter le quotient comme le nombre de groupes ou le nombre d'objets dans chaque groupe en utilisant des unités de 2.

2. Lauren trouve 2 pierres chaque jour pour sa collection de pierres. Combien de jours faudra-t-il à Lauren pour trouver 16 pierres pour sa collection de pierres ?

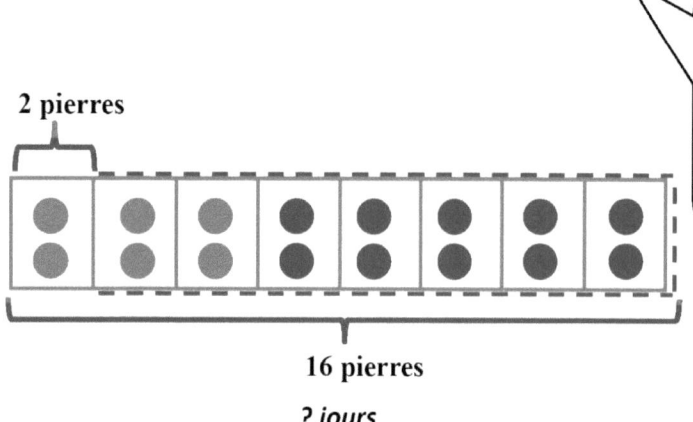

Je sais que le total est de 16 pierres. Je sais que Lauren trouve deux pierres chaque jour, ce qui correspond à la taille de chaque groupe. Je dois savoir combien de jours il lui faudra pour ramasser 16 pierres. L'inconnu est le nombre de groupes.

Je peux dessiner un diagramme en bande pour résoudre ce problème. Je peux dessiner une unité de 2 pour représenter les 2 roches que Lauren collectionne chaque jour. Je peux dessiner une ligne pointillée pour estimer le nombre total de jours. Je peux dessiner des unités de 2 jusqu'à ce que j'aie un total de 16 pierres. Je peux compter le nombre d'unités pour trouver la réponse.

$16 \div 2 = 8$

Je sais que la réponse est 8 parce que mon diagramme sur bande montre 8 unités de 2.

Il faudra 8 jours à Lauren pour trouver 16 pierres.

Je peux écrire une déclaration pour répondre à la question.

Nom _____   Date _____

1. Dix personnes font la file pour les montagnes russes. Deux personnes s'assoient dans chaque wagonnet. Entoure pour trouver le nombre total de wagonnets nécessaires.

$10 \div 2 =$ _____

Il faut _____ wagonnets.

2. Mr. Ramirez répartit 12 grenouilles de manière égale entre 6 groupes d'élèves pour les étudier. Dessine les grenouilles pour trouver combien il y en a dans chaque groupe. Étiquette les informations connues et inconnues sur le diagramme en bande pour t'aider à résoudre le problème.

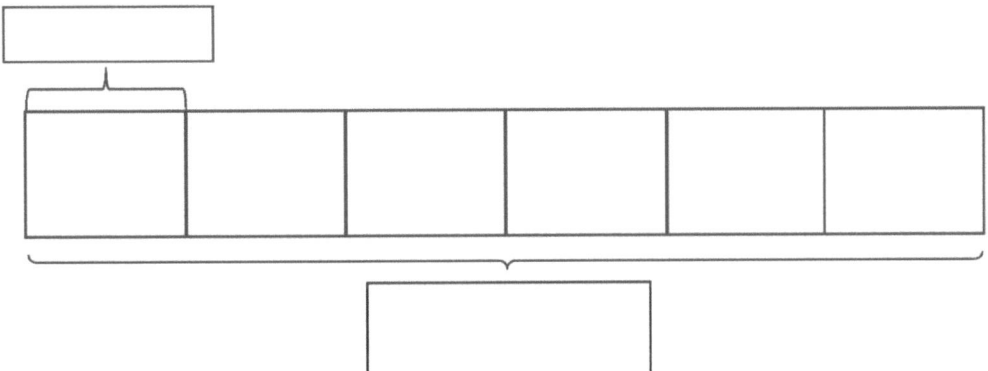

$6 \times$ _____ $= 12$

$12 \div 6 =$ _____

Il y a _____ grenouilles dans chaque groupe.

3. Associe.

Leçon 12 : Interpréter le quotient comme le nombre de groupes ou le nombre d'objets dans chaque groupe en utilisant des unités de 2.

4. Betsy verse 16 tasses d'eau pour remplir de manière égale 2 bouteilles. Combien y t-il de tasses d'eau dans chaque bouteille ? Étiquette le diagramme en bande pour représenter le problème, y compris l'inconnu.

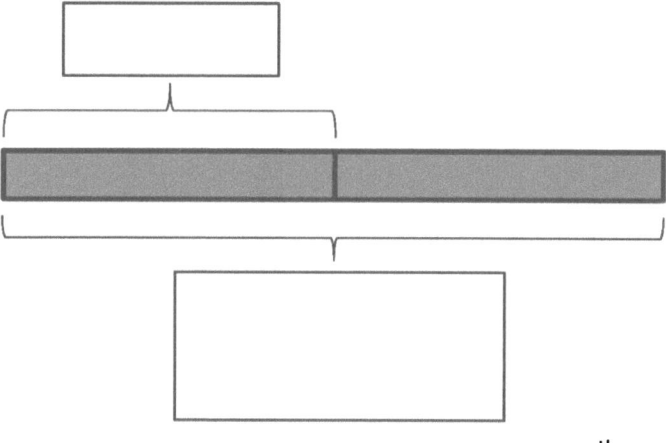

Il y a _____ tasses d'eau dans chaque bouteille.

5. Un ver de terre creuse 2 centimètres dans le sol chaque jour. Le ver de terre creuse à la même vitesse environ tous les jours. Combien de jours faudra-t-il au ver de terre pour creuser 14 centimètres ?

6. Sebastian et Teshawn vont au cinéma. Les places coûtent 16 $ au total. Les garçons partagent les coûts de manière égale. Combien paie Teshawn ?

UNE HISTOIRE D'UNITÉS   Leçon 13 Aide aux devoirs   3•1

1. Les poissons de M. Stroup sont dessinés ci-dessous. Il a 3 poissons dans chaque aquarium.

   a. Entoure les poissons pour montrer combien d'aquariums il a. Ensuite, compte par intervalles pour trouver le nombre total de poissons.

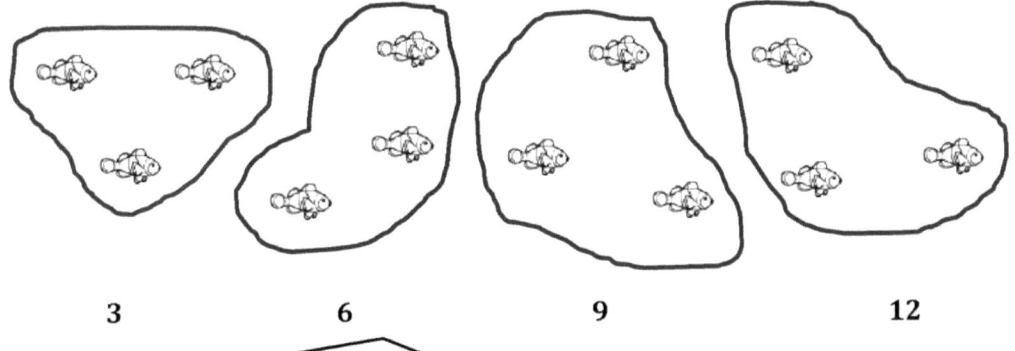

   Je peux encercler des groupes de 3 poissons et sauter le comptage par 3 pour trouver le nombre total de poissons. Je peux compter le nombre de groupes pour savoir combien d'aquariums possède M. Stroup.

   M. Stroup possède un total de 12 poissons dans 4 aquariums.

   b. Dessine et étiquette un diagramme en bande pour représenter le problème.

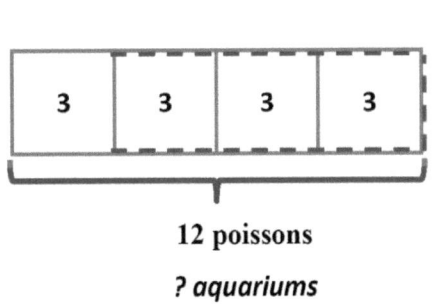

   Je peux utiliser l'image de la partie (a) pour m'aider à dessiner un diagramme en bande. Chaque aquarium a 3 poissons, je peux donc étiqueter chaque unité avec le numéro 3. Je peux dessiner une ligne en pointillé pour estimer le nombre total d'aquariums. Je peux dire que le total est de 12 poissons. Ensuite, je peux dessiner des unités de 3 jusqu'à ce que j'aie un total de 12 poissons.

   $\underline{12} \div 3 = \underline{4}$

   M. Stroup a $\underline{4}$ aquariums.

   L'image et le diagramme en bande montrent qu'il y a 4 bassins de poissons. L'image montre 4 groupes égaux de 3, et le diagramme en bande montre 4 unités de 3.

Leçon 13 :   Interpréter le quotient comme le nombre de groupes ou le nombre d'objets dans chaque groupe en utilisant des unités de 3.

2. Une institutrice a 21 crayons. Ils sont répartis de manière égale entre 3 élèves. Combien de crayons reçoit chaque élève ?

? crayons

> Je peux dessiner un diagramme en bande pour résoudre ce problème. Je peux dessiner 3 unités pour représenter les 3 élèves. Je peux indiquer que le nombre total de crayons est de 21. Je dois déterminer combien de crayons chaque élève reçoit.

21 crayons

> Je sais que je peux diviser 21 par 3 pour résoudre le problème. Je ne connais pas 21 ÷ 3, donc je peux dessiner un point dans chaque unité jusqu'à ce que j'ai un total de 21 points. Je peux compter le nombre de points dans une unité pour trouver le quotient.

$21 \div 3 = 7$

> Je sais que la réponse est 7 parce que mon diagramme en bande montre 3 unités de 7.

Chaque élève recevra 7 crayons.

> Je peux écrire une déclaration pour répondre à la question.

Leçon 13 : Interpréter le quotient comme le nombre de groupes ou le nombre d'objets dans chaque groupe en utilisant des unités de 3.

Nom _____   Date _____

1. Remplis les blancs pour faire des phrases numériques correctes.

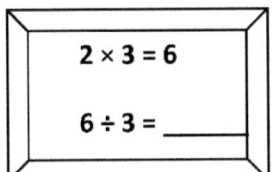
2 × 3 = 6
6 ÷ 3 = ____

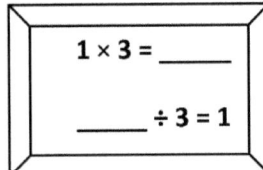
1 × 3 = ____
____ ÷ 3 = 1

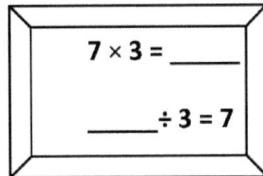
7 × 3 = ____
____ ÷ 3 = 7

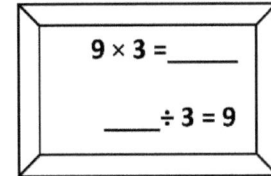
9 × 3 = ____
____ ÷ 3 = 9

2. Les poissons de Mlle Gillette sont dessinés ci-dessous. Elle a 3 poissons dans chaque aquarium.

   a. Entoure les poissons pour montrer combien d'aquariums elle a. Ensuite, compte par intervalles pour trouver le nombre total de poissons.

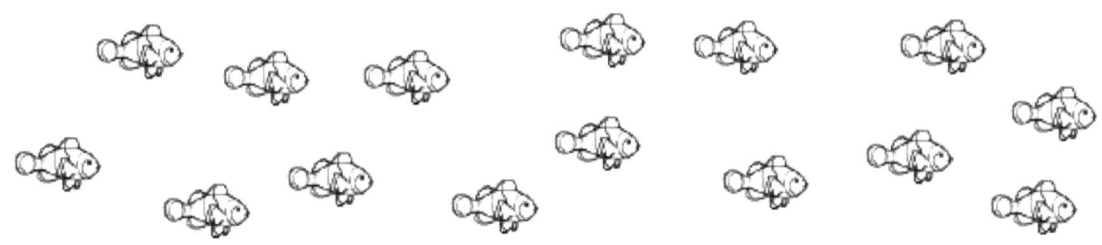

   b. Dessine et étiquette un diagramme en bande pour représenter le problème.

_____ ÷ 3 = _____

Mlle Gillette a _____ aquariums.

Leçon 13 : Interpréter le quotient comme le nombre de groupes ou le nombre d'objets dans chaque groupe en utilisant des unités de 3.

3. Juan achète 18 mètres de fil. Il coupe le fil en morceaux de 3 mètres de long. Combien de morceaux de fil coupe-t-il ?

4. Une institutrice a 24 crayons. Ils sont répartis de manière égale entre 3 élèves. Combien de crayons reçoit chaque élève ?

5. Il y a 27 élèves de la 3ᵉ année étudiant en groupes de 3. Combien de groupes d'élèves de la 3ᵉ année y a-t-il ?

UNE HISTOIRE D'UNITÉS   Leçon 14 Aide aux devoirs   3•1

1. Mmes Smith change 4 roues de 3 voitures. Combien de roues change-t-elle ? Dessine et étiquette un diagramme en bande pour résoudre le problème.

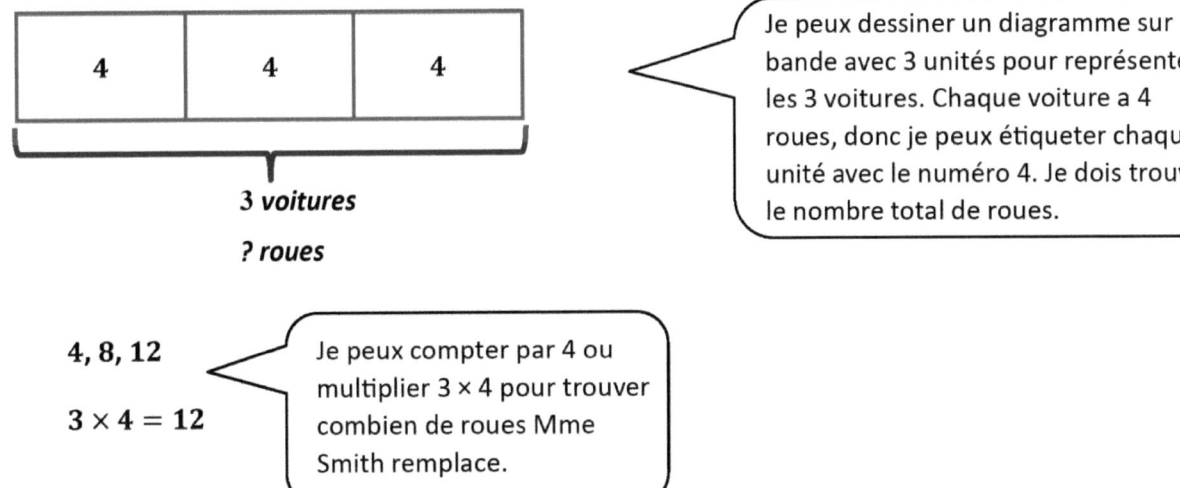

Mme Smith change ___12___ roues

2. Thomas fait 4 colliers. Chaque collier est composé de 7 perles. Dessine et étiquette un diagramme en bande pour montrer le nombre total de perles que Thomas utilise.

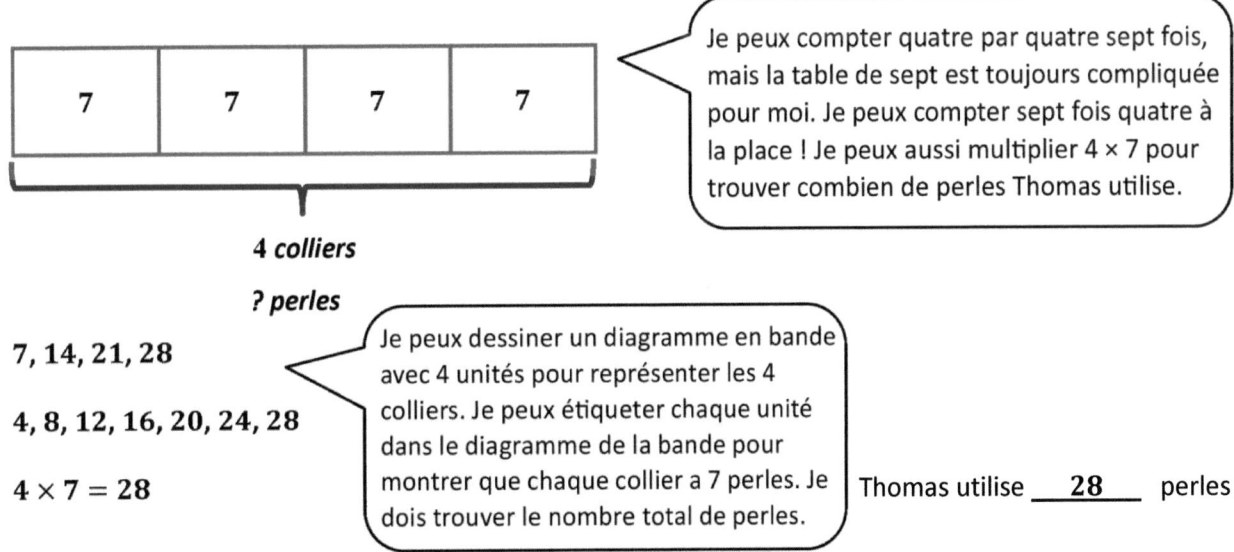

Thomas utilise ___28___ perles

Leçon 14 : Compter les objets dans les modèles par intervalles pour développer une bonne maîtrise des multiplications en utilisant des unités de 4.

3. Trouve le nombre total de côtés sur 6 carrés.

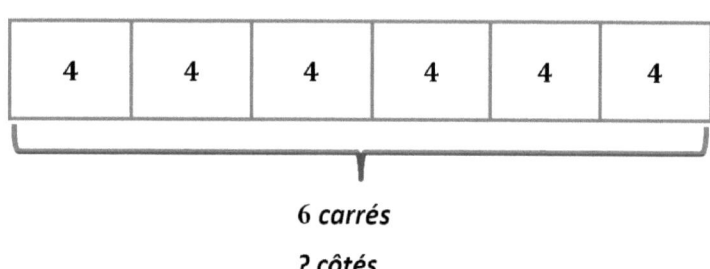

6 *carrés*

? *côtés*

4, 8, 12, 16, 20, 24

$6 \times 4 = 24$

Il y a 24 côtés sur 6 carrés.

> Je peux dessiner un diagramme sur bande avec 6 unités pour représenter les 6 carrés. Tous les carrés ont 4 côtés, donc je peux étiqueter chaque unité avec le chiffre 4. Je dois trouver le nombre total de côtés.

> Je peux compter 6 groupes de quatre ou multiplier 6×4 pour trouver le nombre total de côtés sur 6 carrés.

Nom _____ Date _____

1. Compter de 4 en 4. Associe chaque réponse à l'expression appropriée.

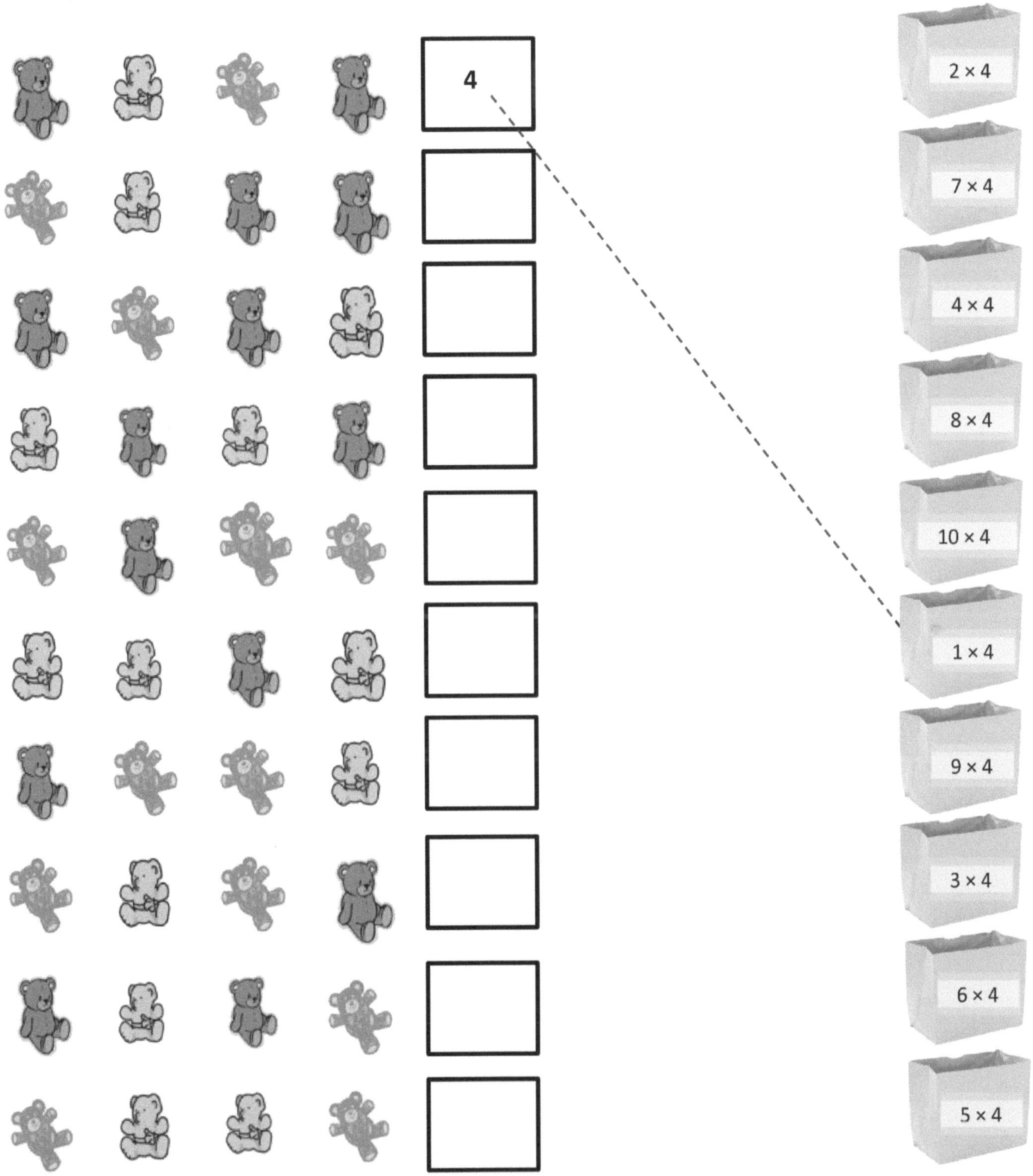

🧸🧸🧸🧸	4	—	2 × 4
🧸🧸🧸🧸			7 × 4
🧸🧸🧸🧸			4 × 4
🧸🧸🧸🧸			8 × 4
🧸🧸🧸🧸			10 × 4
🧸🧸🧸🧸		←	1 × 4
🧸🧸🧸🧸			9 × 4
🧸🧸🧸🧸			3 × 4
🧸🧸🧸🧸			6 × 4
🧸🧸🧸🧸			5 × 4

Leçon 14 : Compter les objets dans les modèles par intervalles pour développer une bonne maîtrise des multiplications en utilisant des unités de 4.

2. Lisa place 5 rangées de 4 bouteilles de jus dans le réfrigérateur. Dessine une matrice et compte par intervalles pour trouver le nombre total de bouteilles de jus.

Il y a _____ bouteilles de jus au total.

3. Six dépliants sont placés sur chaque table. Combien de dépliants y a-t-il sur 4 tables ? Dessine et étiquette un diagramme en bande pour résoudre le problème.

4. Trouve le nombre total de coins sur 8 carrés.

UNE HISTOIRE D'UNITÉS — Leçon 15 Aide aux devoirs — 3•1

1. Étiquette les diagrammes en bande et complète les équations. Ensuite, dessine une matrice représentant les problèmes.

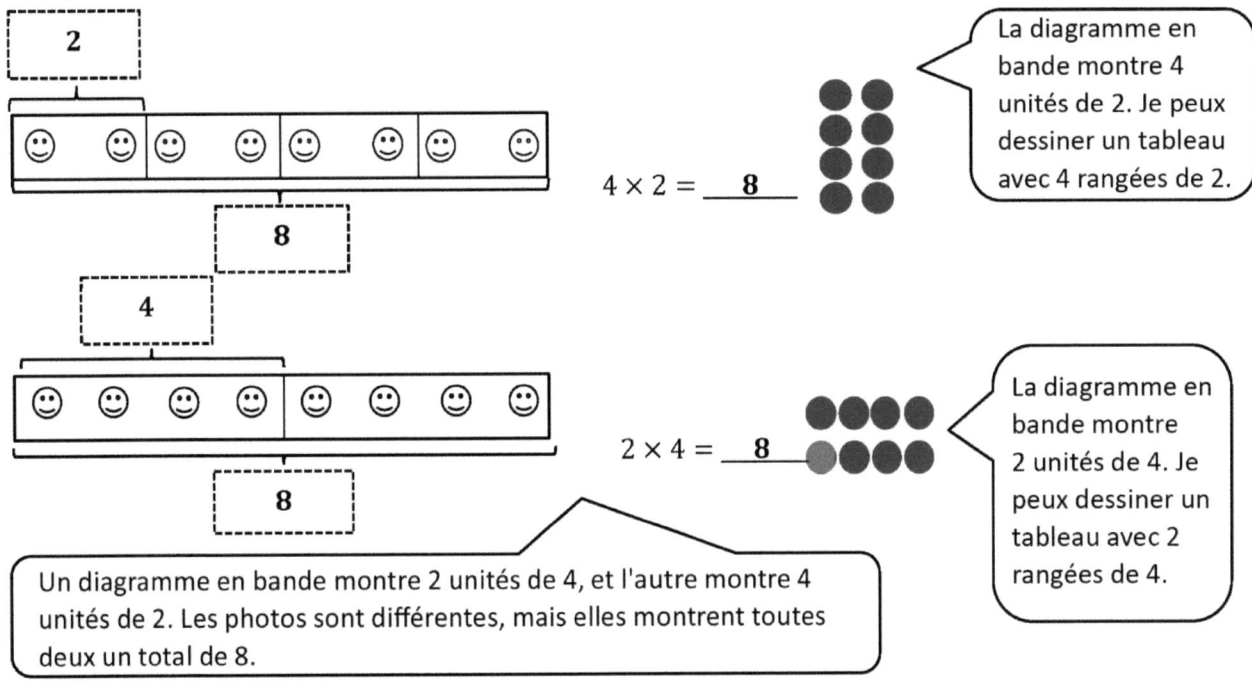

2. 8 livres coûtent 4 $ chacun. Dessine et étiquette un diagramme en bande pour montrer le prix total des livres.

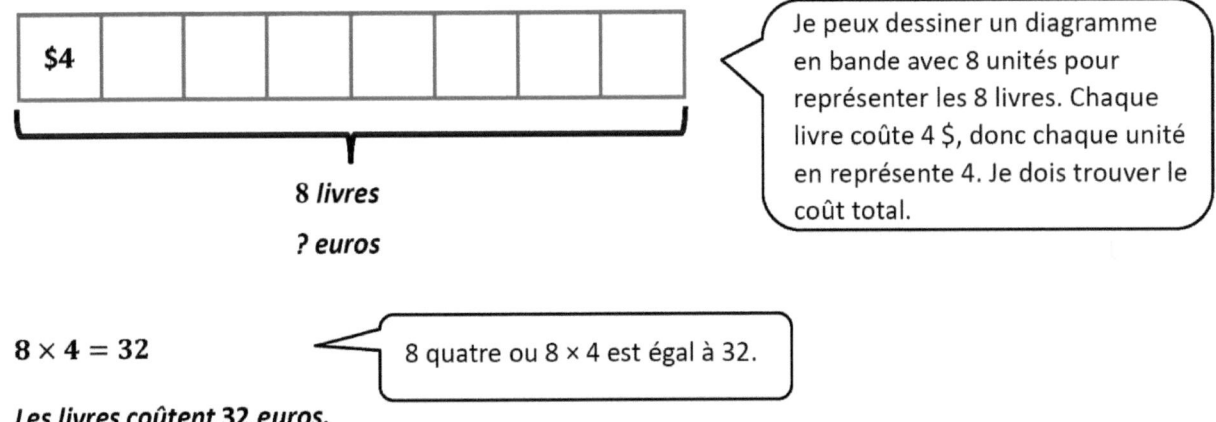

$8 \times 4 = 32$

8 quatre ou 8×4 est égal à 32.

Les livres coûtent 32 euros.

Leçon 15 : Associer les matrices aux diagrammes en bande pour modéliser la propriété commutative des multiplications.

3. Liana lit 8 pages de son livre chaque jour. Combien de pages Liana lit-elle en 4 jours ?

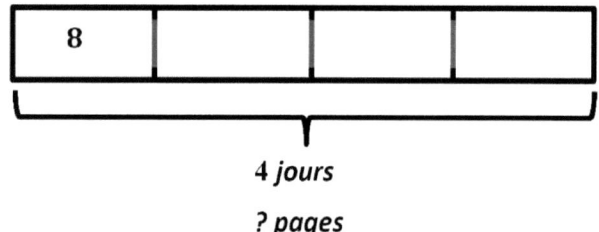

4 *jours*

? *pages*

Je peux dessiner un diagramme en bande avec 4 unités pour représenter les 4 jours. Liana lit 8 pages par jour, donc chaque unité en représente 8. Je dois trouver le nombre total de pages.

$4 \times 8 = 32$

Liana lit 32 pages.

Je viens de résoudre 8 × 4, et je sais que 8 × 4 = 4 × 8. Si 8 quatre est égal à 32, alors 4 huit est également égal à 32.

Nom _____   Date _____

1. Étiquette les diagrammes en bande et complète les équations. Ensuite, dessine une matrice représentant les problèmes.

    a.

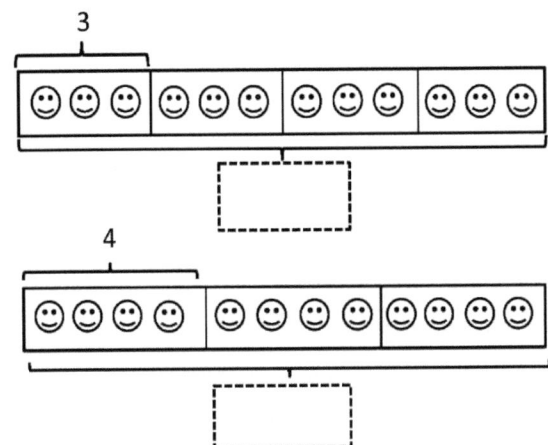

$4 \times 3 =$ _____

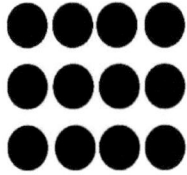

$3 \times 4 =$ _____

   b.

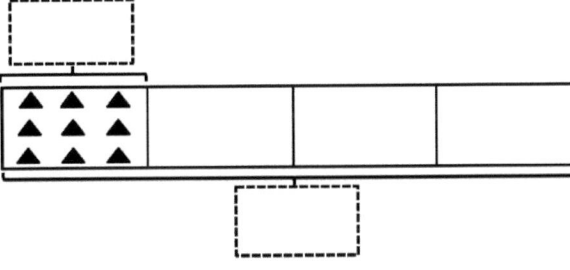

$4 \times$ _____ $=$ _____

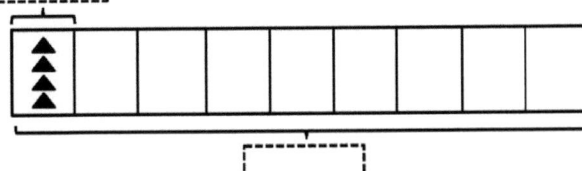

_____ $\times 4 =$ _____

Leçon 15 : Associer les matrices aux diagrammes en bande pour modéliser la propriété commutative des multiplications.

c.

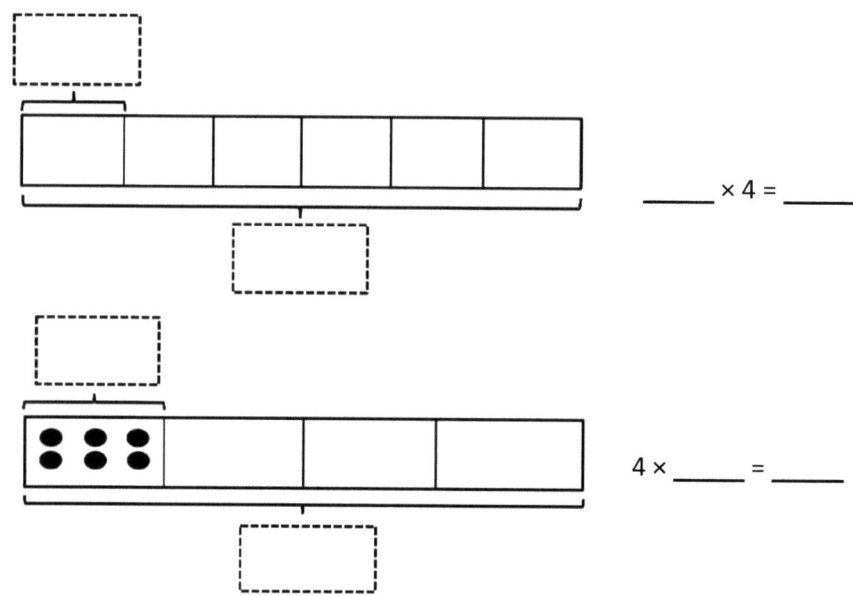

____ × 4 = ____

4 × ____ = ____

2. À la fête, sept clowns tiennent chacun 4 ballons. Dessine et étiquette un diagramme en bande pour montrer le nombre total de ballons que les clowns tiennent.

3. Chaque jour, George nage 7 longueurs dans la piscine. Combien de longueurs George a-t-il nagées après 4 jours ?

UNE HISTOIRE D'UNITÉS Leçon 16 Aide aux devoirs 3•1

1. Étiquette la matrice. Ensuite, remplis les blancs ci-dessous pour faire des phrases numériques correctes.

$8 \times 3 =$ __24__

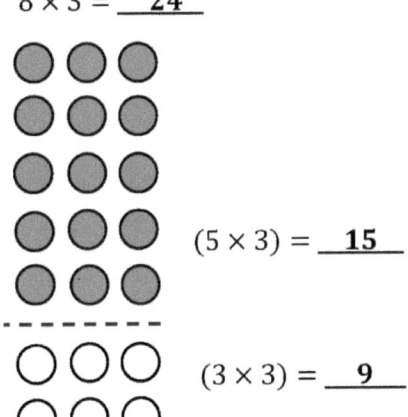

$(5 \times 3) =$ __15__

Je sais que je peux décomposer 8 groupes de 3 en 5 groupes de 3 et 3 groupes de 3. Je peux ajouter les produits pour 5 × 3 et 3 × 3 pour trouver le produit pour 8 × 3.

$(3 \times 3) =$ __9__

$8 \times 3 = (5 \times 3) + (3 \times 3)$
$ =$ __15__ + __9__
$ =$ __24__

2. La matrice ci-dessous montre une stratégie pour résoudre 8 × 4. Explique la stratégie en utilisant tes propres mots.

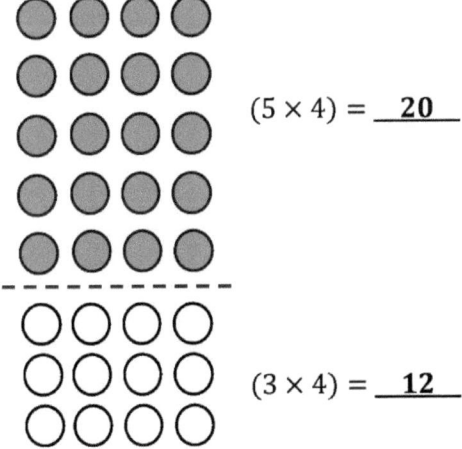

$(5 \times 4) =$ __20__

8 × 4 est difficile à résoudre, mais 5 × 4 et 3 × 4 sont tous deux assez faciles. Je peux les utiliser !

$(3 \times 4) =$ __12__

J'ai séparé les 8 rangées de 4 en 5 rangées de 4 et 3 rangées de 4. J'ai divisé le tableau là parce que mes cinq faits et mes trois faits sont plus faciles que mes huit faits. Je sais que 5 × 4 = 20 et 3 × 4 = 12. Je peux ajouter ces produits pour constater que 8 × 4 = 32.

Leçon 16 : Associer les matrices aux diagrammes en bande pour modéliser la propriété commutative des multiplications.

Copyright © Great Minds PBC

UNE HISTOIRE D'UNITÉS   Leçon 16 Devoirs   3•1

Nom _____   Date _____

1. Étiquette la matrice. Ensuite, remplis les blancs ci-dessous pour faire des phrases numériques correctes.

   a. **6 × 4 =** _____

   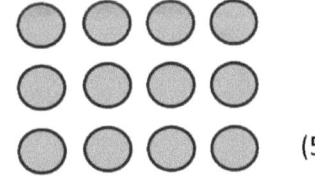

   (5 × 4) = __20__

   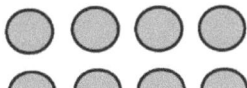

   (___ × 4) = _____   **(6 × 4)** = (5 × 4) + (___ × 4)

   = __20__ + _____

   = _____

   b. **8 × 4 =** _____

   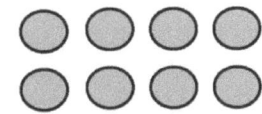

   (5 × 4) = _____

   (___ × 4) = _____

   (8 × 4) = (5 × 4) + (___ × 4)

   = _____ + _____

   = _____

Leçon 16 : Utiliser la propriété distributive comme stratégie pour trouver des multiplications correspondantes.

2. Associe les multiplications avec leurs réponses.

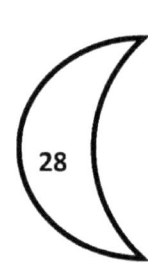 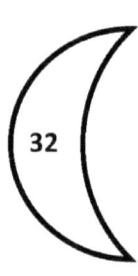 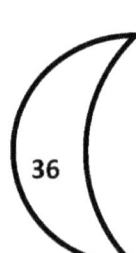 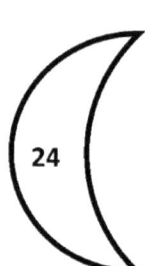

3. La matrice ci-dessous montre une stratégie pour résoudre 9 × 4. Explique la stratégie en utilisant tes propres mots.

 (5 × 4) = _____
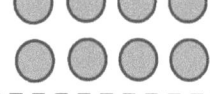

(4 × 4) = _____

Leçon 16 : Utiliser la propriété distributive comme stratégie pour trouver des multiplications correspondantes.

1. La boulangère emballe 20 muffins dans des boîtes de 4. Dessine et étiquette un diagramme en bande pour trouver le nombre de boîtes qu'elle emballe.

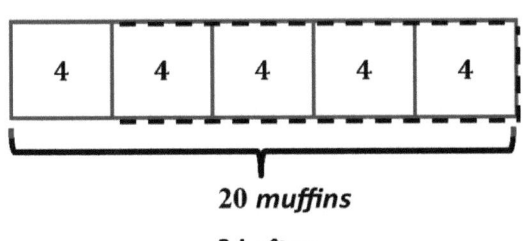

20 *muffins*

? boîtes

$20 \div 4 = \underline{5}$

La boulangère emballe 5 boîtes.

> Je peux dessiner un diagramme en bande. Chaque boîte contient 4 muffins, je peux donc dessiner une unité et l'étiqueter 4. Je peux tracer une ligne pointillée pour estimer le nombre total de boîtes, car je ne sais pas encore combien de boîtes il y a. Je connais le total, donc j'appellerai cela 20 muffins. Je vais résoudre le problème en dessinant des unités de 4 dans la partie pointillée de mon diagramme en bande jusqu'à ce que j'aie un total de 20 muffins. Ensuite, je peux compter le nombre d'unités pour voir combien de boîtes de muffins le boulanger emballe.

2. Le serveur dispose 12 assiettes sur 4 rangées égales. Combien d'assiettes y-a-t-il sur chaque rangée ?

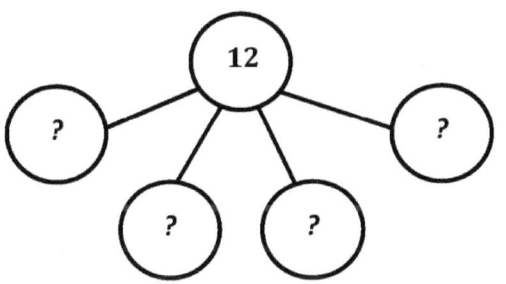

> Je peux utiliser une liaison numérique pour résoudre le problème. Je sais que le nombre total de plaques est de 12 et que les 12 plaques sont réparties sur 4 rangées. Chaque partie du lien numérique représente une rangée de plaques.

$12 \div 4 = \underline{3}$

$3 \times 4 = \underline{12}$

> Je peux diviser pour résoudre. Je peux aussi considérer cela comme une multiplication avec un facteur inconnu.

Il y a 3 plaques dans chaque rangée.

Leçon 17 : Modéliser la relation entre les multiplications et les divisions.

3. Une institutrice a 20 gommes. Elle les distribue de manière égale entre 4 élèves. Elle trouve 12 gommes supplémentaires et les distribue aussi de manière égale entre les 4 élèves. Combien de gommes chaque élève reçoit-il ?

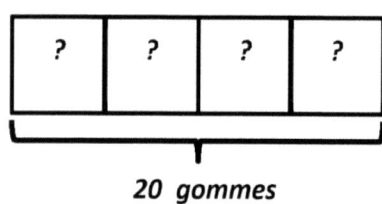

20 gommes

$20 \div 4 = \underline{5}$

> Je peux trouver le nombre de gommes que chaque élève reçoit au début quand le professeur a 20 gommes.

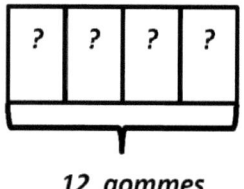

12 gommes

$12 \div 4 = \underline{3}$

> Je peux savoir combien de gommes chaque élève reçoit lorsque le professeur en trouve 12 autres.

5 gommes + 3 gommes = $\underline{8\text{ gommes}}$.

Chaque élève reçoit 5 gommes.

> Je peux ajouter pour trouver combien de gommes totales chaque étudiant reçoit.

Nom _____ Date _____

1. Utilise la matrice pour compléter les équations correspondantes.

   1 × 4 = _____   _____ ÷ 4 = 1

   2 × 4 = _____   _____ ÷ 4 = 2

   _____ × 4 = 12   12 ÷ 4 = _____

   _____ × 4 = 16   16 ÷ 4 = _____

   _____ × _____ = 20   20 ÷ _____ = _____

   _____ × _____ = 24   24 ÷ _____ = _____

   _____ × 4 = _____   _____ ÷ 4 = _____

   _____ × 4 = _____   _____ ÷ 4 = _____

   _____ × _____ = _____   _____ ÷ _____ = _____

   _____ × _____ = _____   _____ ÷ _____ = _____

2. L'institutrice divise 32 élèves en groupes de 4. Combien de groupes forme-t-elle ? Dessine et étiquette un diagramme en bande pour résoudre le problème.

3. L'employé du magasin dispose 24 brosses à dents en 4 rangées égales. Combien de brosses à dents y a-t-il sur chaque rangée ?

4. Un professeur d'art a 40 pinceaux. Elle les distribue de manière égale entre ses 4 élèves. Elle trouve 8 pinceaux supplémentaires et les distribue aussi de manière égale entre les élèves. Combien de pinceaux chaque élève reçoit-il ?

UNE HISTOIRE D'UNITÉS Leçon 18 Aide aux devoirs 3•1

1. Associe la liaison numérique sur une pomme avec l'équation sur un seau qui indique le même total.

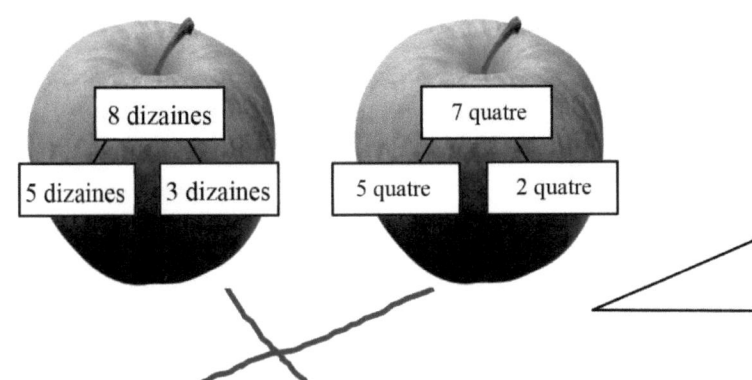

Les liaisons numériques dans les pommes m'aident à voir comment je peux trouver le total en additionnant les deux plus petites parties. Je peux faire correspondre les pommes avec les équations ci-dessous qui montrent les deux mêmes parties et le même total.

$(5 \times 4) + (2 \times 4) = 28$

$(5 \times 10) + (3 \times 10) = 80$

2. Résous.

Je peux considérer que ce total est de 9 à 4. Il y a plusieurs façons de séparer le 9 quatre, mais je vais le séparer en 5 quatre et 4 quatre parce que le 5 est un chiffre amical.

Je peux utiliser la liaison numérique pour m'aider à remplir les blancs. L'addition des produits de ces deux petits faits m'aide à trouver le produit du grand fait.

$9 \times 4 =$ __36__

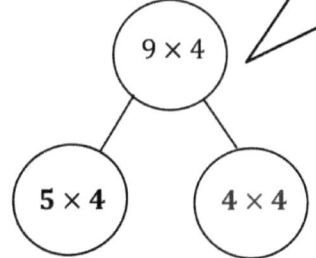

$(\underline{\ 5\ } \times 4) + (\underline{\ 4\ } \times 4) = 9 \times 4$

$\underline{\ 20\ } + \underline{\ 16\ } = \underline{\ 36\ }$

$9 \times 4 = \underline{\ 36\ }$

Leçon 18 : Appliquer la propriété distributive pour décomposer les unités.

71

3. Mia résout 7 × 3 en utilisant la stratégie de séparation et de distribution. Illustre avec un exemple ci-dessous à quoi le travail de Mia pourrait ressembler.

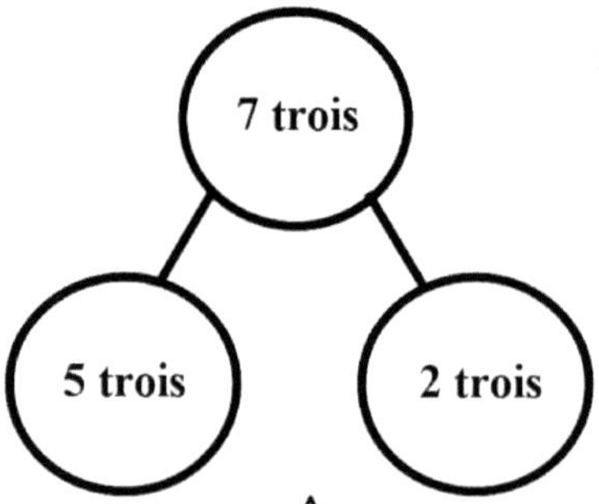

7 trois
5 trois   2 trois

5 groupes de trois + 2 groupes de trois = 7 groupes de trois

$(5 \times 3) + (2 \times 3) = 7 \times 3$

$15 + 6 = 21$

> Je peux utiliser la liaison numérique pour m'aider à écrire les équations. Je peux alors trouver les produits des deux petits faits et les additionner pour trouver le produit du grand fait.

> La liaison numérique m'aide à voir la rupture et à distribuer la stratégie facilement. Je peux penser à 7 × 3 comme à 7 groupes de 3. Ensuite, je peux le diviser en 5 groupes de 3 et 2 groupes de trois.

Nom _____ Date _____

1. Associe.

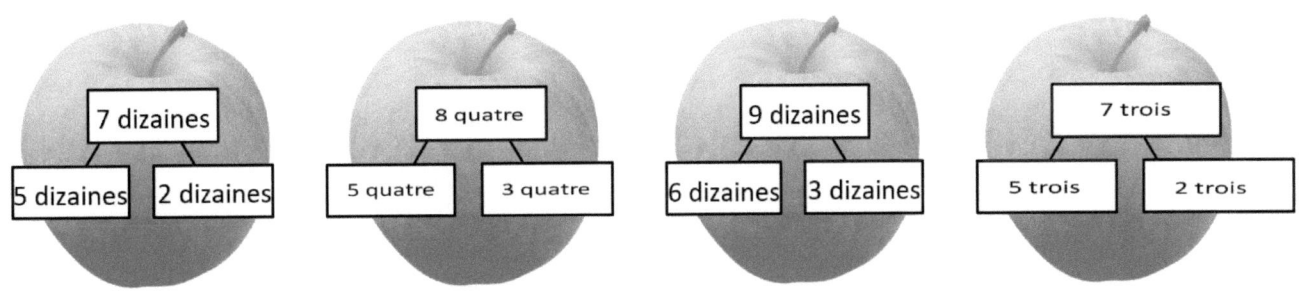

(5 × 4) + (3 × 4) = 32

(5 × 3) + (2 × 3) = 21

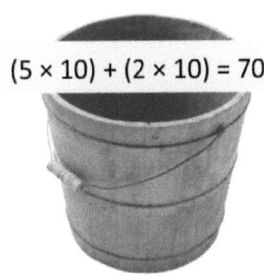
(5 × 10) + (2 × 10) = 70

(6 × 10) + (3 × 10) = 90

2. 9 × 4 = _____

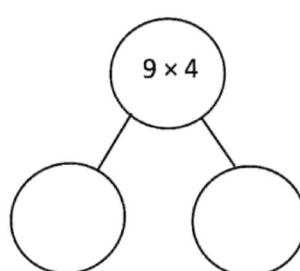

(_____ × 4) + (_____ × 4) = 9 × 4

_____ + _____ = _____

9 × 4 = _____

Leçon 18 : Appliquer la propriété distributive pour décomposer les unités.

3. Lydia fait 10 crêpes. Elle met 4 myrtilles sur chaque crêpe. Combien de myrtilles Lydia utilise-t-elle en tout ? Utilise la stratégie de séparation et de distribution et dessine une liaison numérique pour résoudre le problème.

Lydia utilise _____ myrtilles en tout.

4. Steven résout 7 × 3 en utilisant la stratégie de séparation et de distribution. Illustre avec un exemple ci-dessous à quoi le travail de Steven pourrait ressembler.

5. Il y a 7 jours dans 1 semaine. Combien de jours y a-t-il dans 10 semaines ?

UNE HISTOIRE D'UNITÉS Leçon 19 Aide aux devoirs 3•1

1. Résous.

    $28 \div 4 =$ __7__

    $(20 \div 4) =$ __5__

    $(8 \div 4) =$ __2__

    $(28 \div 4) = (20 \div 4) + ($ __8__ $\div 4)$
    $=$ __5__ $+$ __2__
    $=$ __7__

    Cela montre comment on peut additionner les quotients de deux petits faits pour trouver le quotient du plus grand. Le tableau peut m'aider à remplir les blancs.

    Ce tableau montre un total de 28 triangles. Je vois que la ligne pointillée sépare le tableau après la cinquième rangée. Il y en a 5 quatre au-dessus de la ligne pointillée et 2 quatre en dessous de la ligne pointillée.

Associe les expressions identiques.

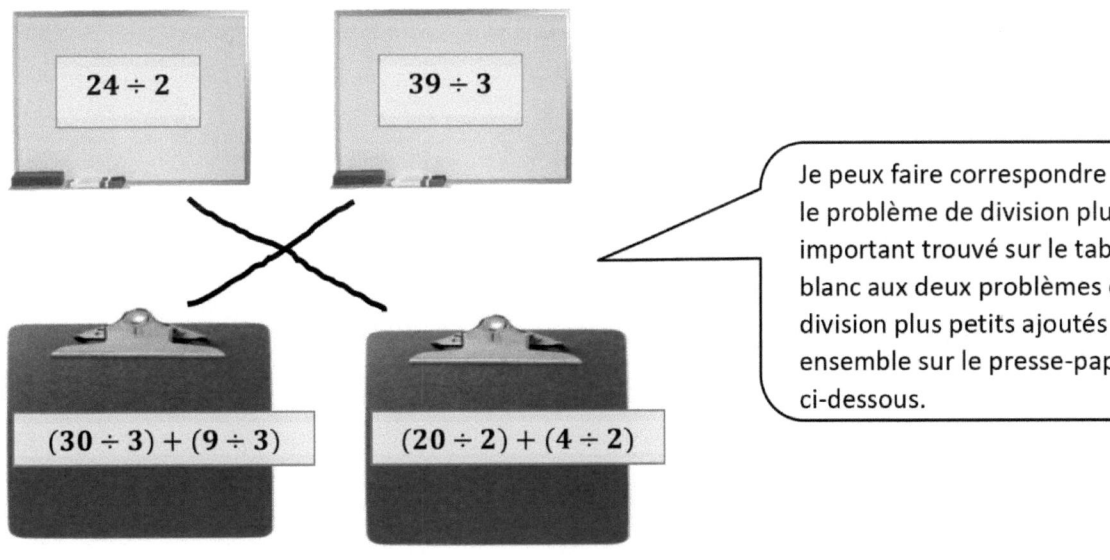

$24 \div 2$ $39 \div 3$

$(30 \div 3) + (9 \div 3)$ $(20 \div 2) + (4 \div 2)$

Je peux faire correspondre le problème de division plus important trouvé sur le tableau blanc aux deux problèmes de division plus petits ajoutés ensemble sur le presse-papiers ci-dessous.

Leçon 19 : Appliquer la propriété distributive pour décomposer les unités.

2. Chloe dessine une matrice ci-dessous pour réponde à 48 ÷ 4. Explique la stratégie de Chloe.

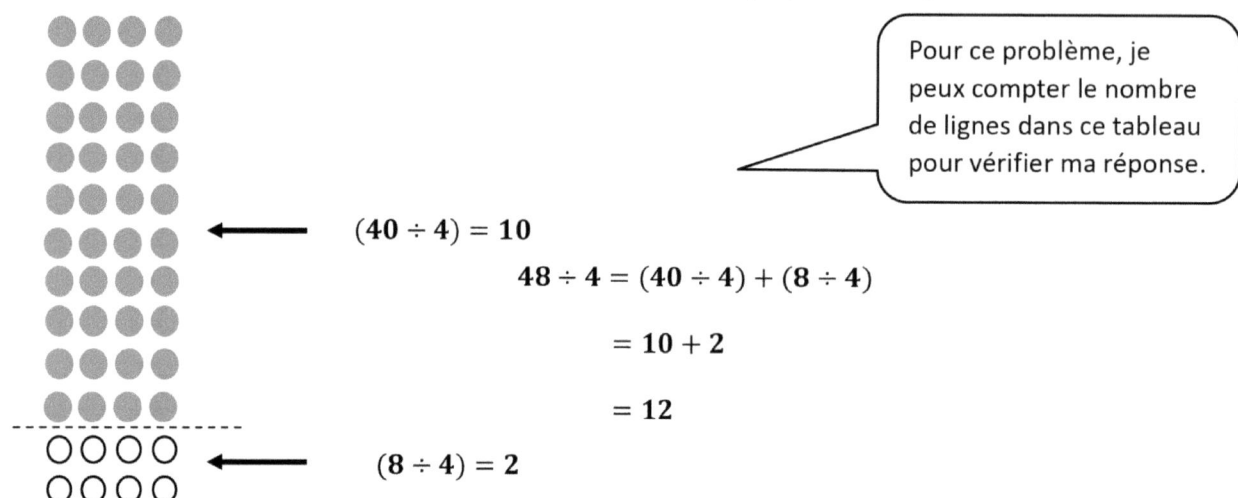

$(40 \div 4) = 10$

$48 \div 4 = (40 \div 4) + (8 \div 4)$

$= 10 + 2$

$= 12$

$(8 \div 4) = 2$

Pour ce problème, je peux compter le nombre de lignes dans ce tableau pour vérifier ma réponse.

Chloe sépare 48 en 10 quatre et 2 quatre. 10 quatre égale 40, et 2 quatre égale 8. Donc, elle fait 40 ÷ 4 et 8 ÷ 4 et additionne les réponses pour obtenir 48 ÷ 4, ce qui est égal à 12.

Nom _____ Date _____

1. Étiquette la matrice. Ensuite, remplis les blancs pour faire des phrases numériques correctes.

a. 18 ÷ 3 = _____

(9 ÷ 3) = 3

(9 ÷ 3) = _____

$(18 ÷ 3) = (9 ÷ 3) + (9 ÷ 3)$

$= \underline{\ 3\ } + \underline{\ \ \ \ \ }$

$= \underline{\ 6\ }$

b. 21 ÷ 3 = _____

(15 ÷ 3) = 5

(6 ÷ 3) = _____

$(21 ÷ 3) = (15 ÷ 3) + (6 ÷ 3)$

$= \underline{\ 5\ } + \underline{\ \ \ \ \ }$

$= \underline{\ \ \ \ \ }$

c. 24 ÷ 4 = _____

(20 ÷ 4) = _____

(4 ÷ 4) = _____

$(24 ÷ 4) = (20 ÷ 4) + (\underline{\ \ \ } ÷ 4)$

$= \underline{\ \ \ } + \underline{\ \ \ }$

$= \underline{\ \ \ }$

d. 36 ÷ 4 = _____

(20 ÷ 4) = _____

(16 ÷ 4) = _____

$(36 ÷ 4) = (\underline{\ \ \ } ÷ 4) + (\underline{\ \ \ } ÷ 4)$

$= \underline{\ \ \ } + \underline{\ \ \ }$

$= \underline{\ \ \ }$

Leçon 19 : Appliquer la propriété distributive pour décomposer les unités.

2. Associe les expressions identiques.

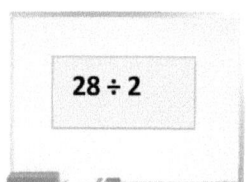 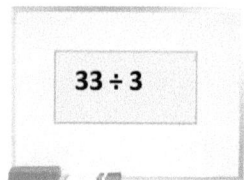 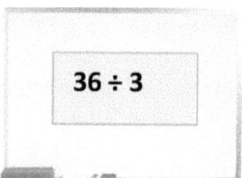 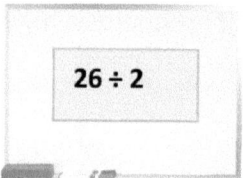

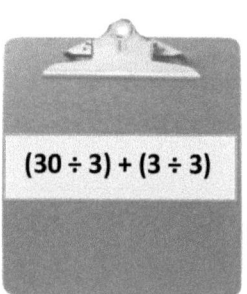 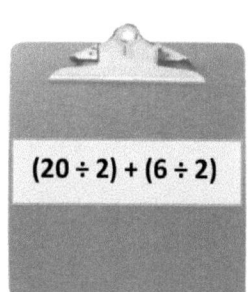 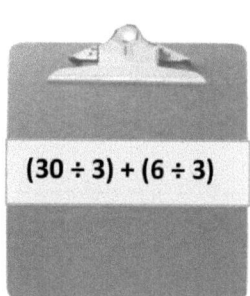 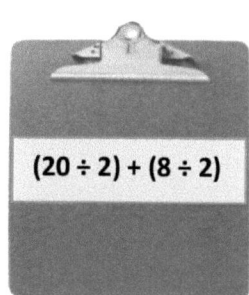

3. Alex dessine une matrice ci-dessous pour trouver la réponse à 35 ÷ 5. Explique la stratégie d'Alex.

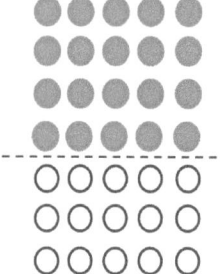

1. Trente-cinq élèves mangent à 5 tables. Le même nombre d'élèves est assis à chaque table.

   a. Combien d'élèves sont assis à chaque table ?

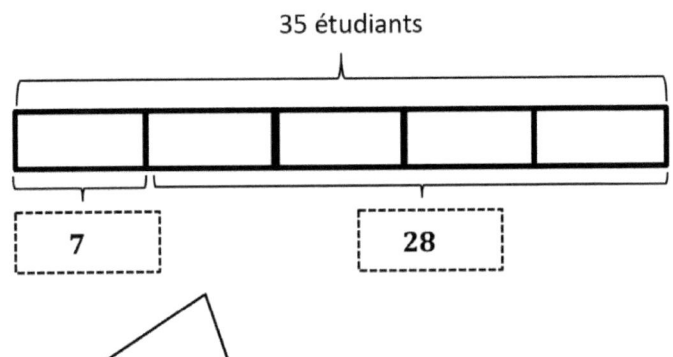

   Je sais qu'il y a un total de 35 étudiants qui déjeunent à 5 tables. Je sais que chaque table a le même nombre d'étudiants. Je dois déterminer combien d'élèves sont assis à chaque table. L'inconnu est la taille de chaque groupe.

   Chaque unité de mon diagramme en bande représente un tableau. Comme il y a 35 étudiants et 5 tables, je peux diviser 35 par 5 pour constater que chaque table compte 7 étudiants. Ce diagramme sur bande montre qu'il y a 5 unités de 7 pour un total de 35.

   $35 \div 5 = 7$

   Il y a 7 élèves assis à chaque table.

   b. Combien d'élèves sont assis à 4 tables ?

   $4 \times 7 = 28$

   Il y a 28 étudiants assis à 4 tables.

   Je peux dessiner un diagramme en ruban qui montre 30 cahiers par paquets de 3. Je peux trouver le nombre total de

   Comme je sais maintenant qu'il y a 7 étudiants assis à chaque table, je peux multiplier le nombre de tables, 4, par 7 pour trouver qu'il y a 28 étudiants assis à 4 tables. Je peux le voir dans le diagramme de la bande : 4 unités de 7 égalent 28.

Leçon 20 : Résoudre les problèmes de mots à deux étapes utilisant des multiplications et des divisions, et évaluer le caractère raisonnable des réponses.

2. Le magasin a 30 cahiers en paquets de 3. Six paquets de cahiers sont vendus. Combien de paquets de cahiers reste-t-il ?

> Je peux dessiner un diagramme en bande qui montre 30 cahiers par paquets de 3. Je peux trouver le nombre total de paquets en divisant 30 par 3 pour obtenir un total de 10 paquets de cahiers.

> Je sais que le total est de 30 cahiers. Je sais que les cahiers sont par paquets de 3. Je dois d'abord déterminer le nombre total de paquets de cahiers qui se trouvent dans le magasin.

6 paquets vendus | **Il reste ? paquets**

| 3 | 3 | 3 | 3 | 3 | 3 | 3 | 3 | 3 | 3 |

30 carnets de notes
? paquets au total

$30 \div 3 = 10$

Il y a un total de 10 paquets de cahiers au magasin.

> Maintenant que je sais que le nombre total de paquets est de 10 je peux trouver le nombre de paquets qui restent.

$10 - 6 = 4$

Il reste 4 paquets de cahiers.

> Je peux montrer les paquets qui ont été vendus sur mon diagramme en bande en barrant 6 unités de 3. Quatre unités de 3 ne sont pas rayées, il reste donc 4 paquets de cahiers. Je peux écrire une soustraction pour représenter le travail sur mon diagramme en bande.

Nom _____ Date _____

1. Jerry achète une boîte de crayons qui coûte 3 $. David achète 4 lots de marqueurs. Chaque lot de marqueurs coûte aussi 3 $.

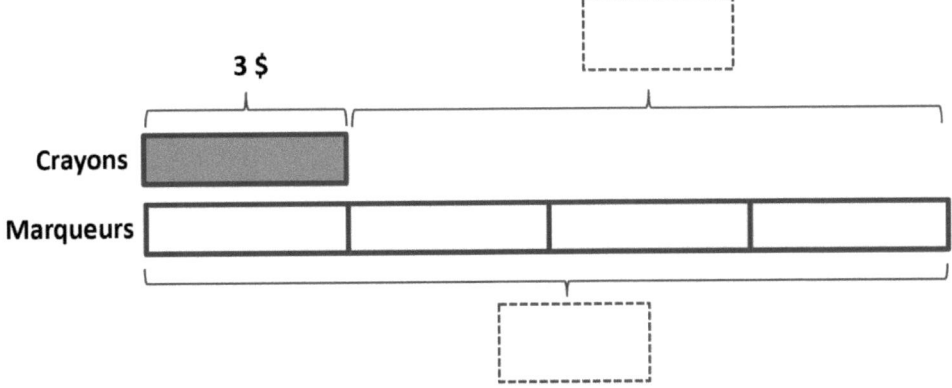

   a. Quel est le prix total des marqueurs ?

   b. Combien David dépense-t-il en plus pour ses 4 lots de marqueurs par rapport à Jerry avec sa boîte de crayons ?

2. Trente élèves mangent à 5 tables. Le même nombre d'élèves est assis à chaque table.

   a. Combien d'élèves sont assis à chaque table ?

   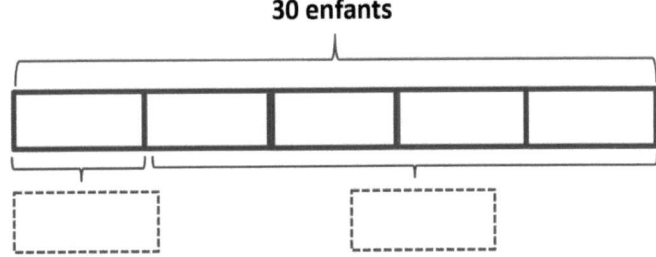

   b. Combien d'élèves sont assis à 4 tables ?

Leçon 20 : Résoudre les problèmes de mots à deux étapes utilisant des multiplications et des divisions, et évaluer le caractère raisonnable des réponses.

3. L'institutrice a 12 autocollants verts et 15 autocollants mauves. Trois élèves reçoivent le même nombre d'autocollants de chaque couleur. Combien d'autocollants verts et mauves chaque élève reçoit-il ?

4. Trois amis vont cueillir des pommes. Ils cueillent 13 pommes le samedi et 14 pommes le dimanche. Ils se partagent les pommes de manière égale. Combien de pommes chacun reçoit-il ?

5. Le magasin a 28 cahiers en paquets de 4. Trois paquets de cahiers sont vendus. Combien de paquets de cahiers reste-t-il ?

1. John s'est fixé un objectif de lecture. Il ramène 3 boîtes de 7 livres de la bibliothèque. Après les avoir lus, il se rend compte qu'il a battu son objectif de 5 livres ! Étiquette les diagrammes en bande pour trouver l'objectif de lecture de John.

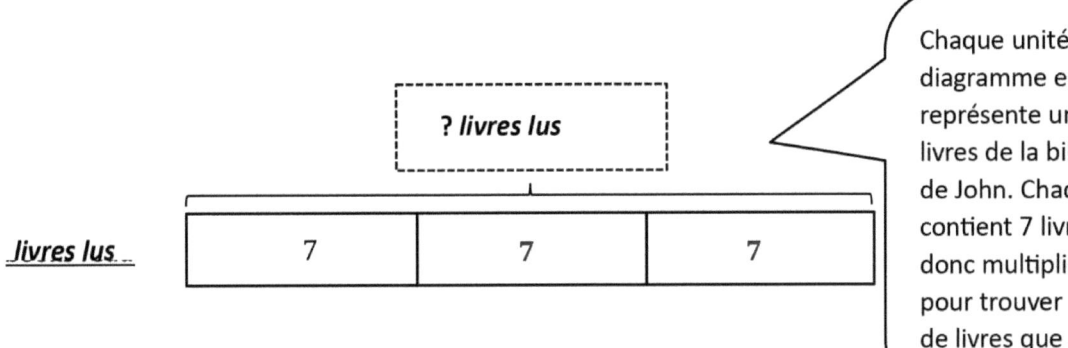

Chaque unité de ce diagramme en bande représente une boîte de livres de la bibliothèque de John. Chaque boîte contient 7 livres. Je peux donc multiplier 3 × 7 pour trouver le nombre de livres que John lit.

3 × 7 = 21
John lit **21** livres.

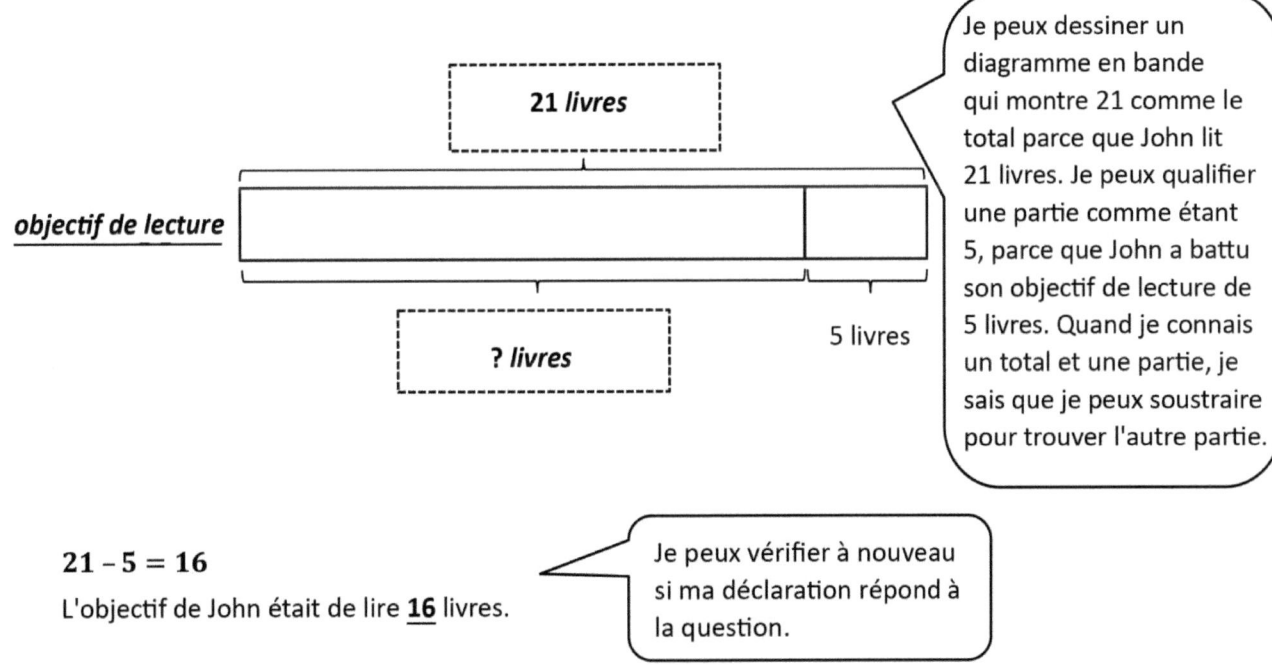

Je peux dessiner un diagramme en bande qui montre 21 comme le total parce que John lit 21 livres. Je peux qualifier une partie comme étant 5, parce que John a battu son objectif de lecture de 5 livres. Quand je connais un total et une partie, je sais que je peux soustraire pour trouver l'autre partie.

21 − 5 = 16
L'objectif de John était de lire **16** livres.

Je peux vérifier à nouveau si ma déclaration répond à la question.

Leçon 21 : Résoudre les problèmes de mots à deux étapes utilisant les quatre opérations et évaluer le caractère raisonnable des réponses.

2. M. Kim plante 20 arbres autour de l'étang du quartier. Il plante des érables, des pins, des épicéas et des bouleaux en quantité identique. Il arrose les les épicéas et les bouleaux avant qu'il ne fasse nuit. Combien d'arbres M. Kim doit-il encore arroser ? Dessine et étiquetts un diagramme en bande.

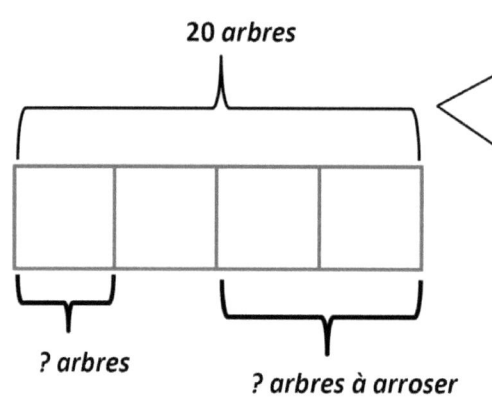

Je sais que M. Kim plante un total de 20 arbres. Il plante un nombre égal de 4 types d'arbres. C'est le nombre de groupes. L'inconnu, c'est donc la taille de chaque groupe.

Je peux dessiner un diagramme en bande qui comporte 4 unités pour représenter les 4 types d'arbres. Je peux étiqueter le tout comme étant 20 et je peux diviser 20 par 4 pour trouver la valeur de chaque unité.

Je sais que M. Kim arrose les épicéas et les bouleaux, il doit donc encore arroser les érables et les pins. Je peux voir sur mon diagramme que 2 unités de 5 arbres ont encore besoin d'être arrosés. Je peux multiplier 2 × 5 pour constater que 10 arbres ont encore besoin d'être arrosés.

$20 \div 4 = 5$
M. Kim plante 5 de chaque type d'arbre.

$2 \times 5 = 10$
M. Kim doit encore arroser 10 arbres.

$20 - 10 = 10$
M. Kim doit encore arroser 10 arbres.

Ou je peux soustraire le nombre d'arbres arrosés, 10, du nombre total d'arbres pour trouver la réponse.

Nom _____   Date _____

1. Chaque jour à l'école, Tina mange 8 crackers comme collation. Vendredi, elle en fait tomber 3 et n'en mange que 5. Écris et résous une équation pour montrer le nombre total de crackers que Tina a mangés cette semaine.

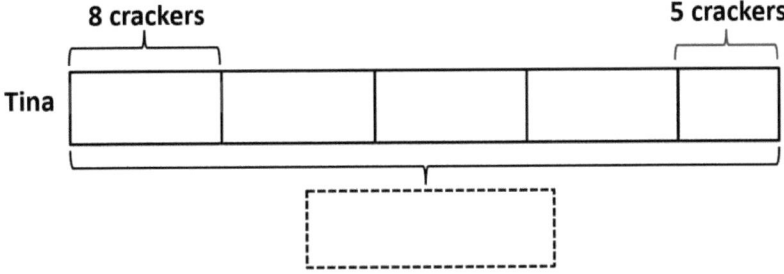

Tina a mangé _____ crackers.

---

2. Ballio s'est fixé un objectif de lecture. Il ramène 3 cartons de 9 livres de la bibliothèque. Après les avoir lus, il se rend compte qu'il a battu son objectif de 4 livres ! Étiquette les diagrammes en bande pour trouver l'objectif de lecture de Ballio.

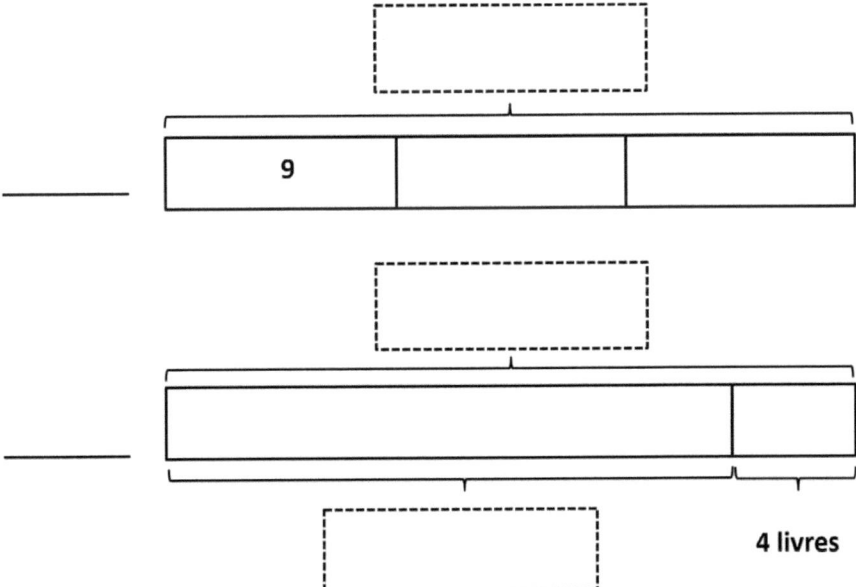

L'objectif de Ballio est de lire _____ livres.

3. M. Nguyen plante 24 arbres autour de l'étang du quartier. Il plante des érables, des pins, des épicéas et des bouleaux en quantité identique. Il arrose les les épicéas et les bouleaux avant qu'il ne fasse nuit. Combien d'arbres M. Nguyen doit-il encore arroser ? Dessine et étiquette un diagramme en bande.

4. Anna achète 24 graines et en plante 3 dans chaque pot. Elle a 5 pots. De combien de pots supplémentaires Anna a-t-elle besoin pour planter toutes ses graines ?

3ᵉ année
Module 2

Eric	19 secondes
Woo	20 secondes
Sharon	24 secondes
Steven	18 secondes
Joyce	22 secondes

Le tableau à droite indique combien de temps ça prend pour chaque des 5 élèves pour courir 100 mètres.

a. Qui est le coureur le plus rapide?

   Steven est le coureur le plus rapide.

   > Je sais que Steven est le coureur le plus rapide car le graphique me montre qu'il a couru 100 mètres en moins de 18 secondes.

b. Qui est le coureur le plus lent?

   Sharon est la coureuse la plus lente.

   > Je sais que Sharon est la coureuse la plus lente car le graphique me montre qu'elle a couru 100 mètres en 24 secondes, soit le plus grand nombre de secondes.

c. De combien de secondes Eric a-t-il couru plus rapidement que Sharon?

   $24 - 19 = 5$

   Eric a couru 5 secondes plus vite que Sharon.

   > Je peux soustraire le temps d'Eric du temps de Sharon pour trouver à quel point Eric a couru plus vite que Sharon. Je peux utiliser la stratégie de compensation pour penser à soustraire 24 - 19 comme 25 - 20 pour obtenir 5. Il est beaucoup plus facile pour moi de soustraire 25 - 20 que 24 - 19.

Leçon 1 : Explore l'heure en tant que mesure continue en utilisant un chronomètre.

Nom _____   Date _____

1. Le tableau à droite indique combien de temps ça prend pour chaque des 5 élèves pour courir 100 mètres.

Samantha	19 secondes
Melanie	22 secondes
Chester	26 secondes
Dominique	18 secondes
Louie	24 secondes

   a. Qui est le coureur le plus rapide?

   b. Qui est le coureur le plus lent?

   c. De combien de secondes Samantha a-t-elle couru plus rapidement que Louie?

2. Cite les activités à la maison qui prennent ces laps de temps pour les accomplir. Si tu n'as pas de chronomètre, tu peux utiliser une stratégie de comptage par *1 Mississippi, 2 Mississippi, 3 Mississippi, ...*

Heure	Activités à la maison
30 secondes	Exemple: Lier les lacets de chaussures
45 secondes	
60 secondes	

Leçon 1 : Explore l'heure en tant que mesure continue en utilisant un chronomètre.

3. Concorde l'horloge analogique avec la bonne horloge numérique.

UNE HISTOIRE D'UNITÉS — Leçon 2 Aide aux devoirs 3•2

Suis les instructions pour étiqueter la ligne numérique en-dessous

a. Susan s'entraîne au piano entre 3:00 p.m. et 4:00 p.m. Étiquette la première et la dernière marque de graduation comme 3: 00 p.m. et 4: 00 p.m.

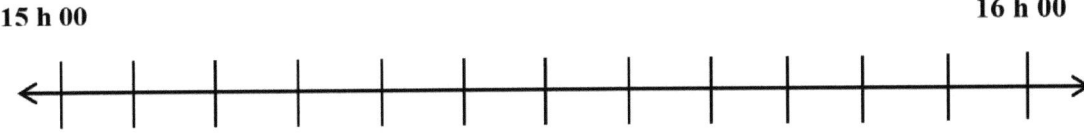

Je peux indiquer que la première coche est à 15 heures et la dernière à 16 heures pour montrer l'intervalle d'une heure pendant lequel Susan pratique le piano.

b. Chaque intervalle représente 5 minutes. Compte par cinq commençant par 0, ou 3: 00 p.m. Étiquette chaque intervalle de 5 minutes en-dessous de la ligne numérique jusqu'à 4: 00 p.m.

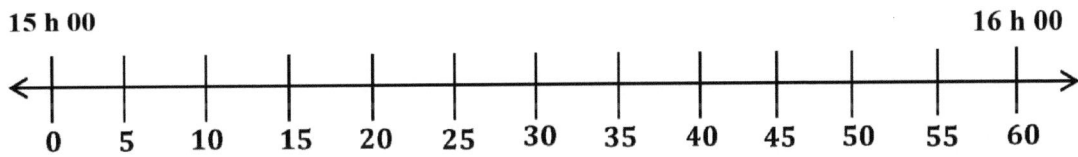

Je sais qu'il y a 60 minutes entre 3:00 p.m. et 4:00 p.m.. Je peux étiqueter 0 minute en dessous de l'endroit où j'ai écrit 3:00 p.m. et étiqueter 60 minutes en dessous de l'endroit où j'ai écrit 4:00 p.m..

Je peux compter par cinq pour marquer chaque intervalle de 5 minutes de gauche à droite, en commençant par 0 et en terminant par 60.

Leçon 2 : Relie le comptage de deux en deux par cinq sur l'horloge en indiquant l'heure à un modèle de mesure continue, la ligne numérique.

c. Susan échauffe ses doigts en faisant ses gammes jusqu'à 3:10 p.m. Trace un point sur la ligne du nombre pour représenter ce temps-là. En dessus du point, écris W.

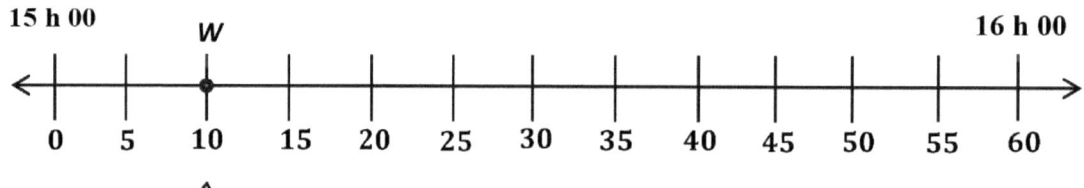

Je peux trouver 3:10 p.m. en mettant mon doigt sur 3:00 p.m. et en le déplaçant vers la droite pendant que je saute des intervalles de comptage jusqu'à 3:10 p.m.. Ensuite, je peux dessiner un point pour tracer l'emplacement de ce point sur la ligne de chiffres. Je peux qualifier ce point de W pour représenter le temps d'échauffement de Susan.

Nom _____   Date _____

Suis les instructions pour étiqueter la ligne numérique en-dessous

a. L'équipe de basket s'entraîne entre 4:00 p.m. et 5:00 p.m. Étiquette la première et la dernière marque de graduation comme 4:00 p.m. et 5:00 p.m.

b. Chaque intervalle représente 5 minutes. Compte par cinq commençant par 0, ou 4:00 p.m. Étiquette chaque intervalle de 5 minutes en-dessous de la ligne numérique jusqu'à 5:00 p.m.

c. L'équipe s'échauffe à 4:05 p.m. Trace un point sur la ligne numérique pour représenter ce temps-là. En dessus du point, écris W.

d. L'équipe effectue des lancers francs à 4:15 p.m. Trace un point sur la ligne numérique pour représenter ce temps-là. En dessus du point, écris F.

e. L'équipe effectue une partie d'entraînement à 4:25 p.m. Trace un point sur la ligne numérique pour représenter ce temps-là. En dessus du point, écris G.

f. L'équipe bénéficie d'une pause à 4:50 p.m. Trace un point sur la ligne numérique pour représenter ce temps-là. En dessus du point, écris B.

g. L'équipe revoit ses parties à 4:55 p.m. Trace un point sur la ligne numérique pour représenter ce temps-là. En dessus du point, écris P.

UNE HISTOIRE D'UNITÉS   Leçon 3 Aide aux devoirs   3•2

L'horloge indique à quelle heure Caleb commence à jouer dehors le lundi après-midi.

a. A quelle heure il commence à jouer dehors?

Caleb commence à jouer dehors à 2 : 32 p.m.

Je peux trouver les minutes sur cette horloge analogique en comptant par cinq et par un, en commençant par le 12, ce qui représente zéro minutes

Début

b. Il joue dehors pendant 19 minutes. A quelle heure finit-il son jeu ?

Caleb finit de jouer en dehors de 2:51 p.m.

Je peux utiliser différentes stratégies pour trouver le moment où Caleb finit de jouer. La stratégie la plus efficace consiste à ajouter 20 minutes à 2 : 32 pour obtenir 2 : 52, puis à soustraire 1 minute pour obtenir 2 : 51.

c. Dessine des mains sur l'horloge à droite pour indique quelle heure Caleb termine son jeu.

Fin

Je peux vérifier ma réponse à la partie (b) en comptant par cinq et un sur l'horloge, puis en dessinant les aiguilles de l'horloge. Mon aiguille des minutes est exactement à 51 minutes, mais mon aiguille des heures est proche du 3 puisqu'il est presque 3:00.

Leçon 3 : Compte en cinq et unités sut la ligne numérique en tant que stratégie pour indiquer l'heure à la plus proche minute sur l'horloge

d. Étiquette la première et la dernière marque de graduation comme 2:00 p.m. et 3:00 p.m. Ensuite, trace l'heure de début et de fin de Caleb. Étiquette son heure de début avec un *B* et son heure de fin avec un *F*.

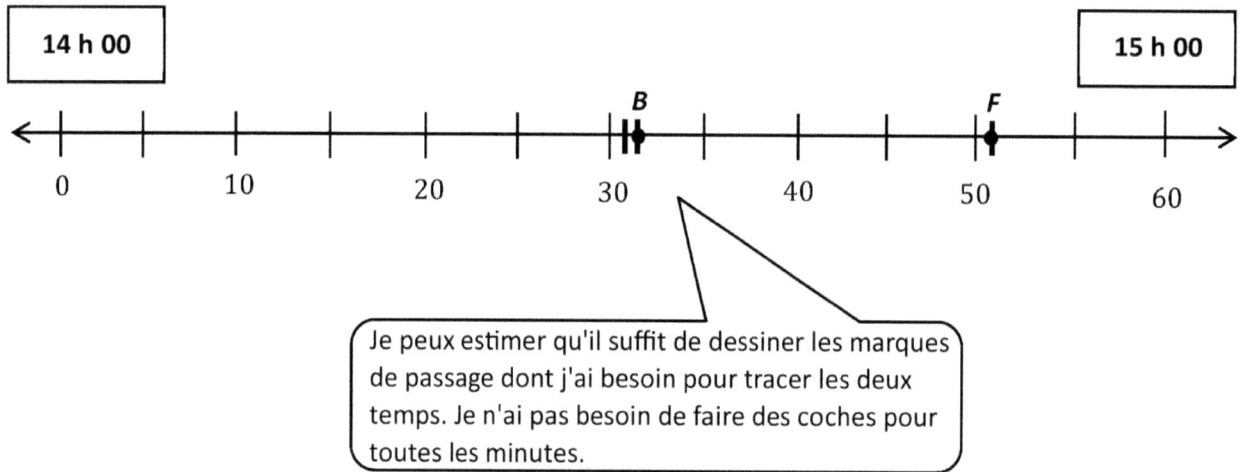

Je peux estimer qu'il suffit de dessiner les marques de passage dont j'ai besoin pour tracer les deux temps. Je n'ai pas besoin de faire des coches pour toutes les minutes.

UNE HISTOIRE D'UNITÉS

Leçon 3 Devoirs   3•2

Nom _____   Date _____

1. Trace des points sur la ligne numérique de chaque heure indiquée sur l'horloge ci-dessous. Ensuite, dessine des lignes pour concorder les horloges aux points.

2. Julie dîne vers 6:07 p.m. Dessine des mains sur l'horloge ci-dessous pour indiquer l'heure où Julie dîne.

3. Le cours d'éducation physique commence à 1:32 p.m. Dessine des mains sur l'horloge pour indiquer l'heure où commence le cours d'éducation physique

Leçon 3 : Compte en cinq et uns le numéro de ligne en tant que stratégie pour exprimer l'heure à la plus proche minute sur l'horloge.

4. L'horloge indique quelle heure Zachary commence à jouer avec ses figurines articulées.

   a. A quelle heure commence-t-il à jouer avec des figurines articulées ?

   Début

   b. Il joue avec ses figurines articulées pendant 23 minutes. A quelle heure finit-il son jeu ?

   c. Dessine des mains sur l'horloge à droite pour indiquer à quelle heure Zachary termine son jeu.

   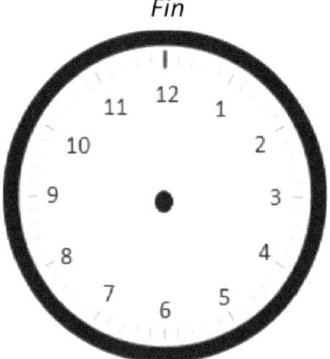
   Fin

   d. Étiquette la première et la dernière marque de graduation comme 2:00 p.m. and 3:00 p.m. Ensuite, trace l'heure de début et de fin de Zachary. Étiquette son heure de début avec un *B* et son heure de fin avec un *F*.

   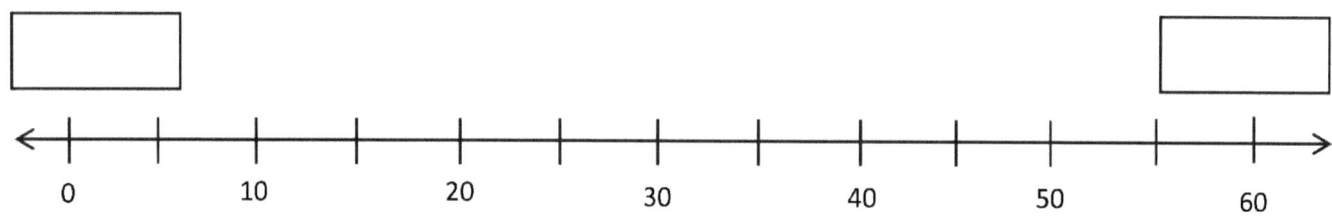

UNE HISTOIRE D'UNITÉS — Leçon 4 Aide aux devoirs — 3•2

Utilise une ligne numérique pour répondre aux problèmes si-dessous.

1. Celina nettoie sa chambre pendant 42 minutes. Elle commence à 9: 04 a.m. A quelle heure Celina termine -t-elle le nettoyage de sa chambre ?

   Je peux tracer une ligne numérique pour m'aider à savoir quand Celina aura fini de nettoyer sa chambre. Sur la ligne de chiffres, je peux marquer le premier point 0 et le dernier point 60. Ensuite, je peux étiqueter les heures et les intervalles de 5 minutes.

   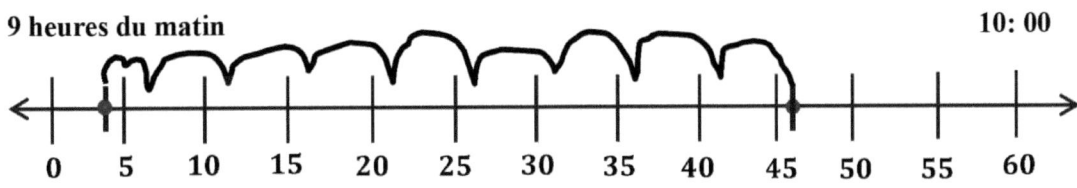

   Celina finit de nettoyer sa chambre à 9:06 a.m.

   Je peux tracer 9:04 a.m. du matin sur la ligne du numéro. Ensuite, je peux compter 2 minutes à 9:06 a.m. et 40 minutes par 5 jusqu'à 9:46 a.m. 42 minutes après 9:04 a.m., il est 9:46 a.m.

2. L'orchestre de l'école simule un concert pour l'école. Le concert dure 35 minutes. Il s'achève à 1: 58 p.m. A quelle heure le concert a-t-il commencé ?

   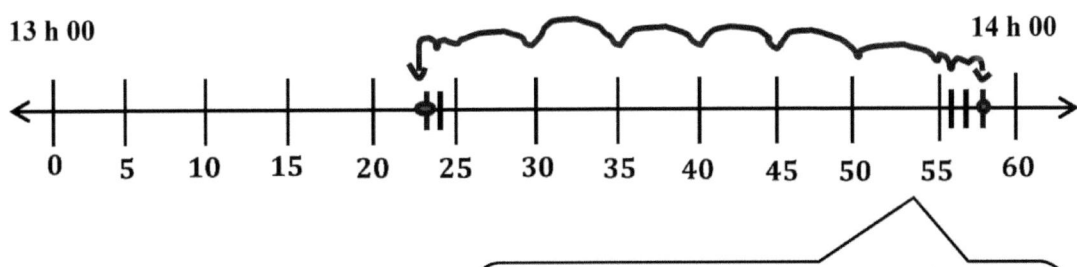

   Le concert a commencé à 1:23 p.m.

   Je peux tracer 1 : 58 p.m. sur la ligne du numéro. Ensuite, je peux compter à rebours de 1 : 58 par un à 1 : 55, par cinq à 1 : 25, et par un à 1 : 23. 1:23 p.m. est 35 minutes avant 1:58 p.m..

Leçon 4 : Résous les problèmes de mot impliquant des intervalles de temps en 1 heure en comptant à rebours et par ordre ascendant en utilisant le numéro de ligne et l'horloge.

101

UNE HISTOIRE D'UNITÉS Leçon 4 Devoirs 3•2

Nom _____ Date _____

Enregistre l'heure du début de ton devoir sur l'horloge dans Problème 6.

Utilise une ligne numérique pour répondre aux Problèmes 1 à 4.

1. La mère de Joy entame la marche à 4:12 p.m. Elle s'arrête vers 4:43 p.m. Combien de minutes marche-t-elle?

   La mère de Joy marche pendant _____ minutes.

2. Cassie termine un entraînement de softball à 3:52 p.m. après s'être entraîné pendant 30 minutes. A quelle heure l'entraînement de Cassie a-t-il commencé?

   L'entraînement de Cassie a commencé vers _____ p.m.

3. Jordie construit un modèle de 9:14 a.m. à 9:47 a.m. Combien de minutes prend Jordie dans la construction de son modèle ?

   Jordie construit pendant _____ minutes.

4. Cara termine la lecture à 2:57 p.m. Elle lit pendant 46 minutes au total. A quelle heure Cara a-t-elle commencé la lecture ?

   Cara a commencé la lecture vers _____ p.m.

Leçon 4 : Résous les problèmes de mot impliquant des intervalles de temps en 1 heure en comptant à rebours et par ordre ascendant en utilisant le numéro de ligne et l'horloge.

5. Jenna et sa maman prennent le bus vers le centre commercial. Les horloges ci-dessous indiquent quand elles quittent leur maison et quand elles arrivent au centre commercial. Combien de minutes ça leur prend pour se rendre au centre commercial ?

L'heure où ils quittent la maison :

L'heure où ils arrivent au centre commercial :

6. Enregistre l'heure du début de tes devoirs :

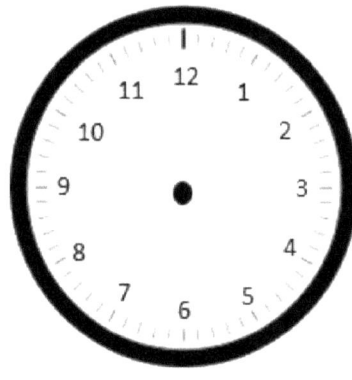

Enregistre l'heure où tu termines les Problèmes 1-5 :

Pendant combien de minutes t'as travaillé les problèmes 1–5 ?

UNE HISTOIRE D'UNITÉS   Leçon 5 Aide aux devoirs   3•2

Exercices de Luke. Il s'étire pendant 8 minutes, court pendant 17 minutes et marche pendant 10 minutes.

a. Combien de minutes en somme passe-t-il en exercices?

> Je peux dessiner un diagramme en bande pour montrer toutes les informations connues. Je vois que toutes les parties sont données, mais la somme est inconnue. Ainsi, je peux marquer la somme d'un point d'interrogation.

? minutes

| 8 min | 17 min | 10 min |

> Je peux estimer que dessiner les parties de mon diagramme en bande correspondant à la durée des minutes. 8 minutes est le temps le plus court, donc je peux le dessiner comme l'unité la plus petite. 17 minutes est le temps le plus long, donc je peux le dessiner comme l'unité la plus longue.

$8 + 17 + 10 = 35$

Luke passe un total de 35 minutes à faire de l'exercice.

> Je peux écrire une équation d'addition pour trouver le nombre total de minutes que Luke passe à faire de l'exercice. Je dois également me souvenir d'écrire une déclaration qui répond à la question.

Leçon 5 : Résous les problèmes de mot impliquant des intervalles de temps d'une heure en ajoutant et soustrayant sur la ligne numérique.

b. Luke veut voir un filme qui commence à 1:55 p.m. Ça lui prend 10 minutes pour prendre une douche et 15 minutes pour arriver au cinéma. Si Luke commence les exercices à 1:00 p.m., sera-t-il à temps pour le filme? Explique ton raisonnement.

> Je peux tracer une ligne de chiffres pour montrer mon raisonnement. Je peux calculer l'heure de départ à 1:35 p.m. car je sais qu'il faut 35 minutes à Luc pour faire les exercices de la partie (a). Ensuite, je peux ajouter 10 minutes pour sa douche et 15 minutes supplémentaires pour le trajet jusqu'au théâtre.

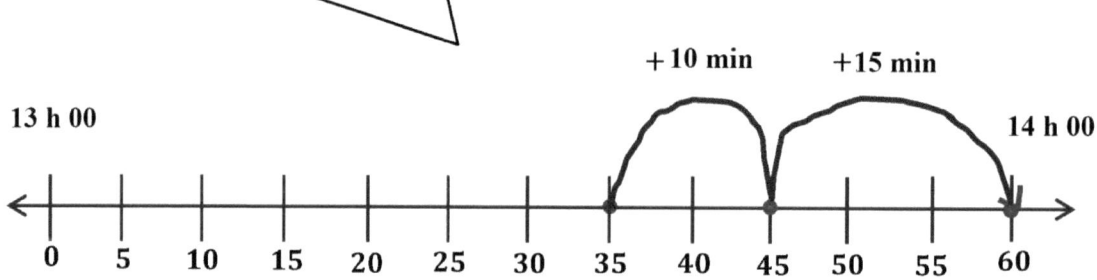

Non, Luke ne peut pas arriver à l'heure pour le début du film. D'après la ligne des numéros, je peux voir qu'il aura cinq minutes de retard.

> Je peux voir sur la ligne téléphonique que Luke arrivera au cinéma à 2:00 p.m. Le film commence à 1:55 p.m., il aura donc 5 minutes de retard.

Nom _____ Date _____

1. Abby a passé 22 minutes de travail sur son projet de science hier et 34 minutes de travail aujourd'hui. Combien de minutes Abby a-t-elle passé dans le travail de son projet de science en somme? Modélise le problème sur la ligne numérique et écris une équation à résoudre.

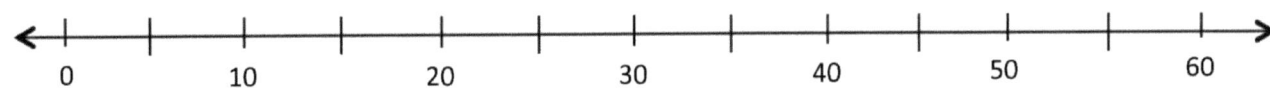

Abby a passé _____ minutes travaillant son projet de science.

2. Susanna passe en somme 47 minutes travaillant son projet. Combien de minutes de travail Susanna passe-t-elle plus qu'Abby ? Dessine une ligne numérique pour modéliser le problème et écris une équation à résoudre.

3. Peter joue du violon pour une durée totale de 55 minutes durant le weekend. Il s'entraîne pendant 25 minutes le samedi Combien de minutes s'entraîne-t-il le dimanche ?

4. a. Marcus fait du jardinage. Il retire les mauvaises herbes pendant 18 minutes, arrose pendant 13 minutes et plante pendant 16 minutes. Combien de minutes au total passe-t-il au jardinage?

   b. Marcus veut voir un filme qui commence à 2:55 p.m. Ça prend 10 minutes pour se rendre au cinéma. Si Marcus commence le travail du jardin à 2:00 p.m., sera-t-il à temps pour le filme ? Explique ton raisonnement

5. Arelli prend une courte sieste après l'école. Au moment où elle s'endort, l'horloge affiche 3:03 p.m. Elle se réveille à l'heure indiquée ci-dessous Quelle est la durée de la sieste d'Arelli ?

UNE HISTOIRE D'UNITÉS

Leçon 6 Aide aux devoirs 3•2

1. Utilise le tableau t'aidant à répondre aux questions suivantes :

1 kilogramme	100 grammes	10 grammes	1 gramme

a. Bethany met un marqueur qui pèse 10 grammes sur une balance à deux plateaux. De combien de poids d' 1 gramme a-t-elle besoin pour équilibrer la balance ?

Bethany a besoin de dix poids de 1 gramme pour équilibrer la balance.

Je sais qu'il faut dix poids de 1 gramme pour faire 10 grammes.

b. Ensuite, Bethany met un sac des haricots de 100 grammes sur une balance à deux plateaux. De combien de poids de 10 grammes a-t-elle besoin pour équilibrer la balance ?

Bethany a besoin de dix poids de 10 grammes pour équilibrer la balance.

Je sais qu'il faut dix poids de 10 grammes pour faire 100 grammes.

c. Ensuite Bethany met un livre qui pèse 1 kilogramme sur la balance à deux plateaux. De combien de poids de 100 grammes a-t-elle besoin pour équilibrer la balance ?

Bethany a besoin de dix poids de 100 grammes pour équilibrer la balance.

Je sais qu'il faut dix poids de 100 grammes pour faire un kilogramme, soit 1 000 grammes.

d. Quel schéma remarques-tu en parties (a)–(c) ?

Je remarque que pour faire un poids dans le tableau, ça prend dix du poids plus léger à la droite dans le tableau. Par exemple, pour faire 100 grammes, ça prend dix des poids de 10-grammes et pour faire 1 kilogrammes ou 1,000 grammes, ça prend dix des poids de 100-grammes. C'est juste comme le tableau de valeur de position!

Leçon 6 :   Compose et décompose un kilogramme pour argumenter de la taille et le poids d'1 kilogramme, 100 grammes, 10 grammes et 1 gramme.

Copyright © Great Minds PBC

109

2. Lis chaque numéro de balance. Écris chaque poids en utilisant le mot *kilogramme* ou *gramme* pour chaque mesure.

_____153 *grammes*_____   _____3 *kilogrammes*_____

Je peux écrire 153 grammes car je sais que la lettre g est utilisée pour abréger les grammes.

Je peux écrire 3 kilogrammes car je sais que les lettres kg sont utilisées pour abréger les kilogrammes.

Nom _____   Date _____

1. Utilise le tableau t'aidant à répondre aux questions suivantes :

1 kilogramme	100 grammes	10 grammes	1 gramme

   a. Isaiah met un poids de 10-grammes sur une balance à deux plateaux. De combien de poids d'1 gramme a-t-il besoin pour équilibrer la balance?

   b. Ensuite, Isaiah met un poids de 100-grammes sur une balance à deux plateaux. De combien de poids de 10 grammes a-t-il besoin pour équilibrer la balance ?

   c. Ensuite, Isaiah met un poids d'un kilogramme sur la balance à deux plateaux. De combien de poids de 100 grammes a-t-il besoin pour équilibrer la balance ?

   d. Quel schéma remarques-tu dans les parties in Parts (a–c) ?

Leçon 6 : Compose et décompose un kilogramme pour argumenter de la taille et le poids d'1 kilogramme, 100 grammes, 10 grammes et 1 gramme.

2. Lis chaque numéro de balance. Écris chaque poids en utilisant le mot *kilogramme* ou *gramme* pour chaque mesure.

_____ _____ _____

_____ _____ _____

1. Concorde chaque objet avec son poids approximatif.

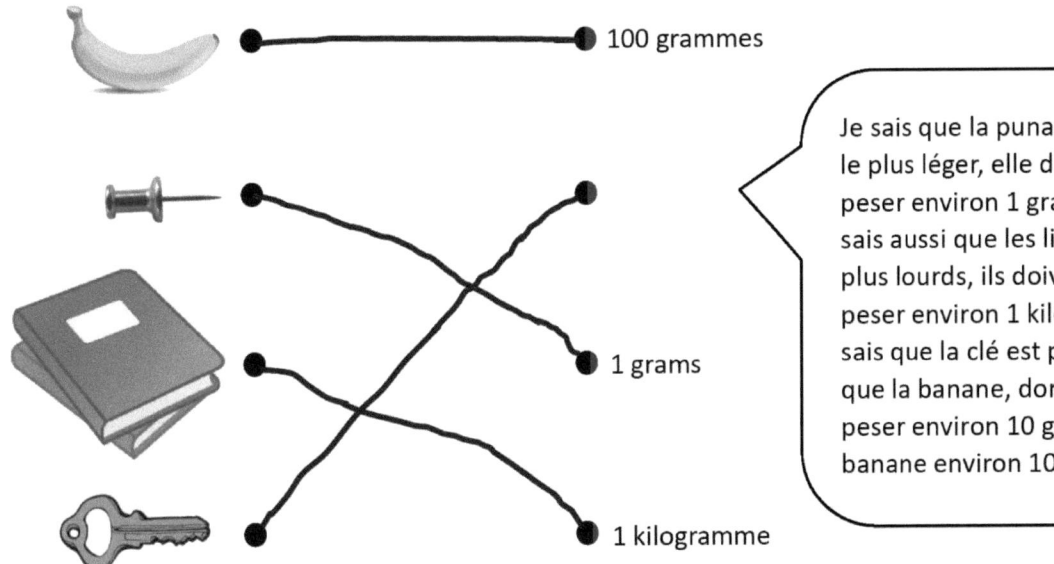

Je sais que la punaise est l'objet le plus léger, elle doit donc peser environ 1 gramme. Je sais aussi que les livres sont les plus lourds, ils doivent donc peser environ 1 kilogramme. Je sais que la clé est plus légère que la banane, donc la clé doit peser environ 10 grammes et la banane environ 100 grammes.

2. Jessica pèse son chien sur une balance numérique. Elle écrit 8, mais elle oublie d'enregistrer l'unité. Quelle est la bonne unité de mesure : les grammes ou kilogrammes? Comment le sais-tu ?

   Le poids du chien de Jessica doit être enregistré en tant que 8 kilogrammes. Le kilogramme est la bonne unité parce que 8 grammes est le même poids que 8 trombones. Il serait donc absurde qu'un chien pèse autant que 8 trombones.

3. Lis et écris le poids ci-dessous. Écris le mot *kilogramme* ou *gramme* avec la mesure.

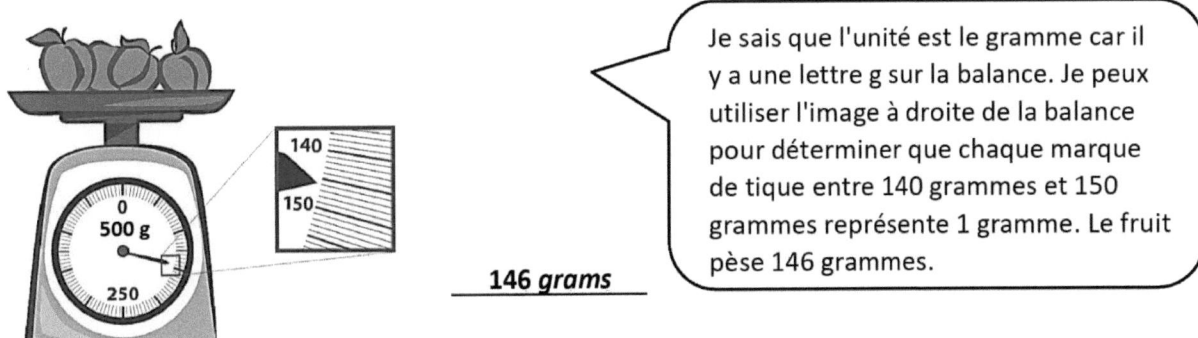

146 *grams*

Je sais que l'unité est le gramme car il y a une lettre g sur la balance. Je peux utiliser l'image à droite de la balance pour déterminer que chaque marque de tique entre 140 grammes et 150 grammes représente 1 gramme. Le fruit pèse 146 grammes.

Nom _____   Date _____

1. Concorde chaque objet avec son poids approximatif.

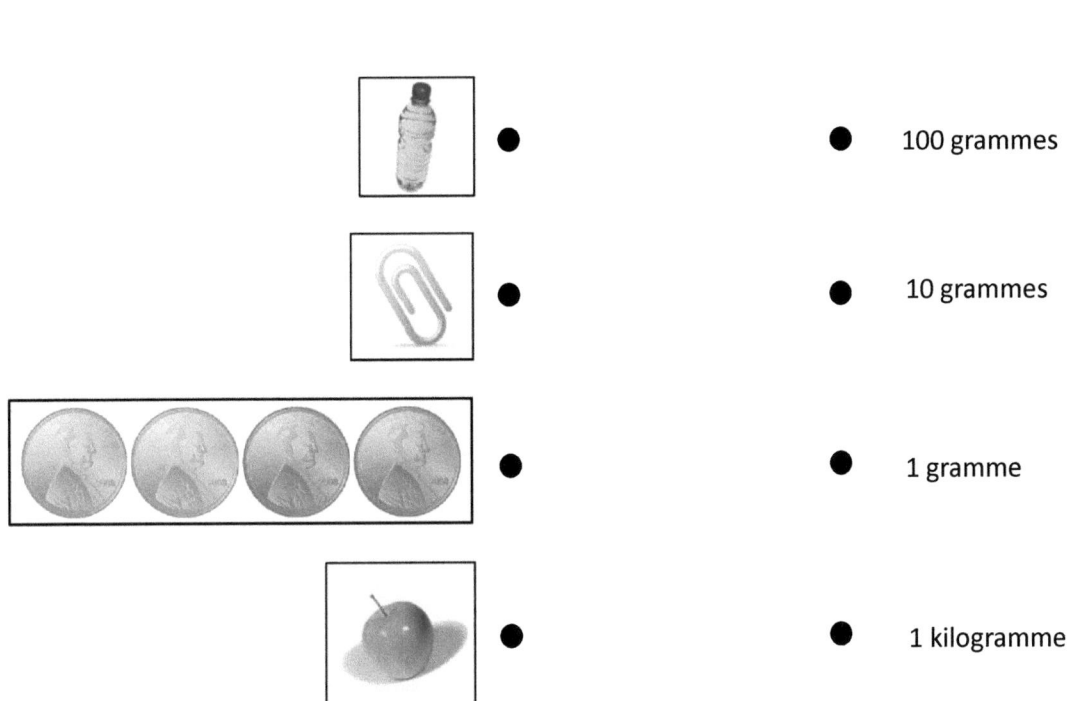

2. Alicia et Jeremy pèsent un téléphone portable sur une balance numérique. Ils notent 113 mais oublient d'enregistrer l'unité. Quelle est la bonne unité de mesure; les grammes ou kilogrammes? Comment le sais-tu ?

3. Lis et écris les poids ci-dessous. Écris le mot *kilogramme* ou *gramme* avec la mesure.

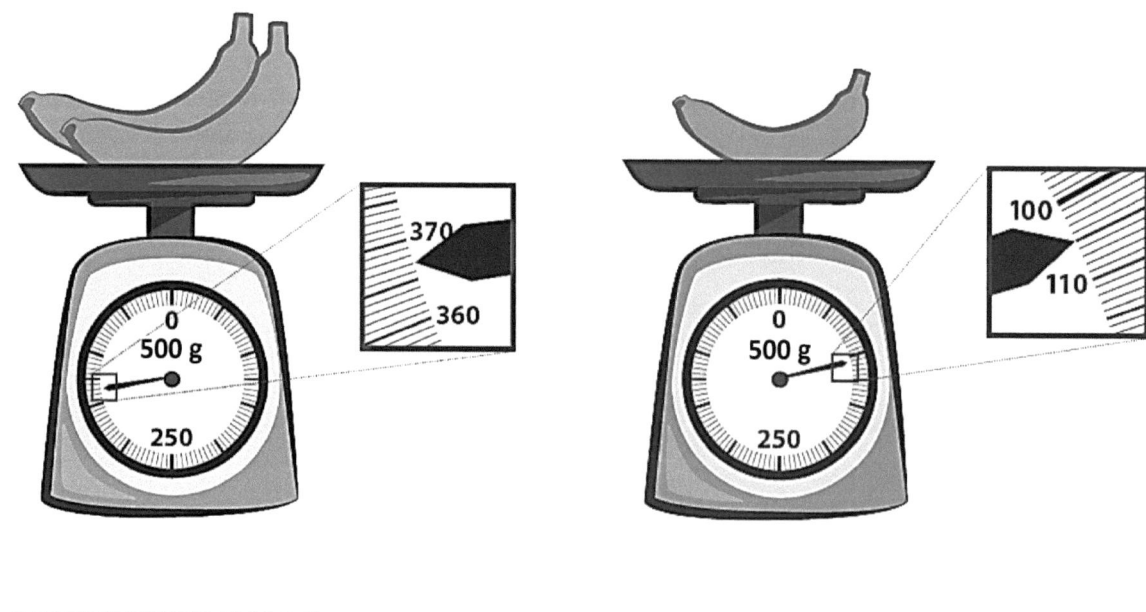

Les poids ci-dessous indiquent le poids des pommes dans chaque seau.

Seau A Seau B Seau C
9 kg 7 kg 14 kg

> Le seau C pèse 14 kg, et le seau B pèse 7 kg. Je sais que 14 - 7 = 7, donc le seau C pèse 7 kg de plus.

a. Les pommes dans le seau __C__ sont les plus lourdes.

b. Les pommes dans le seau __B__ sont les plus légères.

c. Les pommes dans le seau C sont __7__ kilogrammes plus lourdes que les pommes dans le seau B.

d. Quel est le poids total des pommes dans les trois seaux ?

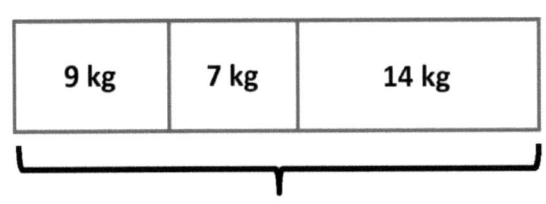

? kilogrammes de pommes

$9 + 7 + 14 = 30$

Le poids total des pommes est de 30 kilogrammes.

> Je peux utiliser un diagramme sur bande magnétique pour montrer le poids de chaque seau de pommes. Ensuite, je peux additionner le poids de chaque pomme pour trouver le poids total des pommes.

e. Rebecca et ses 2 sœurs partagent équitablement les pommes dans le seau A. Combien de kilogrammes de pommes ont-elles chacune?

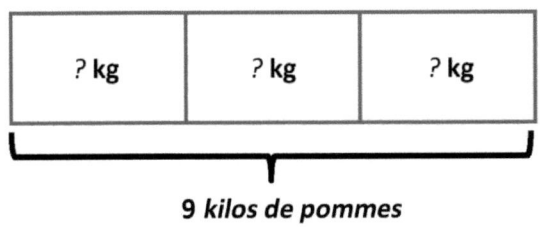

9 kilos de pommes

$9 \div 3 = 3$

Chaque sœur reçoit 3 kilos de pommes.

> Je sais que je divise 9 kilos en 3 groupes égaux parce que 3 personnes se partagent les pommes dans le seau A. Quand je connais le total et le nombre de groupes égaux, je divise pour trouver la taille de chaque groupe !

Leçon 8 : Résous le problème de mot à phase unique impliquant les poids métriques en 100 et évalue l'explication sur les solutions.

f. Mason donne 3 kilogrammes de pommes du seau A à son ami. Il utilise 2 kilogrammes de pommes du seau B pour préparer des tartes aux pommes. Combien de kilogrammes de pommes restent dans le seau B?

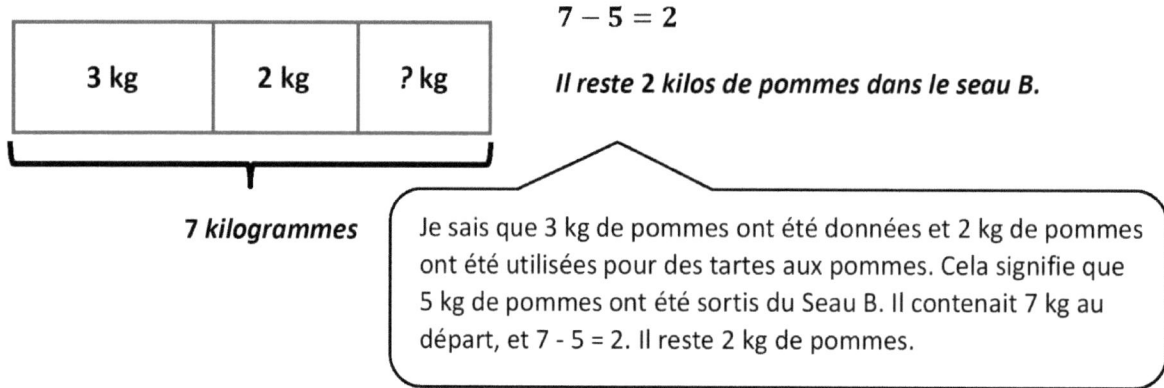

$7 - 5 = 2$

Il reste 2 kilos de pommes dans le seau B.

Je sais que 3 kg de pommes ont été données et 2 kg de pommes ont été utilisées pour des tartes aux pommes. Cela signifie que 5 kg de pommes ont été sortis du Seau B. Il contenait 7 kg au départ, et 7 - 5 = 2. Il reste 2 kg de pommes.

g. Angela prend un autre seau de pommes, seau D. Les pommes dans le Seau C sont 6 kilogrammes plus lourdes que les pommes dans le Seau D. Combien de kilogrammes de pommes sont dans le Seau D.

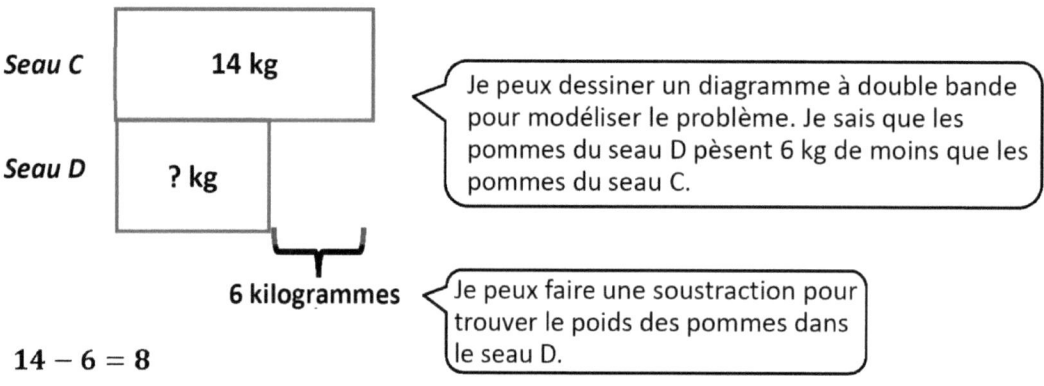

Je peux dessiner un diagramme à double bande pour modéliser le problème. Je sais que les pommes du seau D pèsent 6 kg de moins que les pommes du seau C.

Je peux faire une soustraction pour trouver le poids des pommes dans le seau D.

$14 - 6 = 8$

Il y a 8 kilos de pommes dans le seau D.

h. Quel est le poids total des pommes dans les Seaux C et D?.

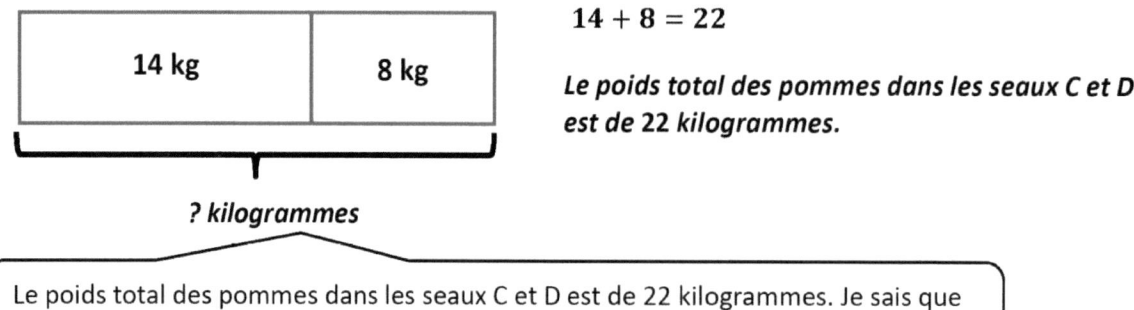

$14 + 8 = 22$

Le poids total des pommes dans les seaux C et D est de 22 kilogrammes.

Le poids total des pommes dans les seaux C et D est de 22 kilogrammes. Je sais que 14 + 8 = 22, donc le poids total des pommes dans les seaux C et D est de 22 kilos.

Nom _____   Date _____

1. Le poids de 3 paniers à fruit est indiqué ci-dessous.

   Panier A   Panier B   Panier C
   12 kg   8 kg   16 kg

   a. Le Panier _____ est le plus lourd.

   b. Le Panier _____ est le plus léger.

   c. Le Panier A est _____ kilogrammes plus lourd que le Panier B.

   d. Quel est le poids total de tous les trois paniers ?

2. Chaque revue pèse environ 280 grammes. Quel est le poids total des 3 revues ?

3. Mlle. Rios achète 453 grammes de fraises. Il lui restent 23 grammes après avoir préparé des smoothies. Combien de grammes de fraises a-t-elle utilisés ?

4. Le papa d'Andrea est 57 kilogrammes plus lourd qu'Andrea. Andrea pèse 34 kilogrammes

   a. Combien pèse le papa d'Andrea?

   b. Combien pèsent Andrea et son papa en somme?

5. La grand-mère de Jennifer achète des carottes au kiosque de la ferme. Elle et ses 3 petits-enfants partagent équitablement les carottes. Le poids total des carottes qu'elle achète est indiqué ci-dessous.

   a. Combien de kilogrammes de carottes Jennifer aura-t-elle?

   b. Jennifer utilise 2 kilogrammes de carottes pour préparer des muffins. Combien de kilogrammes de carottes lui restent-ils?

1. Ben prépare 4 fournées de biscuits pour la vente de pâtisseries. Il utilise 5 millilitres de vanille pour chaque fournée. Combien de millilitres de vanille utilise-t-il en somme?

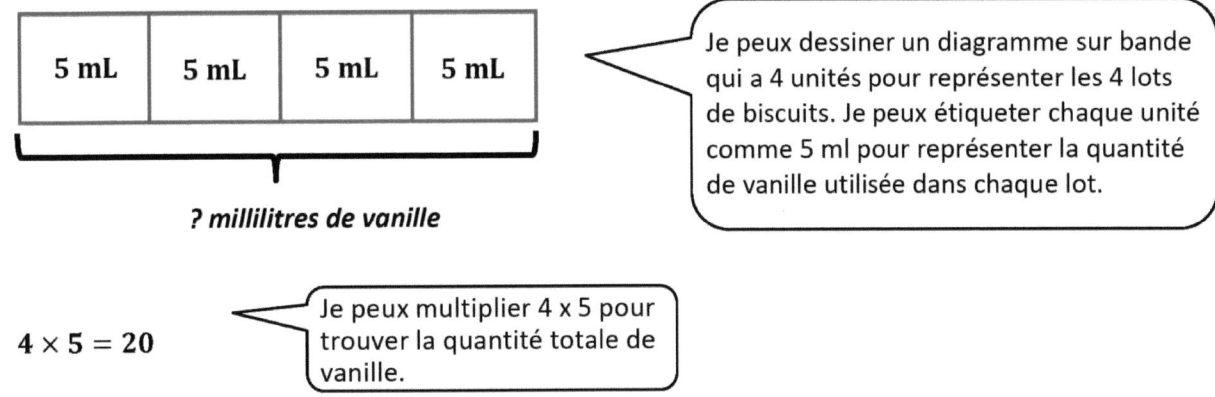

$4 \times 5 = 20$

Ben utilise 20 millilitres de vanille.

2. Mme. Gillette verse 3 verres de jus pour ses enfants. Chaque verre contient 321 millilitres de jus. Quelle quantité de jus Mme Gillette verse-t-elle en somme ?

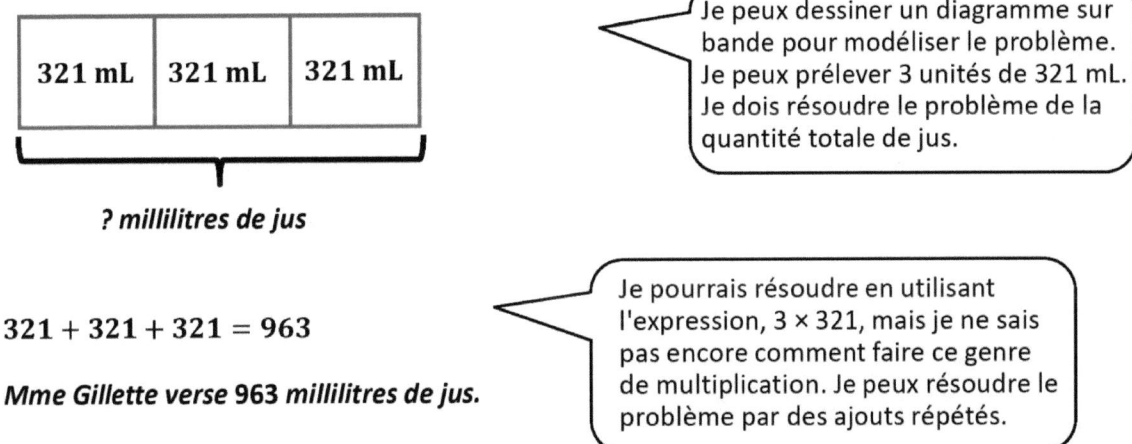

$321 + 321 + 321 = 963$

Mme Gillette verse 963 millilitres de jus.

3. Gabby utilise un seau de 4 litres pour abreuver son poney. De combien de seaux d'eau Gabby aura-t-elle besoin pour donner 28 litres d'eau à boire à son poney ?

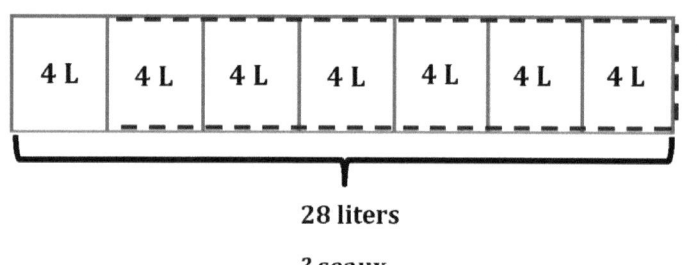

je peux dessiner un diagramme en bande. Je sais que le total est de 28 litres et que la taille de chaque unité est de 4 litres. Je dois trouver le nombre d'unités (seaux).

$28 \div 4 = 7$

Gabby a besoin de 7 seaux d'eau.

Comme je connais le total et la taille de chaque unité, je peux diviser pour résoudre le problème.

4. Elijah prépare 12 litres de punch pour la fête de son anniversaire. Il verse le punch équitablement dans 4 bols. Combien de litres de punch y en a dans chaque bol ?

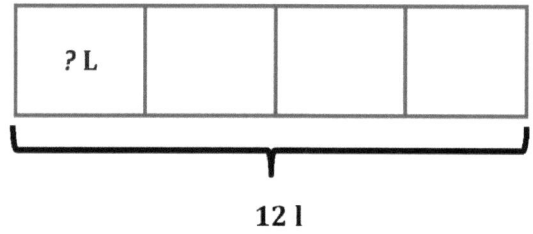

je peux dessiner un diagramme en bande. Je sais que le total est de 12 litres et qu'il y a 4 bols ou unités. Je dois résoudre le problème du nombre de litres dans chaque bol.

$12 \div 4 = 3$

Comme je connais le total et le nombre d'unités, je peux diviser pour résoudre.

Elijah verse 3 litres de punch dans chaque bol.

Je peux diviser pour résoudre les problèmes 3 et 4, mais les inconnues de chaque problème sont différentes. Dans le problème 3, j'ai résolu pour le nombre de groupes/unités. Dans le problème 4, j'ai résolu pour la taille de chaque groupe/unité.

Nom _____ Date _____

1. Trouve à la maison des conteneurs dont la capacité est d'environ 1 litre. Utilise les étiquettes sur les conteneurs pour t'aider à les identifier.

   a.

Nom du Conteneur
Exemple : Carton de jus d'orange

   b. Dessine les conteneurs. Comment les tailles et formes se comparent-elles?

2. Le médecin prescrit 5 millilitres de médicament chaque jour pendant 3 jours à Mme. Larson. Combien de millilitres de médicament prendra-t-elle en somme ?

Leçon 9 : Décompose un litre pour discuter sur la taille d' 1 litre, 100 millilitres, 10 millilitres et 1 millilitre.

3. Mme. Goldstein verse 3 boites de jus dans un bol pour faire un punch. Chaque boîte de jus contient 236 millilitres. Quelle quantité de jus Mme. Goldstein verse-t-elle dans le bol?

4. Le vivier de Daniel contient 24 litres d'eau. Il utilise un seau à 4 litre pour remplir le vivier. Combien de seaux d'eau sont nécessaires pour remplir le vivier?

5. Sheila achète 15 litres de peinture pour peindre sa maison. Elle verse le peinture équitablement dans 3 seaux. Combien de litres de peinture contient chaque seau ?

1. Estime la quantité du liquide dans chaque conteneur au litre le plus proche.

Le liquide contenu dans ce récipient est compris entre 3 et 4 litres. Comme il est à plus de la moitié du prochain litre, 4 litres, je peux estimer qu'il y a environ 4 litres de liquide.

4 litres

Ce récipient contient exactement 5 litres de liquide.

5 litres

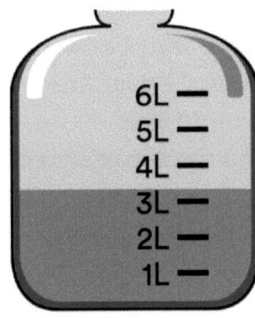

Le liquide contenu dans ce récipient est compris entre 3 et 4 litres. Comme il est à moins de la moitié du prochain litre, 4 litres, je peux estimer qu'il y a environ 3 litres de liquide.

3 litres

2. Manny est en train de comparer la capacité des seaux qu'il utilise pour arroser son potager. Utilise le tableau pour répondre aux questions.

Seau	Capacité en Litres
Seau 1	17
Seau 2	12
Seau 3	23

a. Étiquette la ligne numérique pour indiquer la capacité de chaque seau. Le seau 2 a été étiqueté pour toi.

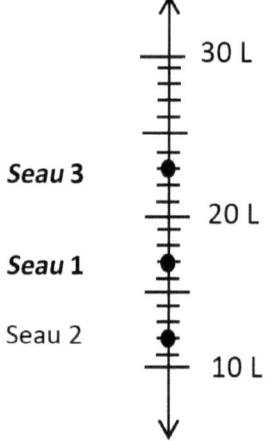

Je peux utiliser les coches pour m'aider à trouver le bon endroit sur la ligne de numérotation de chaque seau. Je peux marquer un seau 1 de 17 litres et un seau 3 de 23 litres.

b. Quel seau a la plus grande capacité ?

Le seau 3 est le plus grand.

c. Quel seau a la plus petite capacité ?

Seau 2 a la plus petite capacité.

Je peux utiliser la ligne de chiffres verticale pour m'aider à répondre à ces deux questions. Je peux voir que le point que j'ai tracé pour le seau 3 est plus haut sur la ligne des chiffres que les autres, il a donc une plus grande capacité que les autres. Je vois aussi que le point que j'ai tracé pour le seau 2 est le plus bas sur la ligne de chiffres, donc il a la plus petite capacité.

d. Quel seau a une capacité d'environ 10 litres ?

Le seau 2 a une capacité d'environ 10 litres.

Je remarque que le seau 2 est le plus proche de 10 litres, il a donc une capacité d'environ 10 litres.

e. Utilise la ligne numérique pour trouver comment le Seau 3 contient plus de litres que le Seau 22.

Le seau 3 contient 11 litres de plus que le seau 2.

Pour résoudre ce problème, je peux compter sur la ligne numérique du Seau 2 au Seau 3. Je vais commencer à 12 litres car c'est la capacité du seau 2. Je compte jusqu'à 8 marques pour 20 litres, puis je compte 3 autres marques jusqu'à 23, ce qui correspond à la capacité du seau 3. Je sais que 8 + 3 = 11, donc le seau 3 contient 11 litres de plus que le seau 2.

Nom _____ Date _____

1. Combien de liquide se trouve dans chaque conteneur?

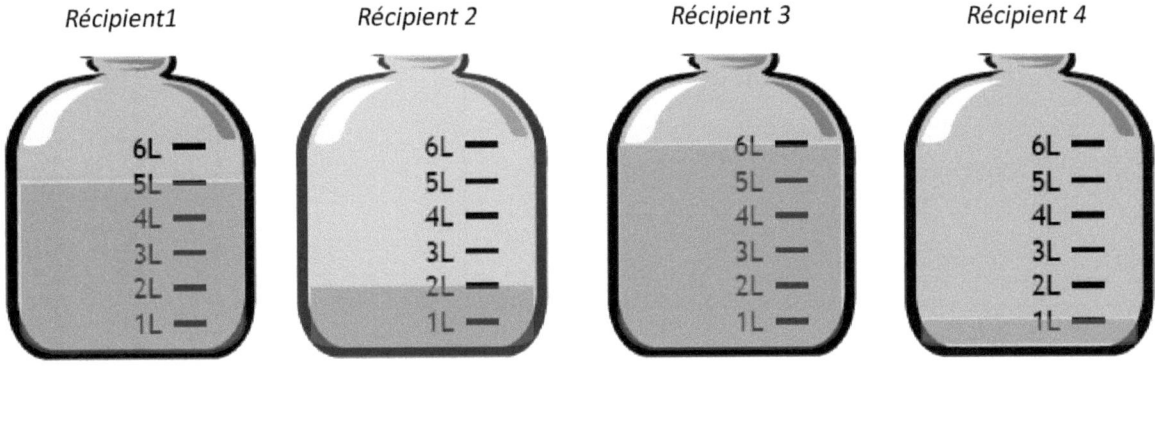

2. Jon verse le contenu du Conteneur 1 et Conteneur 3 ci-dessus dans un seau vide. Combien de liquide se trouve dans le seau après qu'il verse le liquide ?

3. Estime la quantité du liquide dans chaque conteneur au litre le plus proche.

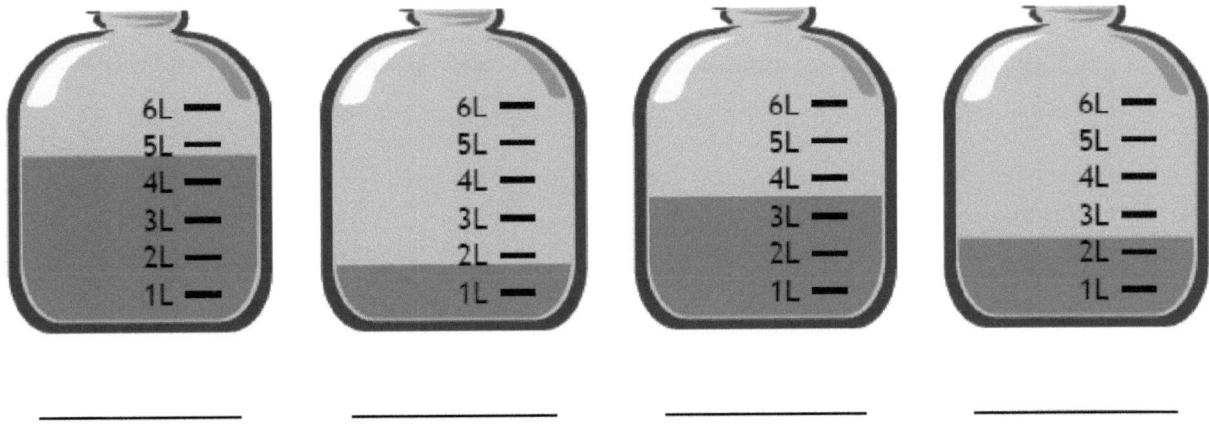

4. Kristen est en train de comparer la capacité des réservoirs d'essence dans des voitures à taille différente. Utilise le tableau pour répondre aux questions.

Taille de la voiture	Capacité en Litres
Grande	74
Moyenne	57
Petite	42

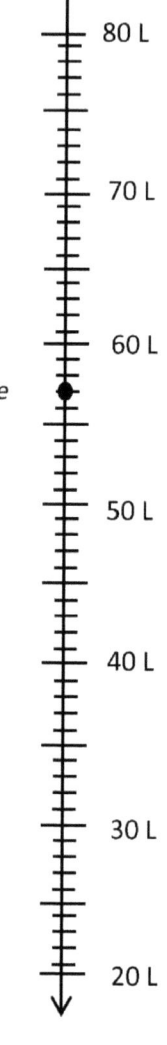

a. Étiquette la ligne numérique pour indiquer la capacité de chaque réservoir d'essence. La voiture moyenne a été faite pour toi.

b. Quelle voiture dont le réservoir d'essence a la plus grande capacité?

c. Quelle voiture dont le réservoir d'essence a la plus petite capacité?

d. La voiture de Kristen a un réservoir d'essence dont la capacité est d'environ 60 litres. Quelle voiture du tableau a la même capacité que la voiture de Kristen ?

e. Utilise la ligne numérique pour trouver comment le réservoir de la grande voiture contient plus de litres que celui de la petite.

UNE HISTOIRE D'UNITÉS — Leçon 11 Aide aux devoirs 3•2

1. Ensemble, le poids d'une banane et une pomme est de 291 grammes. La banane pèse 136 grammes. Combien pèse la pomme ?

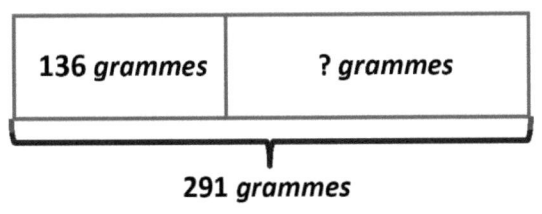

> Je peux dessiner un diagramme sur bande pour modéliser le problème. Le total est de 291 grammes, et une partie - le poids de la banane - est de 136 grammes. Je peux faire une soustraction pour trouver l'autre partie, le poids de la pomme.

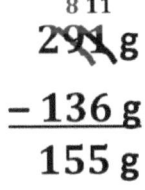

> Je peux utiliser l'algorithme standard pour faire des soustractions. Je peux en dégrouper 1 dix pour en faire 10. Il y a maintenant deux centaines, huit dizaines et onze unités.

La pomme pèse 155 grammes.

2. Sandy utilise en somme 21 litres d'eau pour arroser ses parterres de fleurs. Elle utilise 3 litres d'eau pour chaque parterre de fleurs. Combien de parterres de fleurs Sandy arrose-t-elle?

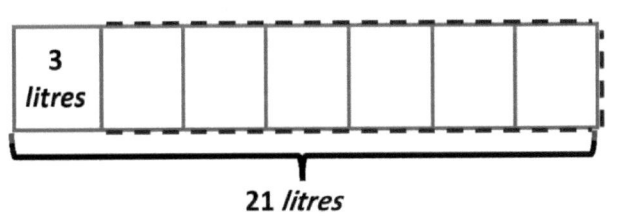

> Je peux dessiner un diagramme sur bande pour modéliser le problème. Le total est de 21 litres, et chaque unité représente la quantité d'eau que Sandy utilise pour chaque parterre de fleurs, soit 3 litres. Je vois que l'inconnue est le nombre d'unités (de groupes).

$21 \div 3 = 7$

> Je peux diviser pour trouver le nombre total d'unités, qui représente le nombre de parterres de fleurs.

Sandy arrose 7 parterres de fleurs.

> Maintenant que je connais la réponse, je peux dessiner le reste des unités dans mon diagramme sur bande, pour montrer un total de 7 unités.

Leçon 11 : Résous les problèmes de mot mélangés impliquant les quatre opérations avec les grammes, kilogrammes, litres et millilitres donnés dans les mêmes unités.

Nom _____ Date _____

1. Karine part pour une randonnée. Elle emmène un carnet, un stylo et un appareil-photo. Le poids de chaque élément est indiqué dans la tableau. Quel est le poids total des trois éléments ?

Objet	Poids
Carnet	312 g
Crayon	10 g
Appareil-photo	365 g

Le poids total est _____ grammes.

2. Ensemble un cheval et son cavalier pèsent 729 kilogrammes. Le cheval pèse 625 kilogrammes. Combien pèse le cavalier?

Le cavalier pèse _____ kilogrammes.

Leçon 11 : Résous les problèmes de mot mélangés impliquant les quatre opérations avec les grammes, kilogrammes, litres et millilitres donnés dans les mêmes unités.

UNE HISTOIRE D'UNITÉS   Leçon 11 Devoirs 3•2

3. L'équipe de football de Theresa remplit 6 fontaines d'eau fraîche avant le match. Chaque fontaine d'eau fraîche contient 9 litres d'eau. Combien de litres d'eau remplissent-elles?

4. Dwight a acheté 48 kilogramme d'engrais pour son potager. Il a besoin de 6 kilogrammes d'engrais pour chaque parterre de légumes. Combien de parterres de légumes peut-il fertiliser?

5. Nancy prépare 7 gâteaux pour la vente de pâtisserie. Chaque gâteau nécessite 5 millilitres d'huile. Combien de millilitres d'huile utilise-t-elle ?

Leçon 11 : Résous les problèmes de mot mélangés impliquant les quatre opérations avec les grammes, kilogrammes, litres et millilitres donnés dans les mêmes unités.

UNE HISTOIRE D'UNITÉS Leçon 12 Aide aux devoirs 3•2

1. Complète le tableau

> J'ai mesuré la largeur d'un cadre. Il faisait 24 centimètres de large.

Objet	Mesure (en cm)	L'objet mesure entre (qui deux dizaines)	Longueur arrondie au plus proche de 10 cm
Largeur du cadre de l'image	24 cm	__20__ et __30__ cm	20 cm

> Je peux utiliser une ligne de chiffres verticale pour m'aider à arrondir 24 cm à 10 cm près.

> Les extrémités de ma ligne de chiffres verticale m'aident à savoir quelles sont les deux dizaines de la largeur du cadre de la photo qui se trouvent entre les deux.

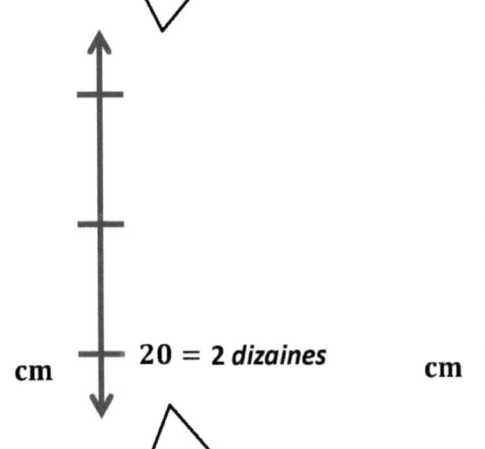

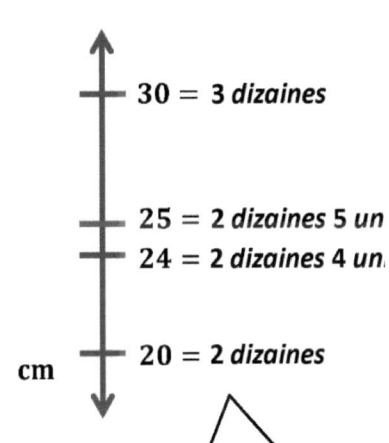

> Il y a 2 dizaines dans 24, je peux donc qualifier ce paramètre de 2 dizaines ou de 20.

> Une dizaine de plus que 2 dizaines équivaut à 3 dizaines, je peux donc qualifier l'autre extrémité de 3 dizaines ou de 30. A mi-chemin entre 2 dizaines et 3 dizaines, il y a 2 dizaines 5 unités. Je peux dire que le point médian est 2 dizaines 5 ou 25.

> Je peux tracer 24 ou 2 dizaines 4 sur la ligne verticale des nombres. Je vois bien que 24, c'est moins que la moitié de 2 à 3 dizaines. Cela signifie que 24 cm arrondis aux 10 cm les plus proches représentent 20 cm.

Leçon 12 : Arrondis des mesures à deux chiffres au plus proche de dix sur une ligne numérique verticale.

2. Mesure le liquide dans le gobelet au plus proche de 10 millilitres.

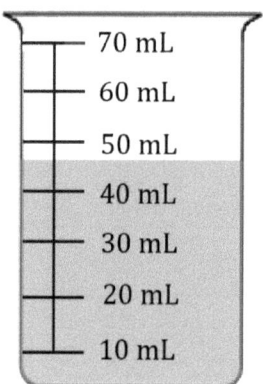

Je peux utiliser le bécher pour m'aider à arrondir la quantité de liquide à 10 ml près. Je vois que le liquide se situe entre 40 (4 dizaines) et 50 (5 dizaines). Je peux également constater que le liquide se trouve à plus de la moitié entre 4 et 5 dizaines. Cela signifie que la quantité de liquide s'arrondit aux dix millilitres suivants, soit 50 ml.

Il y a environ ___50___ millilitres de liquide dans le bécher.

Le mot "environ" me dit que ce n'est pas la quantité exacte de liquide dans le bécher.

UNE HISTOIRE D'UNITÉS   Leçon 12 Aide aux devoirs   3•2

Nom _____   Date _____

1. Complète le tableau. Choisi les objets et utilise une règle ou mètre pour compléter les deux derniers par toi-même.

Objet	Mesure (en cm)	L'objet mesure entre (qui deux dizaines)	Longueur arrondie au plus proche de 10 cm
Longueur du bureau.	66 cm	_____ et _____ cm	
Largeur du bureau.	48 cm	_____ et _____ cm	
Largeur de la porte.	81 cm	_____ et _____ cm	
		_____ et _____ cm	
		_____ et _____ cm	

2. Le cours d'éducation physique se termine à 10:27 a.m. Arrondis l'heure à la dizaine de minutes.

Le cours d'éducation physique se termine vers _____ a.m.

3. Mesure le liquide dans le gobelet à la dizaine de millilitres.

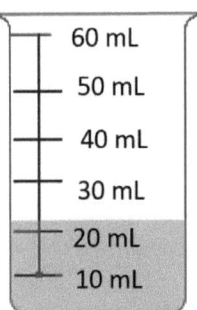

Il y a environ _____ millilitres dans le gobelet.

Leçon 12 : Arrondis des mesures à deux chiffres au plus proche de dix sur une ligne numérique verticale.

135

4. Le poids de Mme. Santos est indiquée sur la balance. Arroundis son poids à la dizaine de kilogrammes.

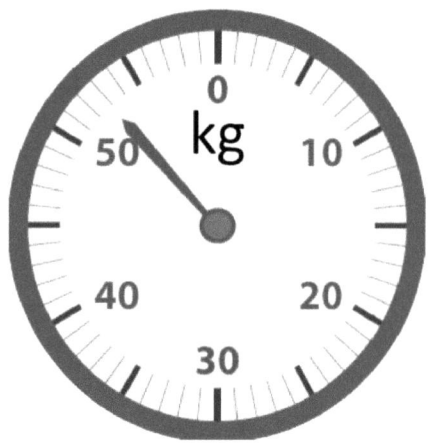

Le poids de Mme. Santons est _____ kilogrammes.

Mme. Santos pèse environ _____ kilogrammes.

5. Un gardien de zoo pèse un chimpanzé Arrondis le poids du chimpanzé à la dizaine de kilogrammes.

Le poids du chimpanzé est _____ kilogrammes.

Le chimpanzé pèse environ _____ kilogrammes.

UNE HISTOIRE D'UNITÉS — Leçon 13 Aide aux devoirs 3•2

1. Arrondis au plus proche de dix. Dessine une ligne numérique pour modéliser ton raisonnement.

   a. $52 \approx$ __**50**__

   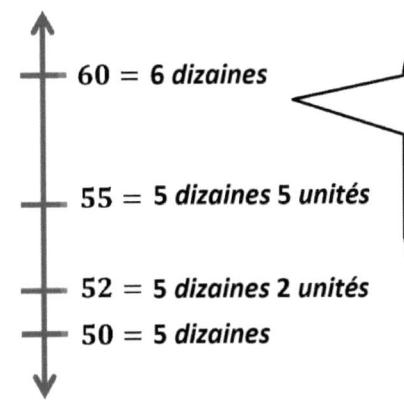

   > Je peux tracer une ligne numérique verticale avec des extrémités de 50 et 60 et un point médian de 55. Lorsque je trace 52 sur la ligne verticale des nombres, je vois qu'il est à moins de la moitié de 50 à 60. Ainsi, 52 arrondi à la dizaine la plus proche égale 50.

   b. $152 \approx$ __**150**__

   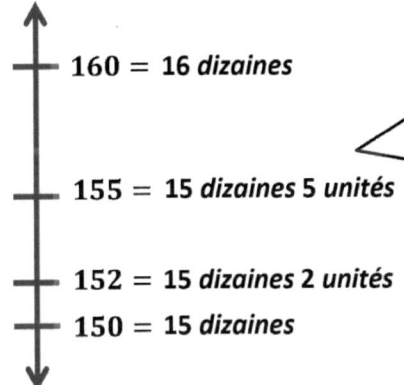

   > Je peux tracer une ligne numérique verticale avec des extrémités de 150 et 160 et un point médian de 155. Lorsque je trace le 152 sur la ligne verticale des nombres, je vois qu'il est à moins de la moitié de 150 à 160. Ainsi, 152 arrondi à la dizaine la plus proche est 150.

   > Regardez, mes lignes de chiffres verticales pour les parties (a) et (b) sont presque les mêmes ! La seule différence est que tous les chiffres de la partie (b) sont 100 de plus que ceux de la partie (a).

Leçon 13 : Arrondis les chiffres deux et trois au plus proche de dix sur la ligne numérique verticale.

2. Amelia verse 63 mL d'eau dans un gobelet. Madison verse 56 mL d'eau dans le gobelet d'Amelia. Arrondis la quantité totale d'eau dans le gobelet à la dizaine de millilitres. Modélise ton raisonnement en utilisant une ligne numérique.

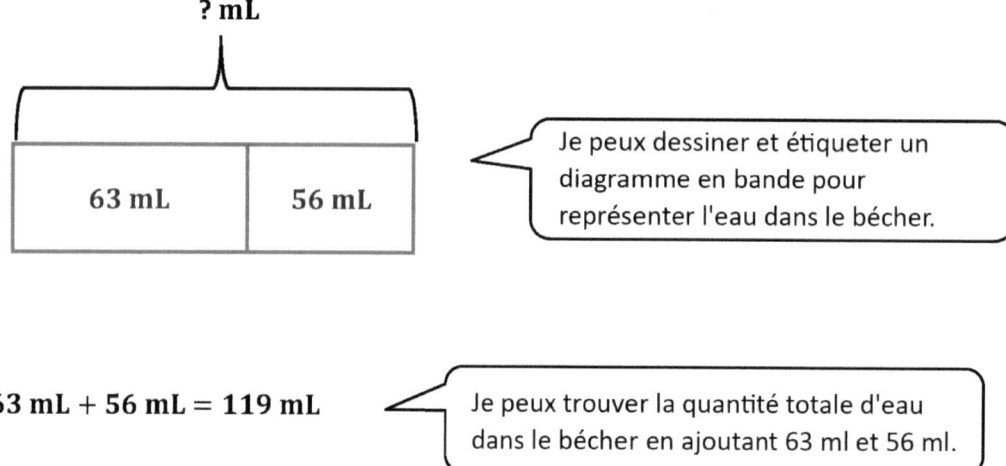

Je peux dessiner et étiqueter un diagramme en bande pour représenter l'eau dans le bécher.

$63 \text{ mL} + 56 \text{ mL} = 119 \text{ mL}$

Je peux trouver la quantité totale d'eau dans le bécher en ajoutant 63 ml et 56 ml.

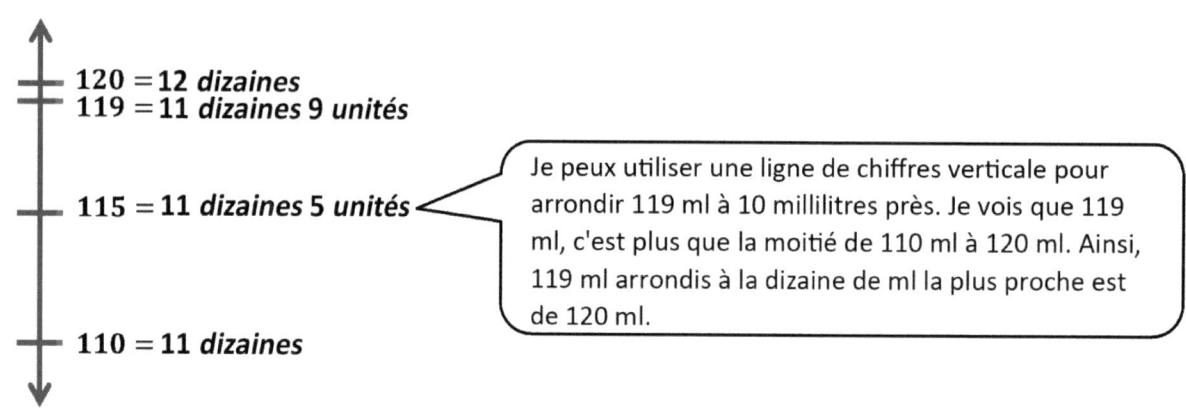

Je peux utiliser une ligne de chiffres verticale pour arrondir 119 ml à 10 millilitres près. Je vois que 119 ml, c'est plus que la moitié de 110 ml à 120 ml. Ainsi, 119 ml arrondis à la dizaine de ml la plus proche est de 120 ml.

Il y a environ 120 mL d'eau dans le gobelet.

Nom _____   Date _____

1. Arrondis au plus proche de dix. Utilise la ligne numérique pour modéliser ton raisonnement.

a. 43 ≈ _____ 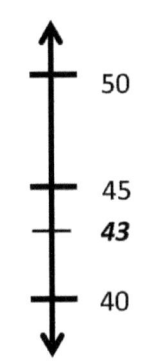	b. 48 ≈ _____ 
c. 73 ≈ _____ 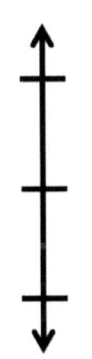	d. 173 ≈ _____ 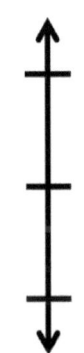
e. 189 ≈ _____ 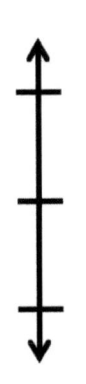	f. 194 ≈ _____ 

2. Arrondis le poids de chaque élément au plus proche de 10 grammes. Dessine des lignes numériques pour modéliser ton raisonnement

Objet	Ligne Numérique	Arrondis au plus proche de 10 grammes
Barre de céréales : 45 grammes		
Tranche de pain : 673 grammes		

3. Le Garden Club plante des rangées de carottes dans le jardin. Un paquet de graines pèse 28 grammes. Arrondis le poids total de 2 paquets de graines à la dizaine de grammes. Modélise ton raisonnement en utilisant une ligne numérique.

UNE HISTOIRE D'UNITÉS — Leçon 14 Aide aux devoirs 3•2

1. Arrondis au plus proche de cent. Dessine une ligne numérique pour modéliser ton raisonnement.

   a. $234 \approx$ __**200**__

   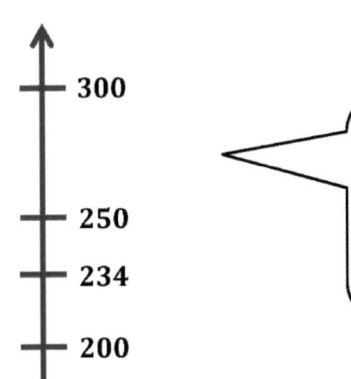

   Je peux tracer une ligne numérique verticale avec des extrémités de 200 et 300 et un point médian de 250. Lorsque je trace le 234 sur la ligne verticale des numéros, je vois qu'il est à moins de la moitié de la distance entre 200 et 300. Ainsi, 234 arrondi à la centaine la plus proche est 200.

   b. $1{,}234 \approx$ __**1,200**__

   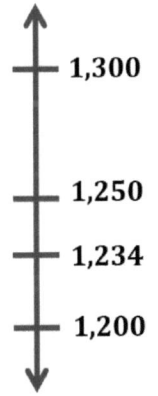

   Je peux tracer une ligne numérique verticale avec des extrémités de 1,200 et 1,300 et un point médian de 1,250. Lorsque je trace 1,234 sur la ligne verticale des nombres, je vois qu'elle se situe à moins de la moitié de 1,200 à 1,300. Ainsi, 1,234 arrondi à la centaine la plus proche est 1,200.

   Regardez, mes lignes de chiffres verticales pour les parties (a) et (b) sont presque les mêmes ! La seule différence est que tous les chiffres de la partie (b) sont supérieurs de 1,000 à ceux de la partie (a).

Leçon 14 : Arrondis au plus proche de cent sur la ligne numérique verticale.

2. Il y a 1,365 élèves à l'école Park Street. Kate et Sam arrondissent le nombre d'élèves à la centaine. Kate dit qu'il s'agit de mille quatre cent. Sam dit qu'il s'agit de 14 centaines. Qui a raison? Explique ton raisonnement.

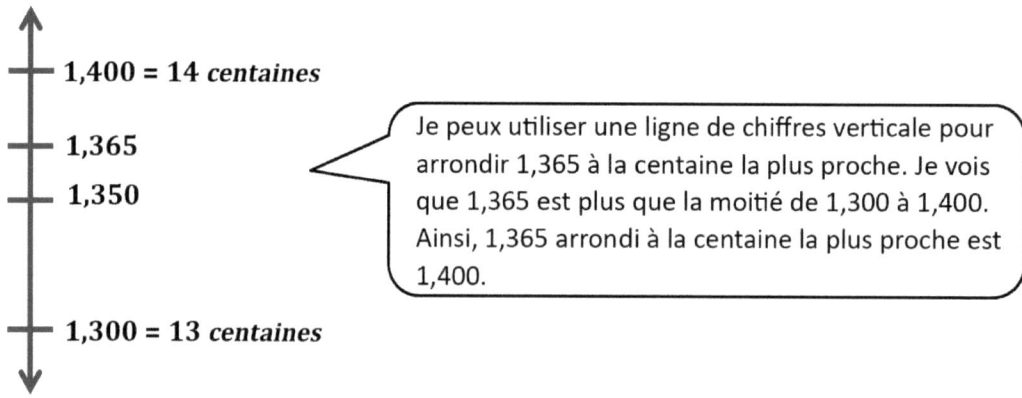

Je peux utiliser une ligne de chiffres verticale pour arrondir 1,365 à la centaine la plus proche. Je vois que 1,365 est plus que la moitié de 1,300 à 1,400. Ainsi, 1,365 arrondi à la centaine la plus proche est 1,400.

Kate et Sam ont tous les deux raison. 1,365 arrondi à la centaine est 1,400.
1,400 en forme d'unité est 14 centaines.

Nom _____   Date _____

1. Arrondis au plus proche de cent. Utilise la ligne numérique pour modéliser ton raisonnement.

a. 156 ≈ _____

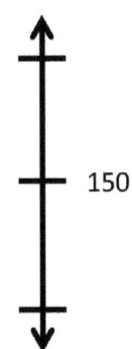 150

b. 342 ≈ _____

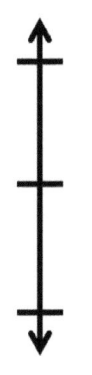

c. 260 ≈ _____

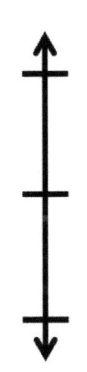

d. 1 260 ≈ _____

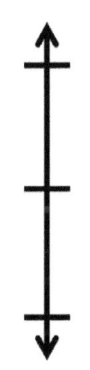

e. 1 685 ≈ _____

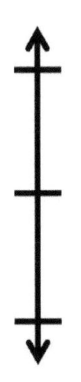

f. 1 804 ≈ _____

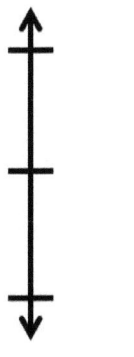

Leçon 14 : Arrondis au plus proche de cent sur la ligne numérique verticale.

2. Complète le tableau

a. Lui a 217 cartes de baseball. Arrondis le nombre de cartes de Luis au plus proche de cent.	
b. Il y avait 462 personnes assises dans le public. Arrondis le nombre de personnes au plus proche de cent.	
c. Une bouteille de jus contient 386 millilitres. Arrondis la capacité à la centaine de millilitres.	
d. Un livre pèse 727 grammes. Arrondis le poids à la centaine de grammes.	
e. Les parents de Joanie ont dépensé $1,260 sur deux billets d'avion. Arrondis le total à centaine de dollars.	

3. Entoure les nombres qui peuvent être arrondis vers 400 au moment de l'arrondir à la centaine.

   368   342   420   492   449   464

4. Il y a 1,525 pages dans un livre. Julia et Kim arrondissent le nombre de pages au plus proche de cent. Julia dit qu'il s'agit de mille, cinq cent. Kim dit qu'il s'agit de 15 centaines. Qui a raison? Explique ton raisonnement.

UNE HISTOIRE D'UNITÉS   Leçon 15 Aide aux devoirs   3•2

1. Trouve les sommes ci-dessous. Choisis le calcul mental ou un algorithme

a. 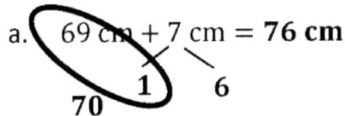 69 cm + 7 cm = **76 cm**

Je peux utiliser le calcul mental pour résoudre ce problème. J'ai séparé les 7 en 1 et 6. J'ai alors résolu l'équation comme suit : 70 cm + 6 cm = 76 cm.

Pour ce problème, l'algorithme standard est un outil plus stratégique à utiliser.

b.   59 kg + 76 kg

$$\begin{array}{r} 59 \text{ kg} \\ +76 \text{ kg} \\ \hline {}_1 \\ 5 \end{array}$$

$$\begin{array}{r} 59 \text{ kg} \\ +76 \text{ kg} \\ \hline {}_1 \\ 135 \text{ kg} \end{array}$$

9 plus 6 font 15. Je peux en renommer 15 comme 1 dix et 5. Je peux enregistrer cela en écrivant le 1 de manière à ce qu'il traverse la ligne sous les dizaines à la place des dizaines, et le 5 sous la ligne dans la colonne des uns. De cette façon, j'écris 15, au lieu de 5 et 1 comme des nombres séparés.

5 dizaines plus 7 dizaines plus 1 dizaine égalent 13 dizaines. donc, 59 kg + 76 kg = 135 kg.

Leçon 15 :   Ajoute des mesures en utilisant un algorithme standard pour composer des unités plus larges une fois.

2. La plante de Mme. Alvarez a poussé de 23 centimètres en une semaine. La semaine suivante, elle a poussé de 6 centimètres de plus que la semaine précédente. Quel est le nombre total de centimètres que la plante a poussé en 2 semaines?

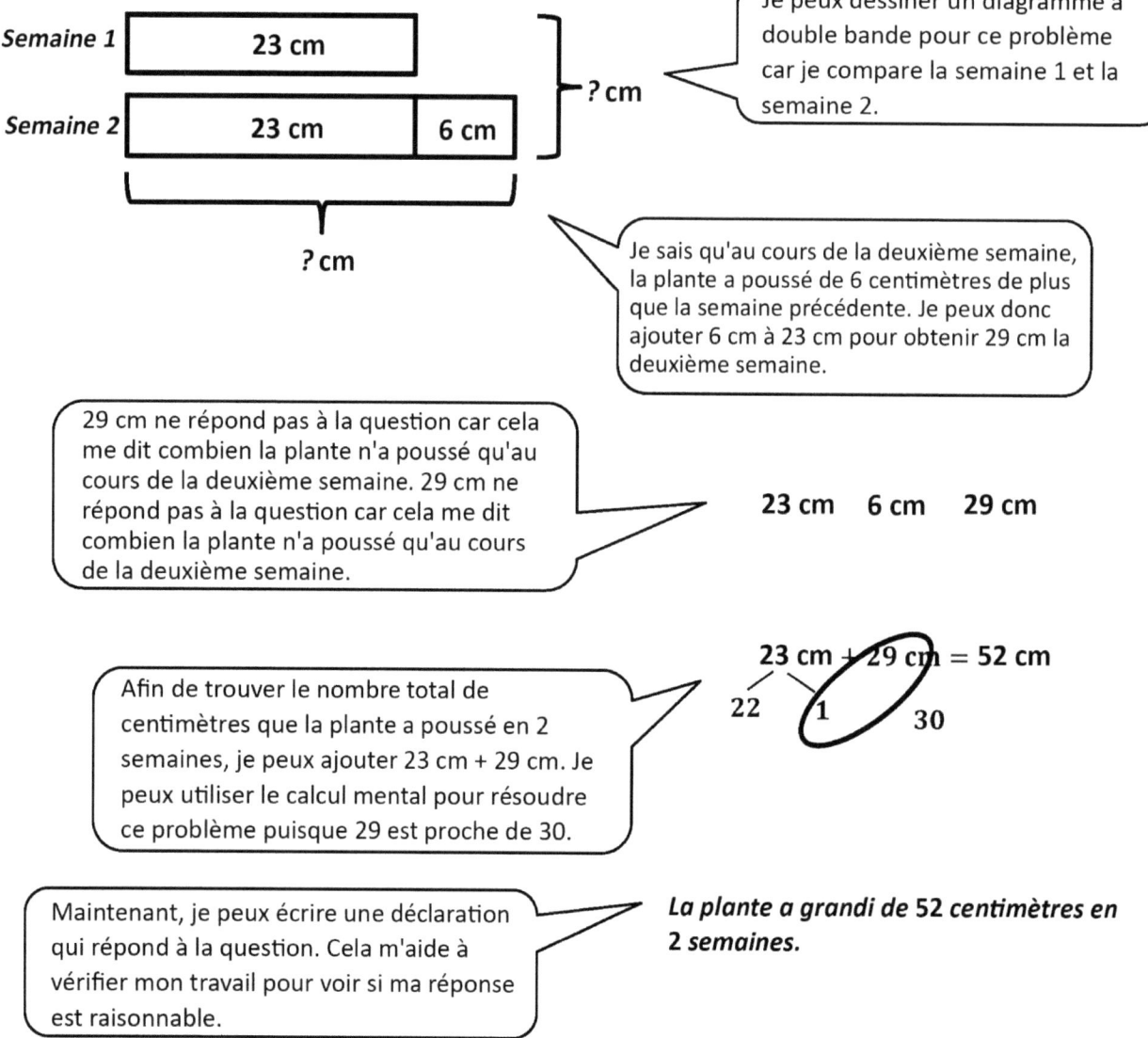

La plante a grandi de 52 centimètres en 2 semaines.

UNE HISTOIRE D'UNITÉS   Leçon 15 Devoirs   3•2

Nom _____   Date _____

1. Trouve les sommes ci-dessous. Choisis le calcul mental ou un algorithme

    a. 75 cm + 7 cm   c. 362 mL + 229 mL   e. 451 mL + 339 mL

    b. 39 kg + 56 kg   d. 283 g + 92 g   f. 149 L + 331 L

2. Le volume liquide de cinq boissons est indiqué ci-dessous.

Boisson	Volume liquide.
Jus de pomme	125 mL
Lait	236 mL
Eau	248 mL
Jus d'orange	174 mL
Punch de fruit	208 mL

    a. Jen boit du jus de pomme et de l'eau. Combien de millilitres boit-t-elle en somme?

    Jen boit _____ mL.

    b. Kevin boit du lait et du punch de fruit. Combien de millilitres boit-il en somme?

Leçon 15 : Ajoute des mesures en utilisant un algorithme standard pour composer des unités plus larges une fois.

3. Il y a 75 élèves en 3e année. Il y a 44 élèves de plus en 4e année qu'en 3e. Combien d'élèves y en a en 3e année?

4. Le tournesol de M. Green a poussé de 29 centimètres en une semaine. Le semaine suivante, il a poussé de 5 centimètres plus que la semaine précédente. Quel est le nombre total de centimètres que le tournesol a poussé en 2 semaines?

5. Kylie enregistre les poids de 3 objets comme indiqués ci-dessous. Quels 2 objets peut-elle mettre sur la balance à deux plateaux pour égaler le poids d'un sac de 460 grammes ? Indique comment tu le sais.

Livre de poche	Banane	Pain de Savon
343 grammes	108 grammes	117 grammes

Leçon 15 : Ajoute des mesures en utilisant un algorithme standard pour composer des unités plus larges une fois.

1. Trouve les sommes.

    a. 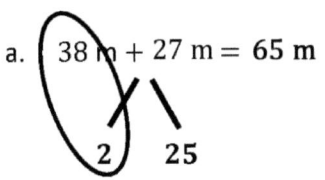 38 m + 27 m = **65 m**

    > Je peux utiliser le calcul mental pour résoudre ce problème. Je peux diviser 27 en 2 et 25. Je peux alors résoudre 40 m + 25 m, soit 65 m.

    b. 358 kg + 167 kg

    > Je peux utiliser l'algorithme standard pour résoudre ce problème. Je peux aligner les chiffres verticalement et les additionner.

    ```
      385 kg           385 kg           385 kg
    + 167 kg         + 167 kg         + 167 kg
    ─────────        ─────────        ─────────
        ₁                ₁₁               ₁₁
        2               52              552 kg
    ```

    > 5 unités plus 7 unités = 12 unités. Je peux en renommer 12 comme 1 dizaine et 2 unités.

    > 8 dizaines plus 6 dizaines = 14 dizaines. Avec une dizaine de plus, cela fait 15 dizaines. Je peux renommer 15 dizaines en 1 centaine 5 dizaines.

    > 3 centaines plus 1 centaine = 4 centaines. Avec une centaine de plus, cela fait 5 centaines. La somme est de 552 kg.

2. Matthew lis pendant 58 minutes de plus en mars qu'en avril. Il lis 378 minutes en avril. Utilise un diagramme en bande pour trouver le nombre total des minutes que Matthew lis en mars et avril.

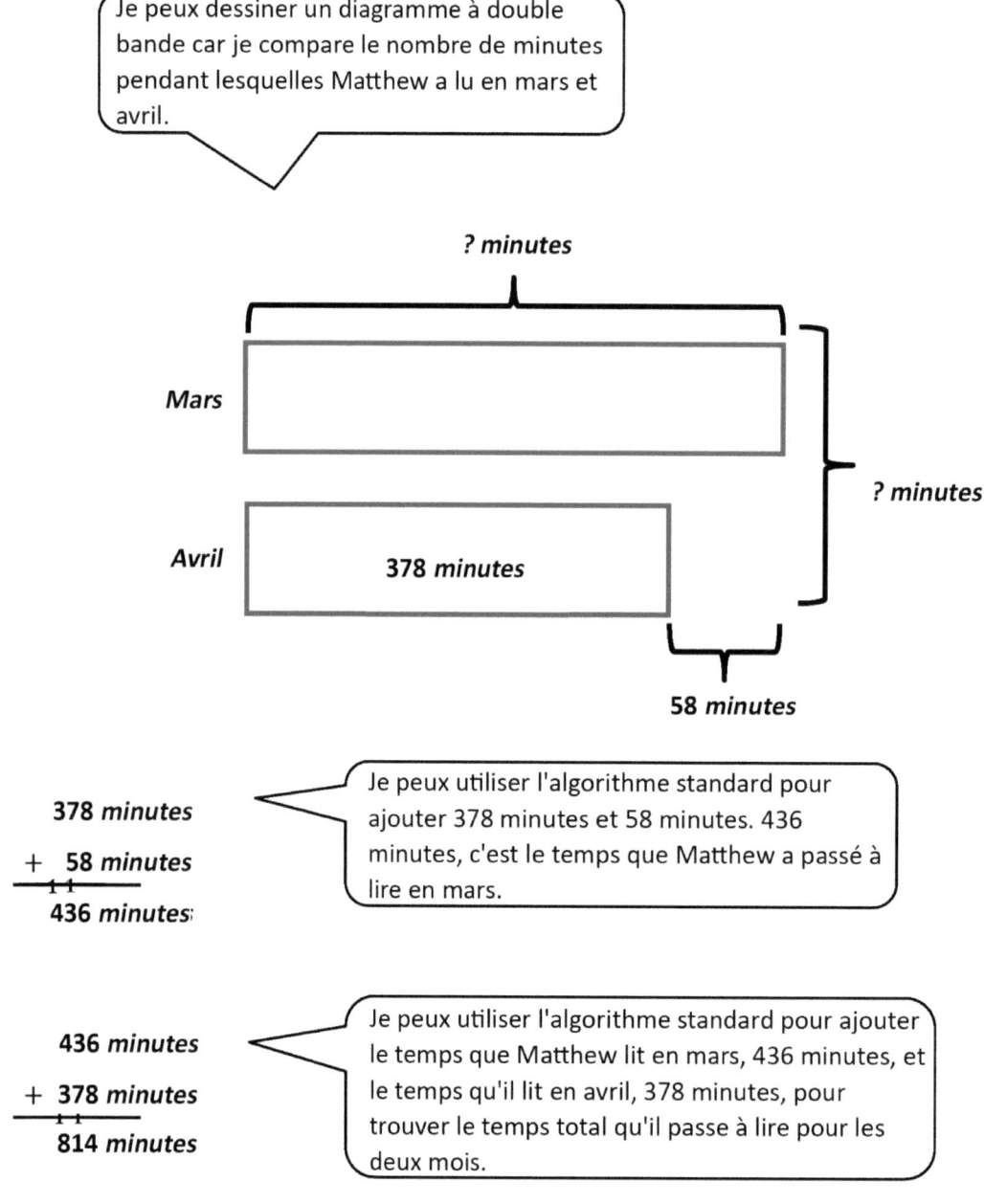

Matthew lit 814 minutes en mars et avril.

Nom _____ Date _____

1. Trouve les sommes ci-dessous.

   a. 47 m + 8 m

   b. 47 m + 38 m

   c. 147 m + 383 m

   d. 63 mL + 9 mL

   e. 463 mL + 79 mL

   f. 463 mL + 179 mL

   g. 368 kg + 263 kg

   h. 508 kg + 293 kg

   i. 103 kg + 799 kg

   j. 4 L 342 mL + 2 L 214 mL

   k. 3 kg 296 g + 5 kg 326 g

Leçon 16 :   Ajoute les mesures en utilisant l'algorithme standard pour composer de plus larges unités deux fois.

2. Mme. Haley rôtis une dinde pensant 55 minutes. Elle la vérifie et décide de la rôtir pendant 45 minutes davantage. Utilise un diagramme en bande pour trouver le nombre total de minutes que passe Mme. Haley pour rôtir la dinde.

3. Un cheval miniature pèse 268 moins de kilogrammes qu'un poney Shetland. Utilise le tableau pour trouver le poids d'un poney Shetland.

Races de Chevaux	Poids en kg
Poney Shetland	____ kg
Saddlebred Américain	478 kg
Cheval Clydesdale	____ kg
Cheval miniature	56 kg

4. Un cheval Clydesdale pèse autant qu'un poney Shetland et un cheval Saddlebred combinés. Combien pèse un cheval Clydesdale?

UNE HISTOIRE D'UNITÉS | Leçon 17 Aide aux devoirs | 3•2

Lucy achète une pomme qui pèse 152 grammes. Elle achète une banane qui pèse 109 grammes.

a. Estime le poids total de la pomme et la banane en arrondissant.

$152 \approx 200$
$109 \approx 100$

> Je peux arrondir chaque chiffre à la centaine la plus proche.

200 grammes + 100 grammes = 300 grammes

> Je peux additionner les chiffres arrondis pour estimer le poids total de la pomme et de la banane. Le poids total est d'environ 300 grammes.

b. Estime le poids total de la pomme et la banane en arrondissant différemment.

$152 \approx 150$
$109 \approx 110$

> Je peux arrondir chaque chiffre à la dizaine la plus proche.

150 grammes + 110 grammes = 260 grammes

> Je peux additionner les chiffres arrondis pour estimer le poids total de la pomme et de la banane. Le poids total est d'environ 260 grammes.

c. Calcule le poids total et réel de la pomme et la banane. Quelle méthode d'arrondissement était plus précise? Pourquoi?

```
   152 grammes
+  109 grammes
   _____
   261 grammes
```

Arrondir à la dizaine de grammes la plus proche était plus précis car lorsque j'ai arrondi à la dizaine de grammes la plus proche, l'estimation était de 260 grammes, et la réponse réelle est de 261 grammes. L'estimation et la réponse réelle ne sont séparées que d'un gramme ! Lorsque j'ai arrondi à la centaine de grammes la plus proche, l'estimation était de 300 grammes, ce qui n'est pas si proche de la réponse réelle.

> Je peux utiliser l'algorithme standard pour trouver le poids total réel de la pomme et de la banane.

Leçon 17 : Estime les sommes en arrondissant et applique pour résoudre les problèmes de mot de mesure.

Nom _____   Date _____

1. Cathy recueille les renseignements suivants sur des chiens, Stella et Oliver.

Stella	
Durée passée dans le lavage.	Poids
36 minutes	32 kg

Oliver	
Durée passée dans le lavage.	Poids
25 minutes	7 kg

Utilise les informations dans les tableaux pour répondre aux questions ci-dessous.

a. Estime le poids total de Stella et Oliver.

b. Quel est le poids total et réel de Stella et Oliver?

c. Estime la durée total que Cathy passe dans le lavage de ses chiens.

d. Quelle est la durée totale et réelle que passe Cathy dans le lavage de ses chiens.

e. Explique comment l'estimation aide à vérifier la raisonnabilité de tes réponses.

Leçon 17 : Estime les sommes en arrondissant et applique pour résoudre les problèmes de mot de mesure.

2. Dena lit pendant 361 minutes durant la 1 première semaine des deux semaines de la Read-A-Thon de l'école. Elle lit pendant 212 minutes de la seconde semaine du Read-A-Thon.

   a. Estime la durée total de lecture de Dena durant le Read-A-Thon en arrondissant.

   b. Estime la durée total de lecture de Dena durant le Read-A-Thon en arrondissant différemment.

   c. Calcule le nombre réel de minutes que Dena lit durant le Read-A-Thon. Quelle méthode d'arrondissement était plus précise? Pourquoi?

Leçon 18 Aide aux devoirs 3•2

1. Résous les problèmes de soustraction ci-dessous.

   a. $50 \text{ cm} - 24 \text{ cm} = \textbf{26 cm}$

   > Je peux utiliser le calcul mental pour résoudre ce problème de soustraction. Je n'ai pas besoin de l'écrire verticalement. Je peux aussi penser à mon travail avec les pièces de 25 centimes. Je sais que 50 - 25 = 25. Mais comme je ne soustrais que 24, il faut ajouter 1 de plus à 25. Donc, la réponse est 26 cm.

   b. $507 \text{ g} - 234 \text{ g}$

   $$\begin{array}{r} 507 \text{ g} \\ -\ 234 \text{ g} \\ \hline \end{array}$$

   > Avant de soustraire, je dois voir si des dizaines ou des centaines doivent être dégroupées. Je vois qu'il y a assez d'unités pour en soustraire 4 de 7. Il n'est pas nécessaire de casser un dizaine.

   $$\begin{array}{r} {}^{4\ 10}\cancel{5\cancel{0}}7 \text{ g} \\ -\ 234 \text{ g} \\ \hline \end{array}$$

   > Mais, je ne suis toujours pas prêt à soustraire. Il n'y a pas assez de dizaines pour soustraire 3 dizaines, donc je dois dissocier 1 centaine pour faire 10 dizaines. Depuis que j'en ai cassé une centaine, il en reste maintenant quatre centaines.

   $$\begin{array}{r} {}^{4\ 10}\cancel{5\cancel{0}}7 \text{ g} \\ -\ 234 \text{ g} \\ \hline 273 \text{ g} \end{array}$$

   > Après cela, je vois qu'il y a 4 centaines, 10 dizaines et 7 unités. Maintenant, je suis prêt à soustraire. Comme j'ai préparé mes chiffres d'un seul coup, je peux soustraire de gauche à droite, ou de droite à gauche. La réponse est 273 grammes.

Leçon 18 : Décompose une fois pour soustraire les mesures y compris les diminuendes à trois chiffres avec zéros en dizaines ou unités en place.

2. Renee achète 607 grammes de cerises au marché le lundi. Le mercredi, elle achète 345 grammes de cerises. Combien de grammes supplémentaires de cerises Renee a-t-elle acheté le mercredi?

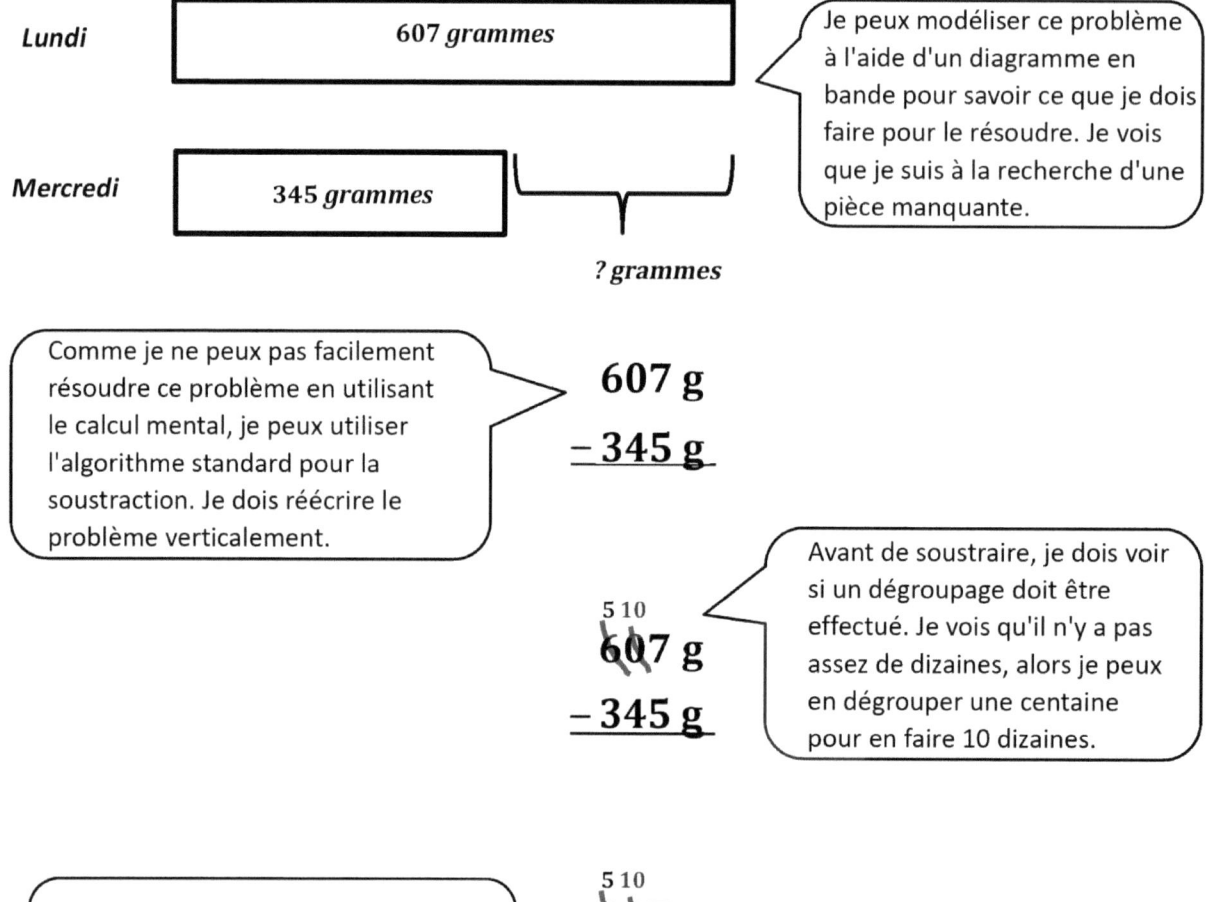

Renee achète 262 grammes de cerises de plus le lundi que le mercredi.

Nom _____ Date _____

1. Résous les problèmes de soustraction ci-dessous.

   a. 70 L – 46 L

   b. 370 L – 46 L

   c. 370 L – 146 L

   d. 607 cm – 32 cm

   e. 592 cm – 258 cm

   f. 918 cm – 553 cm

   g. 763 g – 82 g

   h. 803 g – 542 g

   i. 572 km – 266 km

   j. 837 km – 645 km

Leçon 18 : Décompose une fois pour soustraire les mesures y compris les diminuendes à trois chiffres avec zéros en dizaines ou unités en place.

2. La revue pèse 280 grammes de moins que le journal. Le poids du journal est indiqué ci-dessous. Combien pèse la revue? Utilise un diagramme de bande pour modéliser ton raisonnement.

454 g

3. Le tableau à droit indique combien de temps prend le jeu de 3 parties.

Le match de Baseball de Lucas.	180 minutes
Le match de Football de Joey.	139 minutes
Le match de Basket de Francesca	? minutes

   a. Le match de basket de Francesca est de 22 minutes plus court que le match de Baseball de Lucas. Quelle est la durée du match de basket de Francesca ?

   b. De combien de minutes le match de basket de Francesca est plus long que le match de football de Joey?

1. Résous les problèmes de soustraction ci-dessous.

   a. 370 cm − 90 cm = **280 cm**

   > Je peux utiliser le calcul mental pour résoudre ce problème de soustraction, je n'ai pas besoin de l'écrire verticalement. En utilisant la stratégie de compensation, je peux ajouter 10 aux deux chiffres et penser que le problème se situe entre 380 et 100, ce qui est un calcul facile. La réponse est 280 cm.

   b. 800 mL − 126 mL

   $$\begin{array}{r} \overset{7\ 10}{\cancel{8}\cancel{0}0} \text{ mL} \\ -\ 126 \text{ mL} \\ \hline \end{array}$$

   > Avant de soustraire, je dois voir si des dizaines ou des centaines doivent être dégroupées. Il n'y en a pas assez pour en soustraire, alors je peux en dégrouper 1 dix pour en faire 10. Mais il y a 0 dizaine, donc je peux dissocier 1 centaine pour faire 10 dizaines. Ensuite, il y a 7 centaines et 10 dizaines.

   $$\begin{array}{r} \overset{\ \ \ 9}{\overset{7\ \cancel{10}\ 10}{\cancel{8}\cancel{0}\cancel{0}}} \text{ mL} \\ -\ 126 \text{ mL} \\ \hline \end{array}$$

   > Je ne suis toujours pas prêt à soustraire parce que je dois dégrouper 1 dix pour en faire 10. Ensuite, il y a 9 dizaines et 10 unités.

   $$\begin{array}{r} \overset{\ \ \ 9}{\overset{7\ \cancel{10}\ 10}{\cancel{8}\cancel{0}\cancel{0}}} \text{ mL} \\ -\ 126 \text{ mL} \\ \hline 674 \text{ mL} \end{array}$$

   > Après le dégroupage, je vois que j'ai 7 centaines, 9 dizaines et 10 unités. Maintenant, je suis prêt à soustraire. Comme j'ai préparé mes chiffres d'un seul coup, je peux choisir de soustraire de gauche à droite, ou de droite à gauche. La réponse est 674 ml.

Leçon 19 : Décompose en deux fois pour soustraire les mesures y compris les diminuendes à trois chiffres avec des zéros dans les places des dizaines et des unités.

Copyright © Great Minds PBC

2. Kenny est en route de Los Angeles vers San Diego. La distance total est environ 175 kilomètres. Il lui reste 86 kilomètres à parcourir. Combien de kilomètres a-t-il parcouru jusqu'à présent?

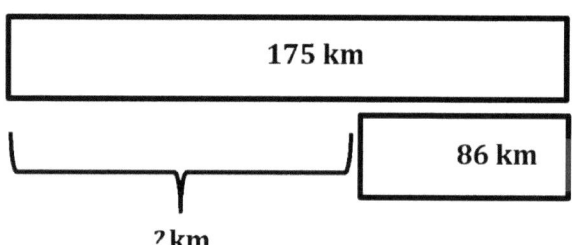

Je peux modéliser ce problème à l'aide d'un diagramme en bande pour savoir ce que je dois faire pour le résoudre. Je vois que je suis à la recherche d'une pièce manquante.

Comme je ne peux pas facilement résoudre ce problème en utilisant le calcul mental, je peux utiliser l'algorithme standard pour la soustraction. Je peux réécrire le problème verticalement.

$$\begin{array}{r} 175 \text{ km} \\ -86 \text{ km} \end{array}$$

$$\begin{array}{r} \overset{0\ 17}{\cancel{1}\cancel{7}5} \text{ km} \\ -86 \text{ km} \end{array}$$

Avant de soustraire, je dois voir si un dégroupage doit être fait, je peux voir qu'il n'y a pas assez de dizaines ou de uns, donc je peux dégrouper cent pour faire dix dizaines. Après dégroupage, il y en a 0 centaines et 17 dizaines.

$$\begin{array}{r} \overset{16}{\overset{0\ \cancel{17}\ 15}{\cancel{1}\cancel{7}\cancel{5}}} \text{ km} \\ -86 \text{ km} \\ \hline 89 \text{ km} \end{array}$$

Je peux en dégrouper 1 dix pour en faire 10. Après dégroupage, il y en a 0 centaines, 16 dizaines et 15. Je suis prêt à soustraire. La réponse est 89 kilomètres.

Kenny a parcouru 89 km jusqu'à présent.

Nom _____ Date _____

1. Résous les problèmes de soustraction ci-dessous.

   a. 280 g – 90 g

   b. 450 g – 284 g

   c. 423 cm – 136 cm

   d. 567 cm – 246 cm

   e. 900 g – 58 g

   f. 900 g – 358 g

   g. 4 L 710 mL – 2 L 690 mL

   h. 8 L 830 mL – 4 L 378 mL

2. Le poids total d'une girafe et son girafeau est de 904 kilogrammes. Combien pèse le girafeau? Utilise un diagramme de bande pour modéliser ton raisonnement.

Girafe 829 kg

girafeau ? kg

3. Le Canal d'Érié coule à 584 kilomètres d'Albany à Buffalo. Salavador voyage sur le canal depuis Albany. Il doit parcourir 396 kilomètres de plus avant d'atteindre Buffalo. Combien de kilomètres a-t-il parcouru?

4. M. Nguyen remplit deux piscines gonflables. La pataugeoire contient 185 litres d'eau. La plus grande piscine contient 600 litres d'eau. Combien la piscine la plus large contient-elle plus d'eau que la pataugeoire?

UNE HISTOIRE D'UNITÉS — Leçon 20 Aide aux devoirs 3•2

Esther mesure de la corde. Elle mesure un totale de 548 centimètres de corde et la coupe en deux pièces. La première pièce est de 152 centimètres de long. Quelle est la longueur de la seconde pièce?

a. Estime la longueur de la seconde pièce de corde en arrondissant.

$548 \text{ cm} \approx 500 \text{ cm}$

$152 \text{ cm} \approx 200 \text{ cm}$

> Pour ma première estimation, je peux arrondir chaque chiffre à la centaine la plus proche. Je remarque que les deux chiffres sont loin de la centaine.

$500 \text{ cm} - 200 \text{ cm} = 300 \text{ cm}$

La seconde pièce de corde est d'environ 300 cm *de long.*

b. Estime la longueur de la seconde pièce de ruban en arrondissant différemment.

$548 \text{ cm} \approx 550 \text{ cm}$

$152 \text{ cm} \approx 150 \text{ cm}$

> Pour ma première estimation, je peux arrondir chaque chiffre à la centaine la plus proche. Je remarque que les deux chiffres sont loin de la centaine.

$550 \text{ cm} - 150 \text{ cm} = 400 \text{ cm}$

La seconde pièce de corde est d'environ 400 cm *de long.*

c. Quelle est la longueur précise de la seconde pièce?

```
   4 14
  5̶4̶8 cm
- 152 cm
  396 cm
```

> Avant d'être prêt à soustraire, je peux dissocier cent en dix dizaines.

La seconde pièce est précisément de 396 cm *de long.*

Leçon 20 : Estime les différences en arrondissant et applique pour résoudre les problèmes de mesure de mot.

d. Ta réponse est-elle raisonnable? Quelle estimation était plus proche de la réponse exacte?

Arrondir à la dizaine la plus proche était plus proche de la réponse exacte, et c'était un calcul mental facile. L'estimation n'était qu'à 4 cm de la réponse réelle. C'est donc ainsi que je sais que ma réponse est raisonnable.

> Comparer ma réponse réelle avec mon estimation m'aide à vérifier mon calcul car si les réponses sont très différentes, j'ai probablement fait une erreur dans mon calcul.

Nom _____ Date _____

Estime et puis résous chaque problème.

1. Melissa et sa maman voyagent en voiture. Elles parcourent 87 kilomètres avant le déjeuner. Elles parcourent 59 kilomètres après le déjeuner.

   a. Estime combien de kilomètres supplémentaires elles parcourent avant le déjeuner qu'après le déjeuner en arrondissant à la dizaine de kilomètres.

   b. Précisément, combien parcourent-elles plus loin avant le déjeuner qu'après le déjeuner?

   c. Compare ton estimation de (a) à ta réponse de (b). Ta réponse est-elle raisonnable? Écris une phrase pour expliquer ton raisonnement.

2. Amy mesure le ruban. Elle mesure un total de 393 centimètres de ruban et le coupe en deux pièces. La première pièce est de 184 centimètres de long. Quelle est la longueur du ruban?

   a. Estime la longueur de la seconde pièce de ruban en arrondissant différemment.

   b. Quelle est la longueur précise de la seconde pièce de ruban? Explique pour quoi une estimation était plus proche.

3. Le poids d'une cuisse de poule, d'un steak et de jambon est indiquée à la droite. La poule et le steak ensemble pèsent 341 grammes. Combien pèse le jambon?

   a. Estime le poids du jambon en arrondissant.

   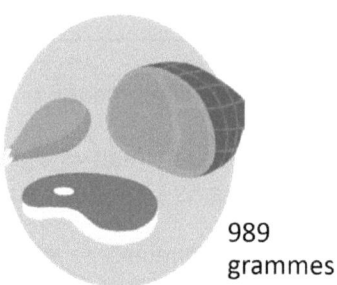
   989 grammes

   b. Combien pèse réellement le jambon?

4. Kate utilise 506 litres d'eau chaque semaine pour arroser les plantes. Elle utilise 252 litres pour arroser les plantes dans la serre. Quelle quantité d'eau utilise-t-elle pour les autres plantes?

   a. Estime la quantité d'eau que Kate utilise pour les autres plantes en arrondissant.

   b. Estime la quantité d'eau que Kate utilise pour les autres plantes en arrondissant différemment.

   c. Quelle quantité d'eau utilise réellement Kate pour les autres plantes? Quelle estimation était plus proche? Explique pourquoi.

UNE HISTOIRE D'UNITÉS **Leçon 21 Aide aux devoirs** 3•2

Mia mesure la longueur de trois barres de fil. Les longueurs des fils sont enregistrées à droite.

Fil A	63 cm ≈ __60__ cm
Fil B	75 cm ≈ __80__ cm
Fil C	49 cm ≈ __50__ cm

a. Estime la longueur totale du Fil A et Fil C. Ensuite, trouve la longueur totale réelle.

> Je peux arrondir les longueurs de tous les fils à la dizaine la plus proche.

Estimation : 60 cm + 50 cm = 110 cm

> Je peux additionner les longueurs arrondies des fils A et C pour trouver une estimation de leur longueur totale.

Réponse : 63 cm + 49 cm = 112 cm

62   1   50

> Je peux utiliser le calcul mental pour résoudre ce problème. Je n'ai pas besoin de l'écrire verticalement. Je peux diviser 63 en 62 et 1. Ensuite, je peux faire les 10 à 50 suivants, et ensuite ajouter les 62.

La longueur totale est de 112 cm.

b. Soustrais pour estimer la différence entre la longueur totale des Fils A et C et la longueur du Fil B. Ensuite, trouve la différence réelle. Modélise le problème avec un diagramme en bande.

Estimation : 110 cm − 80 cm = 30 cm

Réponse : 112 cm − 75 cm = 37 cm

Fil A + Fil C | 112 cm
Fil B | 75 cm | ? cm

> D'après le diagramme en bande, je vois que je dois résoudre une partie inconnue.

```
   10 12
   1̸1̸2̸ cm
 −  75 cm
    37 cm
```

La différence est de 37 cm.

> Je peux écrire ce problème verticalement. Je peux dégrouper 1 dizaine en 10 unités. Je peux renommer 112 en 10 dizaines et 12 unités. Maintenant, je suis prêt à soustraire.

EUREKA MATH

Leçon 21 : Estime les sommes et différences de mesures en arrondissant et puis résous les problèmes de mots mixés.

Copyright © Great Minds PBC

Nom _____   Date _____

1. Il y a 153 millilitres de jus dans 1 carton. Un paquet de trois boîtes de jus contiennent un total de 459 millilitres.

   a. Estime et ensuite trouve la quantité totale réelle de jus dans 1 carton et dans un paquet de trois boîtes de jus.

      153 mL + 459 mL ≈ _____ + _____ = _____

      153 mL + 459 mL = _____

   b. Estime et ensuite trouve la différence réelle de jus dans 1 carton et dans un paquet de trois boîtes de jus.

      459 mL − 153 mL ≈ _____ − _____ = _____

      459 mL − 153 mL = _____

   c. Est-ce que tes réponses sont raisonnables? Pourquoi?

2. M. Williams est propriétaire d'une station de service. Il vend 367 litres d'essence le matin, 300 litres d'essence l'après-midi et 219 litres d'essence le soir.

   a. Estime et ensuite trouve la quantité totale réelle d'essence qu'il vend en une journée.

   b. Estime et ensuite trouve la différence réelle entre la quantité d'essence que M. Williams vend le matin et la quantité qu'il vend le soir.

UNE HISTOIRE D'UNITÉS   Leçon 21 Devoirs 3•2

3. l'Equipe Bleue parcourt un relais. Le tableau indique l'heure en minutes que chaque équipe passe dans la course.

   a. Combien de minutes ça prend l'Equipe Bleue pour parcourir le relais?

l'Equipe Bleue	Temps en Minutes
Jen	5 minutes
Kristin	7 minutes
Lester	6 minutes
Evy	8 minutes
Total	

   b. Ça prend l'Equipe Rouge 37 minutes pour parcourir le relais. Estime et ensuite trouve la différence réelle en temps entre le deux équipes.

4. Les longueurs des trois bannières sont indiqués à droite.

   a. Estime et ensuite trouve la longueur totale réelle de la Bannière A et la Bannière C.

Bannière A	437 cm
Bannière B	457 cm
Bannière C	332 cm

   b. Estime et ensuite trouve la différence réelle en longueur entre la Bannière B et la longueur combinée entre la Bannière A et la Bannière C. Modélise le problème avec un diagramme en bande.

Leçon 21 : Estime les sommes et différences de mesures en arrondissant et puis résous les problèmes de mots mixés.

3e année

Module 3

UNE HISTOIRE D'UNITÉS • Leçon 1 Aide aux devoirs 3•3

1. Ecris deux faits de multiplications pour chaque matrice.

   Cette matrice montre 3 rangées de 7 points, soit 3 sept. 3 sept peut être écrit comme 3 x 7 = 21. Je peux aussi l'écrire comme 7 x 3 = 21 en utilisant la propriété commutative.

   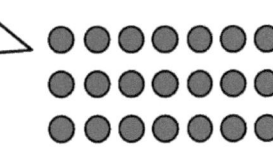

   $\underline{21} = \underline{3} \times \underline{7}$

   $\underline{21} = \underline{7} \times \underline{3}$

2. Fais correspondre les expressions.

   a. 4 × 7   6 trois

   b. 3 six   7 × 4

   La propriété commutative dit que même si l'ordre des facteurs change, le produit reste le même !

3. Complète les équations.

   a. $7 \times \underline{2} = \underline{7} \times 2$

           $= \underline{14}$

   Cette équation montre que les deux parties sont égales au même montant. Comme les facteurs 7 et 2 sont déjà donnés, il me suffit de remplir les inconnues avec les bons facteurs pour montrer que chaque côté est égal à 14.

   b. 6 deux + 2 deux = $\underline{8} \times \underline{2}$

                             $= \underline{16}$

   Cette équation montre la stratégie de séparation et de distribution que j'ai apprise dans le module 1. 6 deux + 2 deux = 8 deux, soit 8 x 2. Comme je sais que 2 x 8 = 16, je sais aussi que 8 x 2 = 16 en utilisant la commutativité. Utiliser la commutativité comme stratégie me permet de connaître beaucoup plus de faits que ceux que j'ai pratiqués auparavant.

   Leçon 1 : Étudier la commutativité pour trouver les faits connus de 6, 7, 8 et 9.

Nom _____ Date _____

1. Complète les tableaux ci-dessous.

   a. Un tricycle a 3 roues.

Nombre de tricycles	3		5		7
Nombre total de roues		12		18	

   b. Un tigre a 4 pattes.

Nombre de tigres			7	8	9
Nombre total de jambes	20	24			

   c. Un paquet a 5 gommes.

Nombre de paquets	6				10
Nombre total de gommes		35	40	45	

2. Ecris deux faits de multiplications pour chaque matrice.

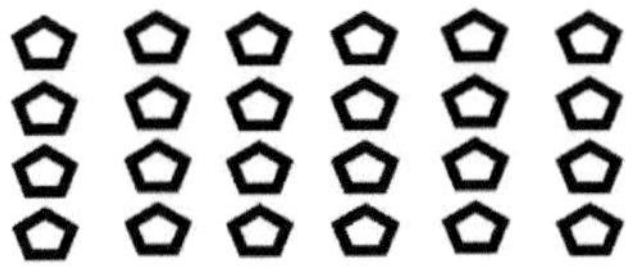

   _____ = _____ × _____

   _____ = _____ × _____

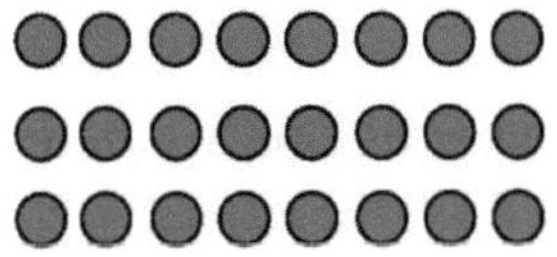

   _____ = _____ × _____

   _____ = _____ × _____

Leçon 1 : Étudier la commutativité pour trouver les faits connus de 6, 7, 8 et 9.

3. Fais correspondre les expressions.

   3 × 6   7 groupes de trois

   3 groupes de sept   2 × 10

   2 groupes de huit   9 × 5

   5 × 9   8 × 2

   10 groupes de deux   6 × 3

---

4. Complète les équations.

   a. 2 groupes de six = _____ groupes de deux

      = __12__

   b. _____ × 6 = 6 groupes de trois

      = _____

   c. 4 × 8 = _____ × 4

      = _____

   d. 4 × _____ = _____ × 4

      = __28__

   e. 5 groupes de deux + 2 groupes de deux = _____ × _____

      = _____

   f. _____ groupes de cinq + 1 groupe de cinq = 6 × 5

      = _____

UNE HISTOIRE D'UNITÉS — Leçon 2 Aide aux devoirs 3•3

1. Chacun 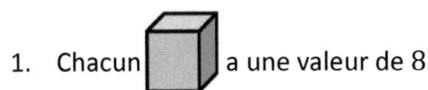 a une valeur de 8.

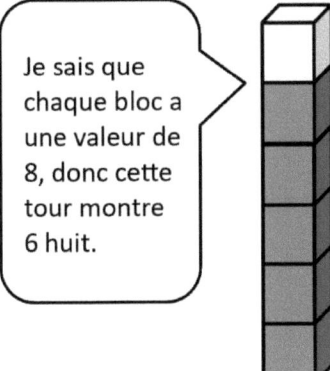

Je sais que chaque bloc a une valeur de 8, donc cette tour montre 6 huit.

Forme d'unité : 6 huit = __5__ huit + __1__ huit

$$= 40 + \underline{\ 8\ }$$
$$= \underline{48}$$

Les blocs ombragés et non ombragés montrent 6 huit séparés en 5 huit et 1 huit. Ces deux petits faits m'aideront à résoudre le fait plus grand.

Faits :   __6__ × __8__ = __48__

__8__ × __6__ = __48__

En utilisant la commutativité, je peux résoudre 2 faits de multiplication, 6x8 et 8x6, qui sont tous deux égaux à 48.

2. Il y a 7 pales sur chaque moulin à vent. Combien de pales y a-t-il sur 8 moulins à vent ? Utilise un fait de cinq pour résoudre.

Je dois trouver la valeur de 8 × 7, ou 8 sept. Je peux faire un dessin. Chaque point a une valeur de 7. Je peux utiliser mes cinq faits familiers pour décomposer 8 sept en 5 sept et 3 sept.

$$8 \times 7 = (5 \times 7) + (3 \times 7)$$
$$= 35 + 21$$
$$= 56$$

C'est ainsi que j'écris le grand fait comme la somme de deux petits faits. Je peux ajouter leurs produits pour trouver la réponse au fait général. 8 × 7 = 56

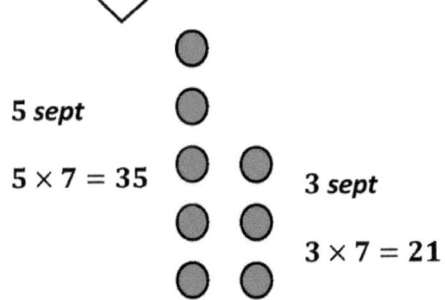

5 *sept*

5 × 7 = 35

3 *sept*

3 × 7 = 21

Il y a 56 pales sur 8 moulins à vent.

Leçon 2 : Appliquer les propriétés distributives et commutatives pour associer les faits de multiplication de type 5 × n + n à 6 × n et n × 6 où n est la taille de l'unité.

Nom _____ Date _____

1. Chacun 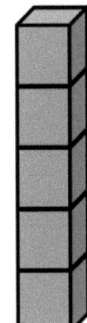 a une valeur de 9.

Forme d'unité : _____

Faits : 5 × _____ = _____ × 5

Total = _____

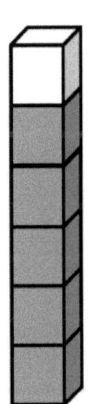

Forme d'unité : 6 neuf = _____ neuf + _____ neuf

= 45 + _____

= _____

Faits : _____ × _____ = _____

_____ × _____ = _____

Leçon 2 : Appliquer les propriétés distributives et commutatives pour associer les faits de multiplication de type 5 × n + n à 6 × n et n × 6 où n est la taille de l'unité.

UNE HISTOIRE D'UNITÉS

Leçon 2 Devoirs 3•3

2. Il y a 6 pales sur chaque moulin à vent. Combien de pales y a-t-il au total sur 7 moulins à vent ? Utilise un fait de cinq pour résoudre.

3. Juanita classe ses magazines en 3 piles égales. Elle a 18 magazines au total. Combien de magazine y a-t-il dans chaque pile ?

4. Markuo a dépensé 27 $ pour des plantes. Chaque plante coûte 9 $. Combien de plantes a-t-il a achetées ?

Leçon 2 : Appliquer les propriétés distributives et commutatives pour associer les faits de multiplication de type 5 × n + n à 6 × n et n × 6 où n est la taille de l'unité.

UNE HISTOIRE D'UNITÉS Leçon 3 Aide aux devoirs 3•3

1. Chaque équation contient une lettre représentant l'inconnue. Trouve la valeur de l'inconnue.

$9 \div 3 = c$	$c = \underline{\ 3\ }$
$4 \times a = 20$	$a = \underline{\ 5\ }$

> Je peux penser à ce problème comme une division, 20 ÷ 4, pour trouver le facteur inconnu.

2. Brian a acheté 4 journaux à la boutique à 8$ chacun. Quel est le montant total dépensé par Brian pour les 4 journaux ? Utilise la lettre j pour représenter le montant total dépensé par Brian et résous ensuite le problème.

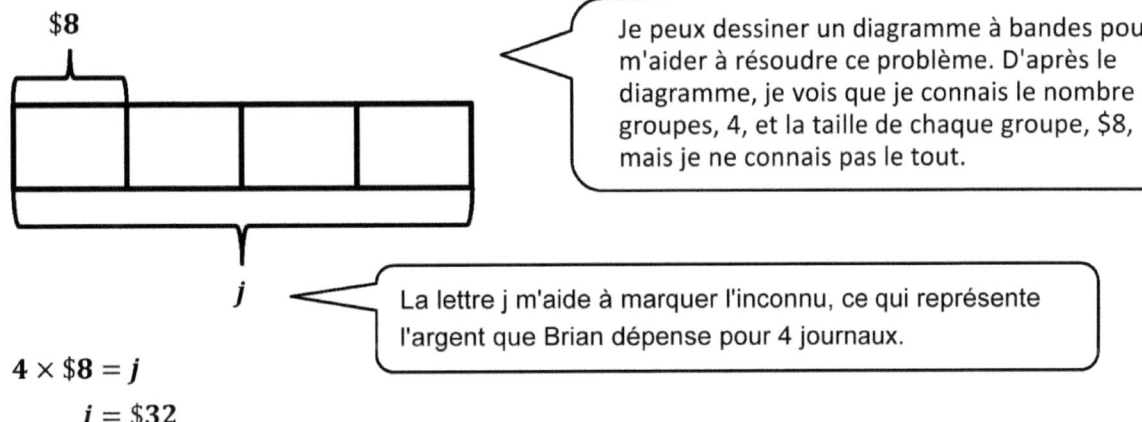

> Je peux dessiner un diagramme à bandes pour m'aider à résoudre ce problème. D'après le diagramme, je vois que je connais le nombre de groupes, 4, et la taille de chaque groupe, $8, mais je ne connais pas le tout.

> La lettre j m'aide à marquer l'inconnu, ce qui représente l'argent que Brian dépense pour 4 journaux.

$4 \times \$8 = j$
$j = \$32$

Brian dépense $32 pour 4 journaux.

> La seule différence dans l'utilisation d'une lettre pour résoudre est que j'utilise la lettre pour indiquer les inconnues dans le diagramme à bande et dans l'équation. À part ça, cela ne change pas la façon dont je résous les problèmes. J'ai trouvé que la valeur de j est de $32.

Leçon 3 : Multiplier et diviser avec des faits connus en utiliser une lettre pour représenter l'inconnue.

Nom _____   Date _____

1. a. Complète le modèle.

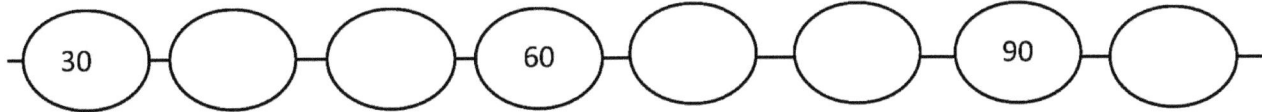

   b. Trouve la valeur de l'inconnue.

   10 × 2 = d   d = __20__   10 × 6 = w   w = _____

   3 × 10 = e   e = _____   10 × 7 = n   n = _____

   f = 4 × 10   f = _____   g = 8 × 10   g = _____

   p = 5 × 10   p = _____

2. Chaque équation contient une lettre représentant l'inconnue. Trouve la valeur de l'inconnue.

8 ÷ 2 = n	n = _____
3 × a = 12	a = _____
p × 8 = 40	p = _____
18 ÷ 6 = c	c = _____
d × 4 = 24	d = _____
h ÷ 7 = 5	h = _____
6 × 3 = f	f = _____
32 ÷ y = 4	y = _____

Leçon 3 : Multiplier et diviser avec des faits connus en utiliser une lettre pour représenter l'inconnue.

3. Pedro achète 4 livres à la foire à 7$ chacun.

    a. Quel est le montant total dépensé par Pedro pour les 4 livres ? Utilise la lettre *b* pour représenter le montant total dépensé par Pedro et résous ensuite le problème.

    b. Pedro tend 3 billets de dix dollars au caissier. Quel est la monnaie qu'il devra recevoir ? Écris une équation pour résoudre. Utilise la lettre *c* pour représenter l'inconnue.

4. Lors de la journée sportive, la course de première année est de 25 mètres. La course de troisième année est deux fois la distance de celle de première année. Quelle est la distance de la course de troisième année ? Utilise une lettre pour représenter l'inconnue et résous.

UNE HISTOIRE D'UNITÉS — Leçon 4 Aide aux devoirs 3•3

1. Utilise les liaisons numériques pour t'aider à compter par six en faisant soit une dizaine soit en additionnant aux unités.

   $60 + 6 = \underline{66}$

   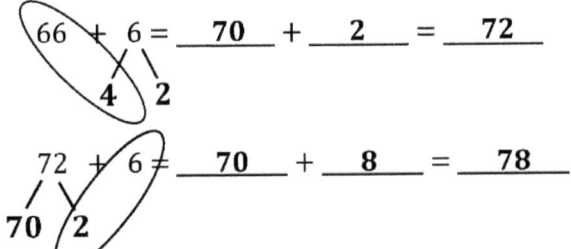

   $66 + 6 = \underline{70} + \underline{2} = \underline{72}$

   $72 + 6 = \underline{70} + \underline{8} = \underline{78}$

   > Je peux décomposer un addend pour en faire un dix. Par exemple, je vois que 66 n'a besoin que de 4 de plus pour faire 70. Je peux donc séparer 6 en 4 et 2. Ensuite, 66 + 4 = 70, plus 2 fait 72. Il est beaucoup plus facile de faire une addition à partir d'une dizaine. Une fois que je serais vraiment fort, il sera facile de faire des additions avec le calcul mental.

2. Compter par six pour remplir les blancs ci-dessous.

   6, __12__, __18__, __24__

   > Je peux compter par sauts pour voir que 4 six font 24.

   Compléter l'équation de multiplication qui représente ton compte.

   $6 \times \underline{4} = \underline{24}$

   > 4 six font 24, donc 6 × 4 = 24.

   Complète l'équation de division qui représente ton compte.

   $\underline{24} \div 6 = \underline{4}$

   > Je vais utiliser un fait lié à la division.
   > 6×4 = 24, alors 24 ÷ 6 = 4.

3. Compte par six pour résoudre 36 ÷ 6. Montre ton travail ci-dessous.

   6, 12, 18, 24, 30, 36

   $36 \div 6 = 6$

   > Je vais compter par six jusqu'à ce que j'arrive à 36. Ensuite, je peux compter pour trouver le nombre de six qu'il faut pour faire 36. Il faut 6 six, donc 36 ÷ 6 = 6.

Leçon 4 : Compter par unités de 6 pour multiplier et diviser en utilisant des liaisons numériques pour décomposer

UNE HISTOIRE D'UNITÉS   Leçon 4 Devoirs   3•3

Nom _____   Date _____

1. Utilise les liaisons numériques pour t'aider à compter par six en faisant soit une dizaine soit en additionnant aux unités.

a. 6 + 6 = __10__ + __2__ = _____
     / \
    4 2

b. 12 + 6 = __10__ + __8__ = _____   / \   10 2

c. 18 + 6 = _____ + _____ = _____
     / \
    2 4

d. 24 + 6 = _____ + _____ = _____
    / \
  20 4

e. 30 + 6 = _____

f. 36 + 6 = _____ + _____ = _____
    / \
   4 2

g. 42 + 6 = _____ + _____ = _____
h. 48 + 6 = _____ + _____ = _____
i. 54 + 6 = _____ + _____ = _____

Leçon 4 : Compter par unités de 6 pour multiplier et diviser en utilisant des liaisons numériques pour décomposer

189

2. Compte par six pour remplir les blancs ci-dessous.

   6, _____, _____, _____, _____

   Complète l'équation de multiplication qui représente le dernier nombre dans ton compte.

   6 × _____ = _____

   Complète l'équation de division qui représente ton compte.

   _____ ÷ 6 = _____

3. Compte par six pour remplir les blancs ci-dessous.

   6, _____, _____, _____, _____, _____

   Complète l'équation de multiplication qui représente le dernier nombre dans ton compte.

   6 × _____ = _____

   Complète l'équation de division qui représente ton compte.

   _____ ÷ 6 = _____

4. Compte par six pour résoudre 48 ÷ 6. Montre ton travail ci-dessous.

1. Utilise les liaisons numériques pour t'aider à compter par sept soit en faisant une dizaine ou en ajoutant aux unités.

   $70 + 7 = \underline{\ 77\ }$

   $\underset{3\ \ 4}{\widehat{77}} + 7 = \underline{\ 80\ } + \underline{\ 4\ } = \underline{\ 84\ }$

   $\underset{6\ \ 1}{\widehat{84}} + 7 = \underline{\ 90\ } + \underline{\ 1\ } = \underline{\ 91\ }$

   > Je peux décomposer un addend pour en faire un dix. Par exemple, je vois que 77 a juste besoin de 3 de plus pour faire 80. Je peux donc séparer le 7 en 3 et 4. Alors 77 + 3 = 80, plus 4 font 84. Il est beaucoup plus facile de faire une addition à partir d'une dizaine. Une fois que je serais vraiment fort, il sera facile de faire des additions avec le calcul mental.

2. Compte par sept pour remplir les blancs. Ensuite, utilise l'équation de multiplication pour écrire le fait de division relatif directement à sa droite.

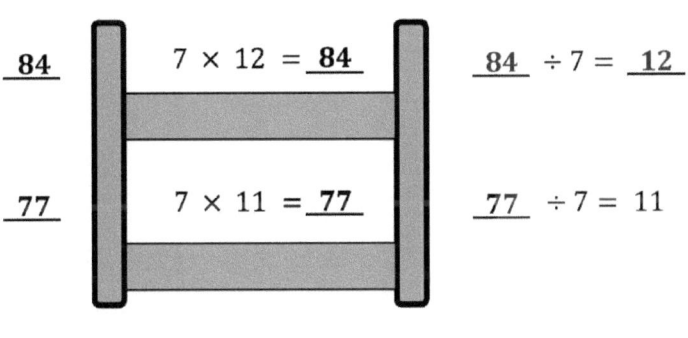

   $\underline{84}$ $\quad 7 \times 12 = \underline{\mathbf{84}} \quad$ $\underline{84} \div 7 = \underline{12}$

   $\underline{77}$ $\quad 7 \times 11 = \underline{\mathbf{77}} \quad$ $\underline{77} \div 7 = 11$

   > Je «grimpe» l'échelle en comptant par sept. Le décompte m'aide à trouver les produits des faits de multiplication. Je trouve d'abord la réponse au fait sur l'échelon le plus bas. J'enregistre la réponse dans l'équation et à gauche de l'échelle. Ensuite, j'ajoute sept à ma réponse pour trouver le chiffre suivant dans mon décompte. Le chiffre suivant dans mon compte est le produit du fait suivant sur l'échelle !

   > Une fois que j'ai trouvé le produit d'un fait en comptant par intervalles, je peux écrire le fait de division correspondant. Le total, ou le produit du fait de la multiplication, est divisé par 7. Le quotient représente le nombre de sept que j'ai compté par intervalles.

Nom _____   Date _____

1. Utilise les liaisons numériques pour t'aider à compter par sept en faisant une dizaine ou en additionnant aux unités.

a. 7 + 7 = __10__ + __4__ = _____
   / \
   3   4

b. 14 + 7 = _____ + _____ = _____
    / \
    6   1

c. 21 + 7 = _____ + _____ = _____
   / \
  20   1

d. 28 + 7 = _____ + _____ = _____
    / \
    2   5

e. 35 + 7 = _____ + _____ = _____
    / \
    5   2

f. 42 + 7 = _____ + _____ = _____

g. 49 + 7 = _____ + _____ = _____

h. 56 + 7 = _____ + _____ = _____

2. Compte par sept pour remplir les blancs. Ensuite, remplis l'équation de multiplication et utilise-la pour écrire le fait de division relatif directement à droite.

_____	7 × 10 = _____	_____ ÷ 7 = _____
_____	7 × 9 = _____	_____ ÷ 7 = _____
_____	7 × 8 = _____	_____ ÷ 7 = _____
49	7 × 7 = _____	_____ ÷ 7 = _____
_____	7 × 6 = _____	_____ ÷ 7 = _____
_____	7 × 5 = _____	_____ ÷ 7 = _____
28	7 × 4 = _____	_____ ÷ 7 = _____
_____	7 × 3 = _____	_____ ÷ 7 = _____
_____	7 × 2 = _____	_____ ÷ 7 = _____
7	7 × 1 = _____	_____ ÷ 7 = _____

1. Etiquette le diagramme en bande. Ensuite, remplis les blancs pour rendre les déclarations vraies.

$9 \times 8 =$

$(5 \times 8) =$ **40** $(\underline{\bf 4} \times 8) = 32$

8								

$9 \times 8 = (5 + \underline{\bf 4}) \times 8$
$= (5 \times 8) + (\underline{\bf 4} \times 8)$
$= 40 + \underline{\bf 32}$
$= \underline{\bf 72}$

> Je peux penser à 9 x 8 comme 9 huit et séparer les 9 huit en 5 huit et 4 huit. 5 huit égalent 40, et 4 huit égalent 32. Lorsque j'additionne ces nombres, je constate que 9 huit, ou 9 x 8, égale 72.

2. Décompose 49 pour résoudre $49 \div 7$.

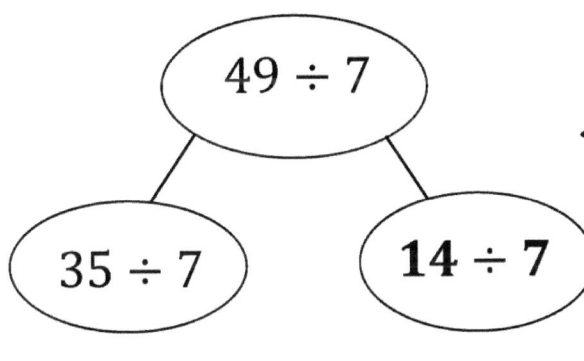

> Je peux utiliser la stratégie de séparation et de distribution pour diviser 49 en 35 et 14. Ce sont des chiffres qu'il est plus facile pour moi de diviser par 7. Je sais que 35 ÷ 7 = 5, et 14 ÷ 7 = 2, donc 49 ÷ 7 est égal à 5 + 2, soit 7.

$49 \div 7 = (35 \div 7) + (\underline{\bf 14} \div 7)$
$= 5 + \underline{\bf 2}$
$= \underline{\bf 7}$

Leçon 6 : Utiliser la propriété distributive comme stratégie pour multiplier et diviser en utilisant des unités de 6 et 7.

3. 48 élèves de 3e années s'asseyent en 6 rangées égales dans l'auditorium. Combien d'élèves y a-t-il dans chaque rangée ? Montre ton raisonnement.

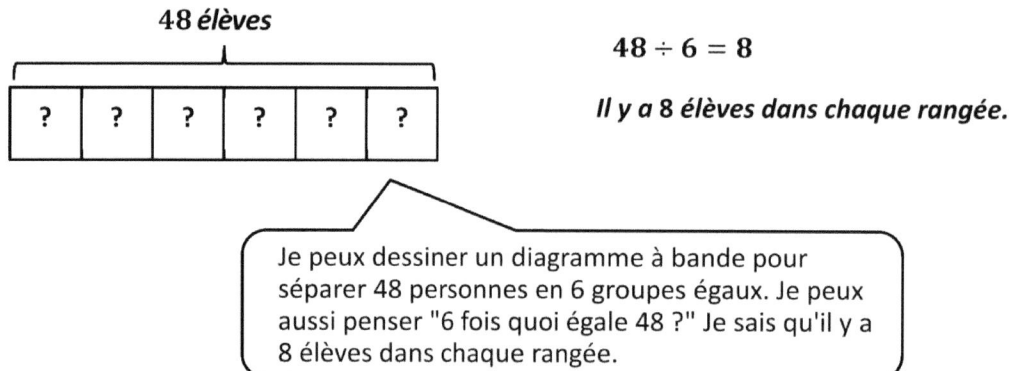

$48 \div 6 = 8$

Il y a 8 élèves dans chaque rangée.

Je peux dessiner un diagramme à bande pour séparer 48 personnes en 6 groupes égaux. Je peux aussi penser "6 fois quoi égale 48 ?" Je sais qu'il y a 8 élèves dans chaque rangée.

4. Ronaldo résout 6 x 9 en y pensant comme (5 x 9) + 9. A-t-il raison ? Explique la stratégie de Ronaldo.

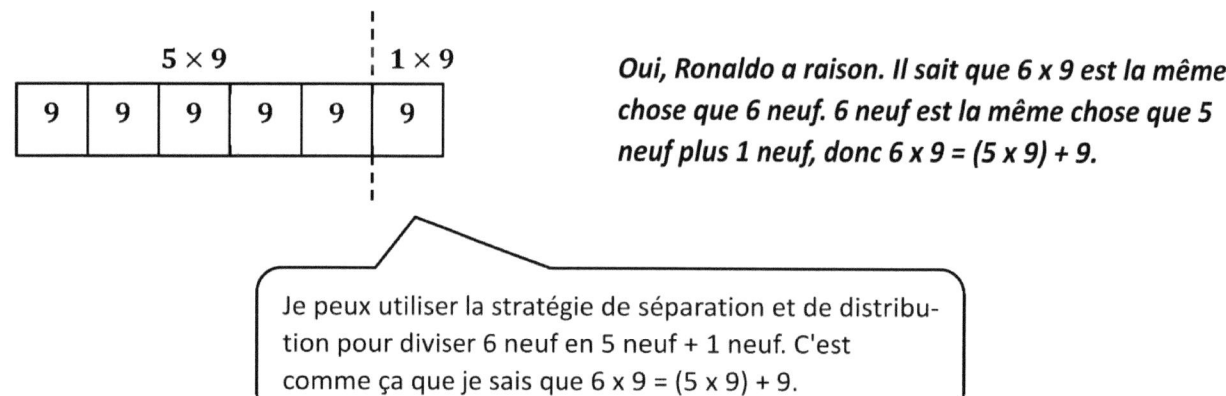

Oui, Ronaldo a raison. Il sait que 6 x 9 est la même chose que 6 neuf. 6 neuf est la même chose que 5 neuf plus 1 neuf, donc 6 x 9 = (5 x 9) + 9.

Je peux utiliser la stratégie de séparation et de distribution pour diviser 6 neuf en 5 neuf + 1 neuf. C'est comme ça que je sais que 6 x 9 = (5 x 9) + 9.

Nom _____   Date _____

1. Étiquette les diagrammes à bande. Ensuite, remplis les blancs pour rendre les déclarations vraies.

a. **6 × 7** = _____

(5 × 7) = ____   (____ × 7) = ____

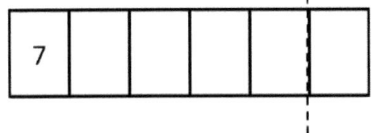

(**6 × 7**) = (5 + 1) × 7
= (5 × 7) + (1 × 7)
= __35__ + _____
= _____

b. **7 × 7** = _____

(5 × 7) = ____   (____ × 7) = ____

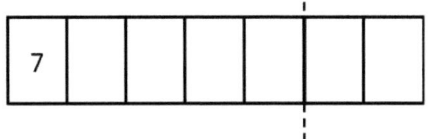

(**7 × 7**) = (5 + 2) × 7
= (5 × 7) + (2 × 7)
= __35__ + _____
= _____

c. **8 × 7** = _____

(5 × 7) = ____   (____ × 7) = ____

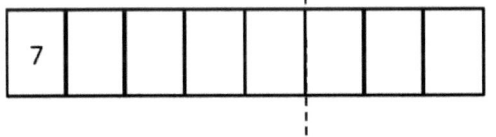

8 × 7 = (5 + ____) × 7
= (5 × 7) + (____ × 7)
= __35__ + _____
= _____

d. **9 × 7** = _____

(5 × 7) = ____   (____ × 7) = ____

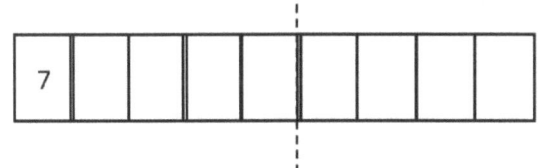

9 × 7 = (5 + ____) × 7
= (5 × 7) + (____ × 7)
= __35__ + _____
= _____

Leçon 6 : Utiliser la propriété distributive comme stratégie pour multiplier et diviser en utilisant des unités de 6 et 7.

2. Décompose 54 pour résoudre 54 ÷ 6.

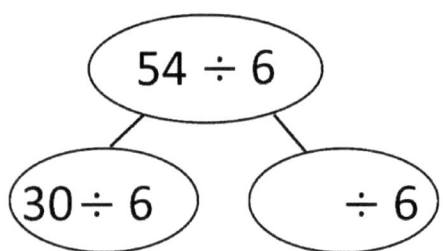

54 ÷ 6 = (30 ÷ 6) + (_____ ÷ 6)

= 5 + _____

= _____

3. Décompose 56 pour résoudre 56 ÷ 7

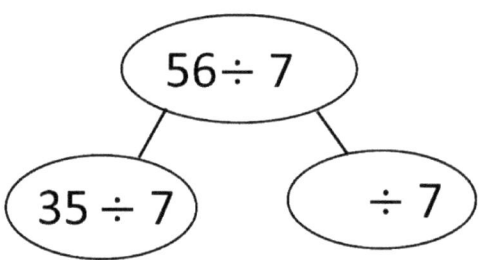

56 ÷ 7 = (____ ÷ ____) + (____ ÷ ____)

= 5 + _____

= _____

4. Quarante-deux élèves de 3e année s'asseyent en 6 rangées égales dans l'auditorium. Combien d'élèves y a-t-il dans chaque rangée ? Montre ton raisonnement.

5. Ronaldo résout 7 x 6 en y pensant comme (5 x 7) + 7. A-t-il raison ? Explique la stratégie de Ronaldo.

1. Relie les mots sur la flèche à l'équation correcte sur la cible.

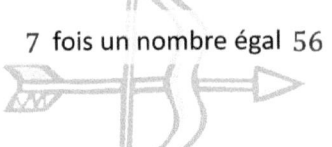
7 fois un nombre égal 56

$42 \div n = 6$

Les équations utilisent *n* pour représenter le nombre inconnu. Lorsque je lis attentivement les mots à gauche, je peux choisir la bonne équation à droite.

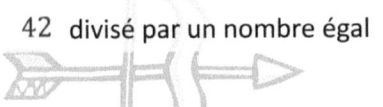
42 divisé par un nombre égal 6

$7 \times n = 56$

2. Ari vend 7 boites de stylo à la boutique de l'école.
   a. Chaque boite de stylo coûte 6 $. Dessine un diagramme en bande et étiquette la somme d'argent totale qu'Ari se fait en tant que m dollars. Écris une équation et résous pour m.

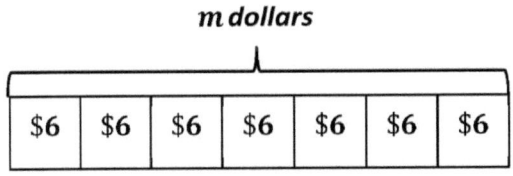

$7 \times 6 = m$

$m = 42$

Ari gagne $42 en vendant des stylos.

J'utilise la lettre m pour représenter l'argent que gagne Ari. Une fois que j'aurai trouvé la valeur de m, je saurai combien d'argent Ari gagne en vendant des stylos.

Leçon 7 : Interpréter l'inconnue dans les problèmes de multiplication et de division pour modeler et résoudre en utilisant des unités de 6 et 7.

b. Chaque boite contient 8 stylos. Dessine un diagramme en bande et étiquette le nombre total de stylo comme p. Ecris une équation et résous pour p.

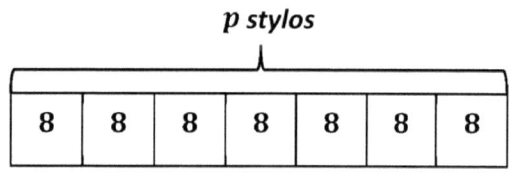

$7 \times 8 = p$

$p = 56$

Ari vend 56 stylos.

> Je peux toujours utiliser un diagramme à bande pour montrer les 7 boîtes de stylos qu'Ari vend, mais cette fois, j'utiliserai la lettre p pour représenter le nombre total de stylos. Comme il y a 8 stylos dans chaque boîte, je sais que la valeur de p est de 56.

3. M. Lucas sépare 30 élèves en 6 groupes égaux pour un projet. Dessine un diagramme en bande et étiquette le nombre d'élèves dans chaque groupe comme n. Ecris une équation, et résous pour n.

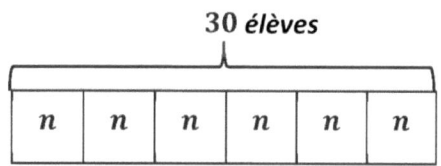

$30 \div 6 = n$

$6 \times n = 30$

$n = 5$

Il y a 5 élèves dans chaque groupe.

> Je sais que 30 élèves sont répartis en 6 groupes égaux, je dois donc résoudre 30 ÷ 6 pour savoir combien d'élèves se trouvent dans chaque groupe. Je vais utiliser la lettre n pour représenter l'inconnu. Pour le résoudre, je peux considérer cela comme une division ou un problème de facteur inconnu.

Nom _____   Date _____

1. Relie les mots sur la flèche à l'équation correcte sur la cible.

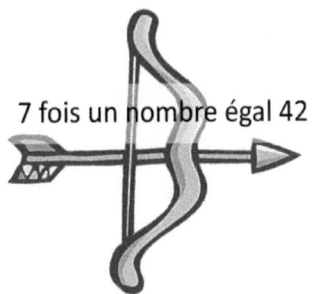
7 fois un nombre égal 42

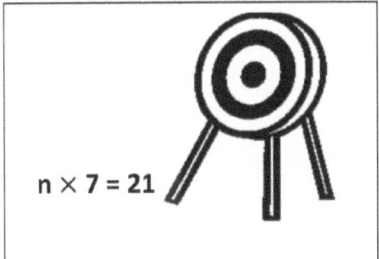
$n \times 7 = 21$

63 divisé par un nombre égal 9

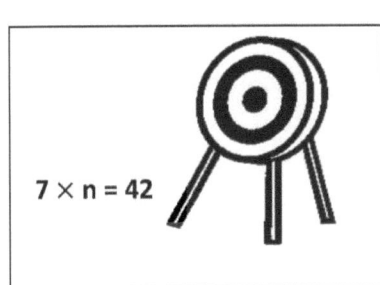
$7 \times n = 42$

36 divisé par un nombre égal 6

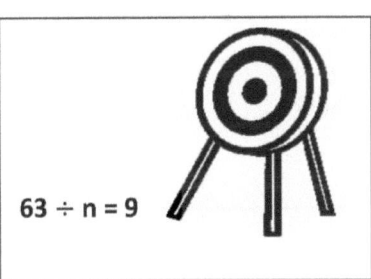
$63 \div n = 9$

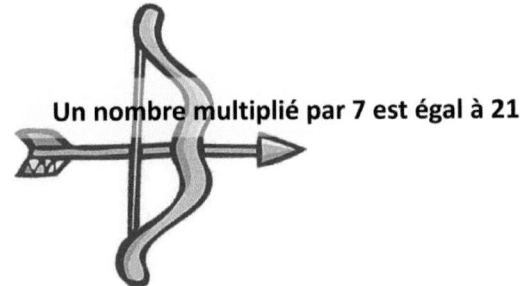
Un nombre multiplié par 7 est égal à 21

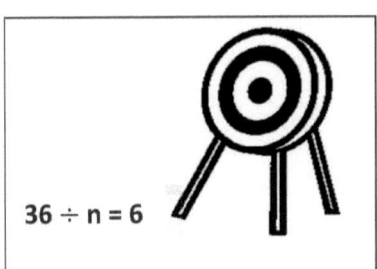
$36 \div n = 6$

2. Ari vend 6 boites de stylos dans la boutique de l'école.

   a. Chaque boite de stylo coûte 7 $. Dessine un diagramme en bande et étiquette la somme totale d'argent qu'Ari se fait en tant que m. Écris une équation et résous pour m.

   b. Chaque boite contient 6 stylos. Dessine un diagramme et étiquette le nombre total de stylo comme p. Écris une équation et résous pour p.

3. M. Lucas sépare 28 élèves en 7 groupes égaux pour un projet. Dessine un diagramme à bandes et indique le nombre d'élèves dans chaque groupe comme n. Écris une équation et résous pour n.

UNE HISTOIRE D'UNITÉS   Leçon 8 Aide aux devoirs   3•3

1. Résoudre.

   a. $9 - (6 + 3) =$ __0__

   Je sais que les parenthèses signifient que je dois d'abord ajouter 6 + 3. Je peux ensuite soustraire cette somme de 9.

   b. $(9 - 6) + 3 =$ __6__

   Je sais que les parenthèses signifient que je dois d'abord soustraire 9 - 6. Ensuite, je peux en ajouter 3. Les numéros des parties (a) et (b) sont les mêmes, mais les réponses sont différentes en raison de l'endroit où sont placées les parenthèses.

2. Utilise des parenthèses pour rendre les équations vraies.

   a. $13 = 3 + (5 \times 2)$

   Je peux mettre des parenthèses autour de 5 x 2. Cela signifie que je multiplie d'abord 5 x 2, ce qui égale 10, puis j'ajoute 3 pour obtenir 13.

   b. $16 = (3 + 5) \times 2$

   Je peux mettre des parenthèses autour de 3 + 5. Cela signifie que j'ajoute d'abord 3 + 5, ce qui égale 8, puis je multiplie par 2 pour obtenir 16.

3. Détermine si l'équation est vraie ou fausse.

   | a. $(4 + 5) \times 2 = 18$ | Vrai |
   | b. $5 = 3 + (12 \div 3)$ | Faux |

   Je sais que la partie (a) est vraie parce que je peux additionner 4 + 5, ce qui égale 9. Je peux alors multiplier 9 x 2 pour obtenir 18.

   Je sais que la partie (b) est fausse car je peux diviser 12 par 3, ce qui égale 4. Ensuite, je peux ajouter 4 + 3. 4 + 3 égale 7, pas 5.

Leçon 8 : Comprendre la fonction des parenthèses et appliquer pour résoudre des problèmes.

4. Julie dit que la réponse à 16 + 10 - 3 est 23, peu importe où elle met les parenthèses. Êtes-vous d'accord ?

$$(16 + 10) - 3 = 23 \qquad\qquad 16 + (10 - 3) = 23$$

Je suis d'accord avec Julie. Je mets les parenthèses autour de 16 + 10 et, lorsque je résous l'équation, j'obtiens 23 car 26 -3 = 23. Ensuite, je déplace les parenthèses et je les mets autour de 10 - 3. Lorsque j'ai calculé 10 - 3, j'ai toujours obtenu 23 car 16 + 7 = 23. Même comme j'ai déplacé les parenthèses, la réponse n'a pas changé !

Nom _____   Date _____

1. Résoudre.

   a. 9 − (6 + 3) = _____

   b. (9 − 6) + 3 = _____

   c. _____ = 14 − (4 + 2)

   d. _____ = (14 − 4) + 2

   e. _____ = (4 + 3) × 6

   f. _____ = 4 + (3 × 6)

   g. (18 ÷ 3) + 6 = _____

   h. 18 ÷ (3 + 6) = _____

2. Utilise des parenthèses pour rendre les équations vraies.

   a. 14 − 8 + 2 = 4

   b. 14 − 8 + 2 = 8

   c. 2 + 4 × 7 = 30

   d. 2 + 4 × 7 = 42

   e. 12 = 18 ÷ 3 × 2

   f. 3 = 18 ÷ 3 × 2

   g. 5 = 50 ÷ 5 × 2

   h. 20 = 50 ÷ 5 × 2

Leçon 8 : Comprendre la fonction des parenthèses et appliquer pour résoudre des problèmes.

3. Détermine si l'équation est vraie ou fausse

a. $(15 - 3) \div 2 = 6$	*Exemple* : vrai
b. $(10 - 7) \times 6 = 18$	
c. $(35 - 7) \div 4 = 8$	
d. $28 = 4 \times (20 - 13)$	
e. $35 = (22 - 8) \div 5$	

4. Jerome trouve que $(3 \times 6) \div 2$ et $18 \div 2$ sont égaux. Explique pourquoi c'est vrai.

5. Place les parenthèses dans l'équation ci-dessous afin de résoudre en trouvant la différence entre 28 et 3. Écris la réponse.

$$4 \times 7 - 3 = \underline{\qquad}$$

6. Johnny dit que la réponse à $2 \times 6 \div 3$ est 4, peu importe où il met les parenthèses. Es-tu d'accord ? Place les parenthèses autour de différents nombres pour t'aider à expliquer son raisonnement.

1. Utilise la matrice pour compléter l'équation.

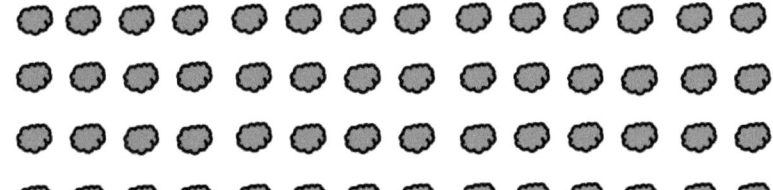

a. $4 \times 14 = \underline{56}$

Je peux utiliser la matrice pour compter par 4 pour trouver le produit.

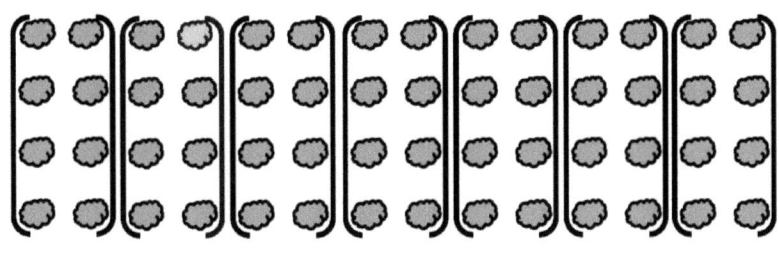

b. $(4 \times \underline{2}) \times 7$
$= \underline{8} \times \underline{7}$
$= \underline{56}$

La matrice montre qu'il y a 7 groupes de 4 x 2.

J'ai réécrit 14 comme 2 x 7. Ensuite, j'ai déplacé les parenthèses pour faire l'équation (4 x 2) x 7. Je peux multiplier 4 x 2 pour obtenir 8. Je peux alors multiplier 8 x 7 pour obtenir 56. Réécrire 14 en 2 x 7 a rendu le problème plus facile à résoudre !

2. Place la parenthèse dans les équations pour simplifier et résoudre.

$3 \times 21 = 3 \times (3 \times 7)$
$ = (3 \times 3) \times 7$ $\Big] = \underline{63}$
$ = \underline{9} \times 7$

Je peux mettre les parenthèses autour de 3 x 3 et ensuite multiplier. 3 x 3 égale 9. Je peux maintenant résoudre le fait plus facile de la multiplication, 9 x 7.

Leçon 9 : Modeler la propriété associative comme stratégie de multiplication.

3. Résoudre. Ensuite, relier les équations relatives.

   a. $24 \times 3 = \underline{\ 72\ } = $ — $9 \times (3 \times 2)$

   b. $27 \times 2 = \underline{\ 54\ } = $ — $8 \times (3 \times 3)$

   > Je peux penser que 27, c'est 9 x 3. Ensuite, je peux déplacer les parenthèses pour faire la nouvelle expression 9 x (3 x 2). 3 x 2 = 6, et 9 x 6 = 54, alors 27 X 2 = 54.

   > Je peux penser à 24 comme 8 x 3. Ensuite, je peux déplacer les parenthèses pour faire la nouvelle expression 8 x (3 x 3). 3 x 3 = 9, et 8 x 9 = 72, donc 24 x 3 = 72.

Nom _____   Date _____

1. Utilise la matrice pour compléter l'équation.

a. $3 \times 16 = $ _____

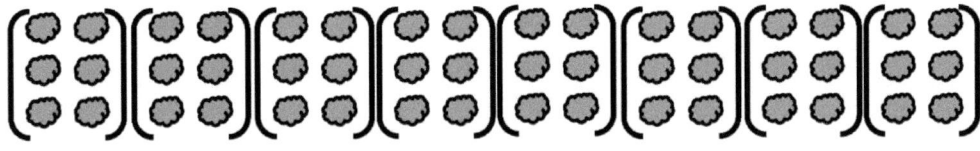

b. $(3 \times $ ____ $) \times 8$

= ____ × ____

= ____

c. $4 \times 18 = $ _____

d. $(4 \times $ ____ $) \times 9$

= ____ × ____

= ____

UNE HISTOIRE D'UNITÉS   Leçon 9 Devoirs   3•3

2. Place la parenthèse dans les équations pour simplifier et résoudre.

$12 \times 4 = (6 \times 2) \times 4$
$ = 6 \times (2 \times 4)$ $= \underline{\ 48\ }$
$ = 6 \times \underline{\ 8\ }$

a. $3 \times 14 = 3 \times (2 \times 7)$
$ = 3 \times 2 \times 7$ $= \underline{\ \ \ \ }$
$ = \underline{\ \ \ } \times 7$

b. $3 \times 12 = 3 \times (3 \times 4)$
$ = 3 \times 3 \times 4$ $= \underline{\ \ \ \ }$
$ = \underline{\ \ \ } \times 4$

3. Résoudre. Ensuite, relier les équations relatives.

a. $20 \times 2 = \underline{\ 40\ } =$ $6 \times (5 \times 2)$

b. $30 \times 2 = \underline{\ \ \ \ } =$ $8 \times (5 \times 2)$

c. $35 \times 2 = \underline{\ \ \ \ } =$ $4 \times (5 \times 2)$

d. $40 \times 2 = \underline{\ \ \ \ } =$ $7 \times (5 \times 2)$

Leçon 9 :   Modeler la propriété associative comme stratégie de multiplication.

UNE HISTOIRE D'UNITÉS Leçon 10 Aide aux devoirs 3•3

1. Étiquette la matrice. Ensuite, remplis les blancs pour faire des déclarations correctes.

    $8 \times 6 = 6 \times 8 =$ __48__

    $(6 \times 5) =$ __30__ $(6 \times$ __3__ $) =$ __18__

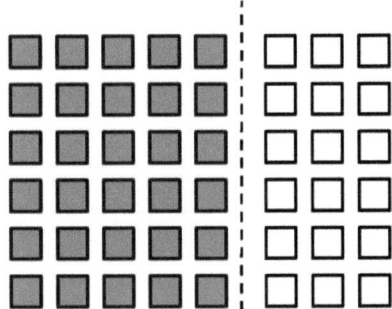

Je peux utiliser la matrice pour m'aider à remplir les blancs. La matrice montre 8 divisé en 5 et 3. La partie ombragée montre 6 x 5 = 30, et la partie non ombragée montre 6 x 3 = 18. Je peux additionner les produits des petites matrices pour trouver le total de toute la matrice. 30 + 18 = 48, alors 8 x 6 = 48.

$$8 \times 6 = 6 \times (5 + \underline{3})$$
$$= (6 \times 5) + (6 \times \underline{3})$$
$$= 30 + \underline{18}$$
$$= \underline{48}$$

Les équations montrent le même travail que celui que je viens de faire avec la matrice.

2. Décompose et distribue pour résoudre $64 \div 8$.

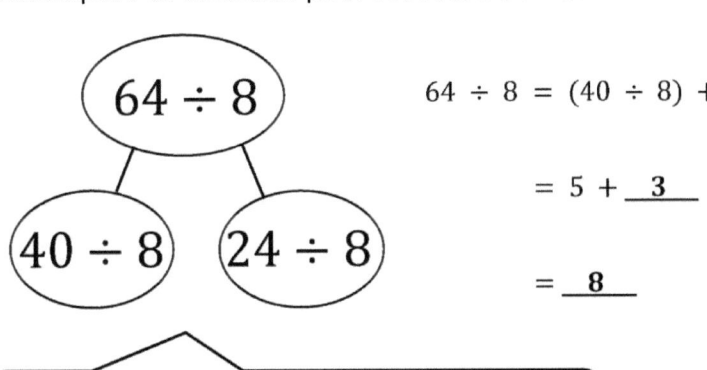

$64 \div 8 = (40 \div 8) + ($ __24__ $\div 8)$

$= 5 +$ __3__

$=$ __8__

En séparant 64 en 40 et 24, je peux résoudre les faits plus faciles de la division 40 ÷ 8 et 24 ÷ 8. Je peux ensuite ajouter les quotients pour résoudre 64 ÷ 8.

Je peux utiliser une liaison numérique au lieu d'une matrice pour montrer comment séparer 64 ÷ 8.

Leçon 10 : Utiliser la propriété distributive comme stratégie pour multiplier et diviser.

3. Compte par 8. Ensuite, relie chaque problème de multiplication à sa valeur.

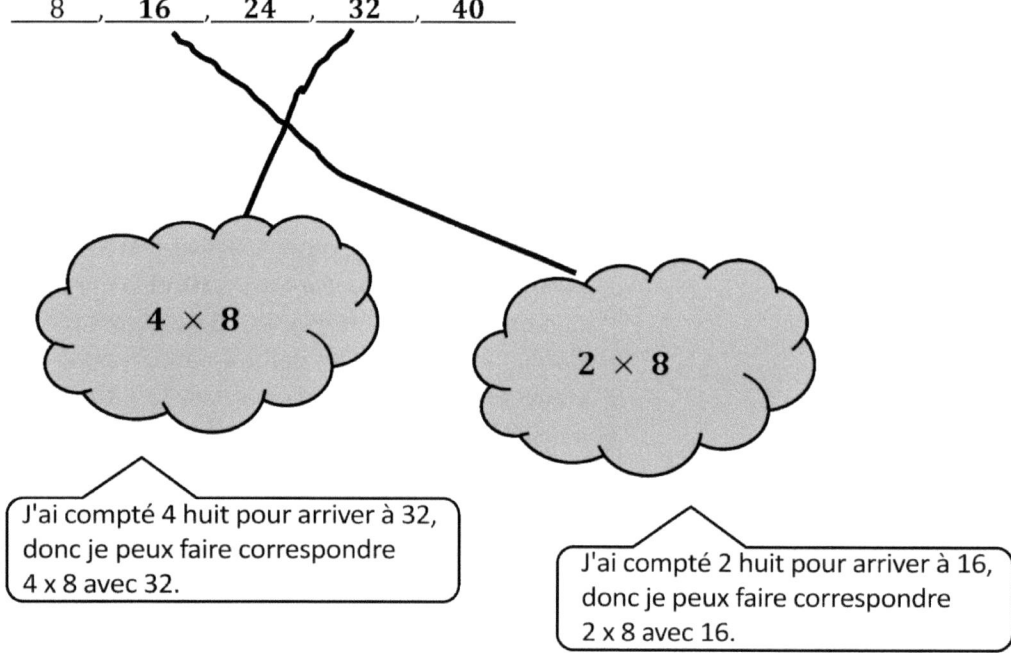

__8__ , __16__ , __24__ , __32__ , __40__

4 × 8

2 × 8

J'ai compté 4 huit pour arriver à 32, donc je peux faire correspondre 4 x 8 avec 32.

J'ai compté 2 huit pour arriver à 16, donc je peux faire correspondre 2 x 8 avec 16.

Nom _____ Date _____

1. Étiquette la matrice. Ensuite, remplis les blancs pour faire des déclarations correctes.

    8 × 7 = 7 × 8 = _____

    (7 × 5) = _____   (7 × _____) = _____

    8 × 7 = 7 × (5 + _____)
     = (7 × 5) + (7 × _____)
     = __35__ + _____
     = _____

2. Décompose et distribue pour résoudre 72 ÷ 8.

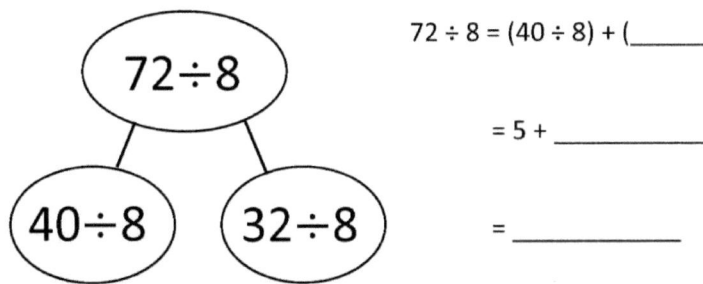

3. Compte par 8. Ensuite, relie chaque problème de multiplication avec sa valeur.

___8___, _____, _____, _____, _____, _____, _____, _____, _____

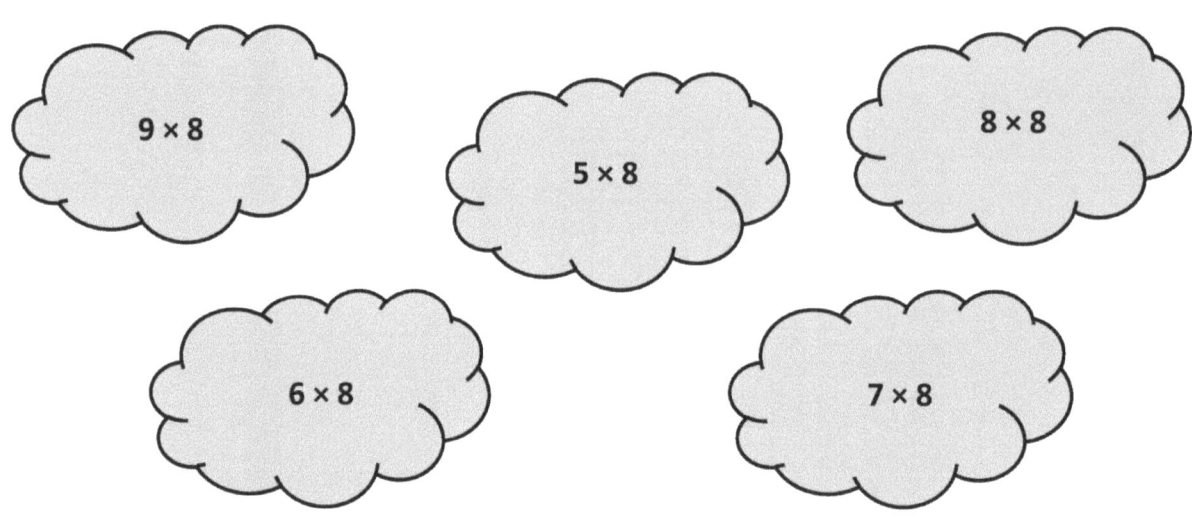

4. Divise.

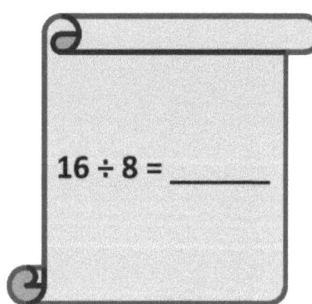
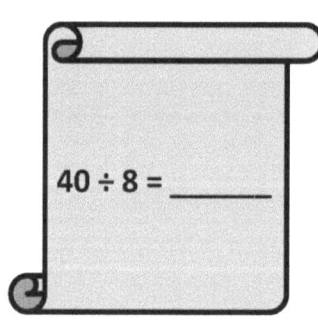
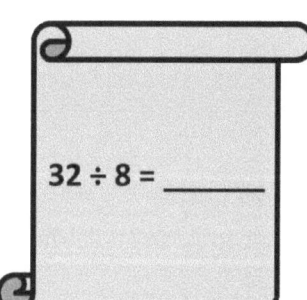

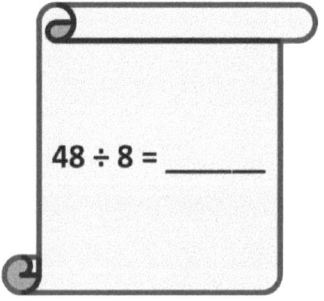
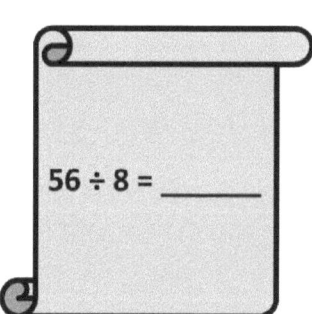
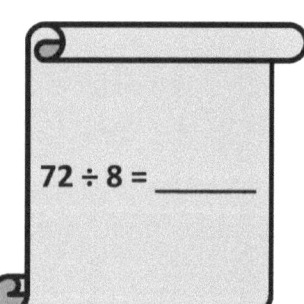

UNE HISTOIRE D'UNITÉS — Leçon 11 Aide aux devoirs — 3•3

1. Il y a 8 crayons dans une boite. Corey achète 3 boites. Il donne un nombre égal de crayons à 4 amis. Combien de crayon chaque ami a-t-il reçu ?

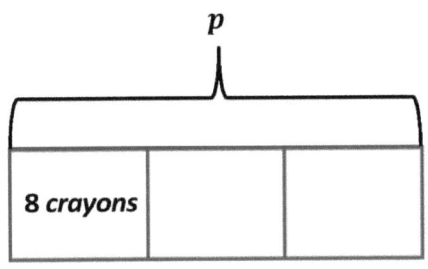

Je peux dessiner un diagramme à bandes pour m'aider à résoudre. Je sais que le nombre de groupes est de 3, et que la taille de chaque groupe est de 8. Je dois résoudre pour le nombre total de crayons. Je peux utiliser la lettre p pour représenter l'inconnu.

$3 \times 8 = p$

$p = 24$

Je peux multiplier 3 x 8 pour trouver le nombre total de crayons que Corey achète. Maintenant, je dois déterminer combien de crayons chaque ami reçoit.

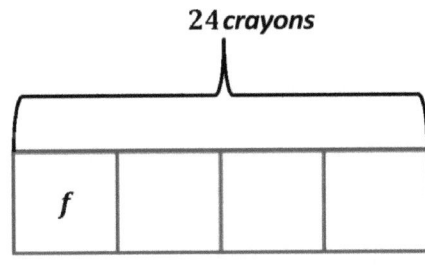

Je peux dessiner un diagramme sur bande avec 4 unités pour représenter les 4 amis. Je sais que le total est de 24 crayons. Je dois trouver une solution en fonction de la taille de chaque groupe. Je peux utiliser la lettre f pour représenter l'inconnu.

$24 \div 4 = f$

$f = 6$

Je peux diviser 24 par 4 pour trouver le nombre de crayons que chaque ami reçoit.

Chaque ami reçoit 6 crayons.

Leçon 11 : Interpréter l'inconnue dans les problèmes de multiplication et de division pour modeler et résoudre des problèmes.

2. Lilly gagne 7 $ pour chaque heure de babysitting. Elle fait du babysitting pendant 8 heures. Lilly utilise l'argent du babysitting pour acheter un jouet. Après avoir acheté le jouet, il lui reste 39 $. Quelle somme Lilly a-t-elle dépensé pour le jouet ?

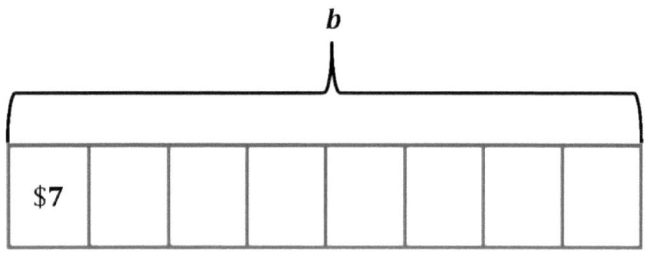

$8 \times \$7 = b$

$b = \$56$

Je peux multiplier 8 x $7 pour trouver le montant total de l'argent que Lilly gagne en faisant du baby-sitting. Maintenant, je dois déterminer combien d'argent elle a dépensé pour le jouet.

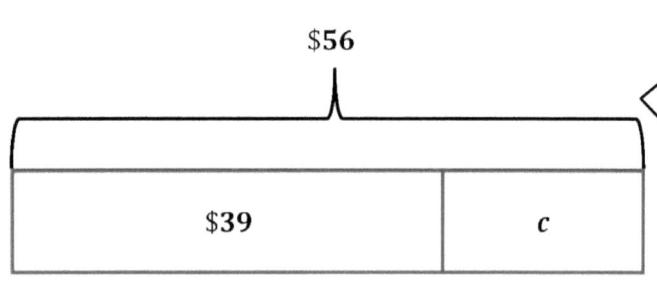

Je peux dessiner un diagramme à bande en deux parties et un total de 56 dollars. Une partie représente la somme d'argent qu'il reste à Lilly, soit $39. L'autre partie est l'inconnu et représente la somme d'argent que Lilly a dépensée pour le jouet. Je peux utiliser la lettre c pour représenter l'inconnu.

$\$56 - \$39 = c$

Je peux soustraire $56 - $39 pour trouver la somme d'argent que Lilly a dépensée pour le jouet.

$\$57 - \$40 = \$17$

$c = \$17$

Je peux utiliser la compensation pour soustraire en utilisant le calcul mental. Je le fais en ajoutant 1 à chaque nombre, ce qui me permet de résoudre plus facilement le problème.

$$\begin{array}{r} {}^{4}\cancel{5}{}^{16}\cancel{6} \\ -\$\ 3\ 9 \\ \hline \$\ 1\ 7 \end{array}$$

Ou je peux utiliser l'algorithme standard pour la soustraction.

Lilly a dépensé 17 dollars pour le jouet.

Nom _____ Date _____

1. Jenny a préparé 10 cookies. Elle met 7 pépites de chocolat sur chaque cookie. Dessine un diagramme en bande et étiquette la quantité totale de pépites de chocolat comme c. Écris une équation et résous pour c.

2. M. Lopez classe 48 marqueurs effaçables à sec en 8 groupes égaux pour ses stations de mathématiques. Dessine un diagramme en bande et étiquette le nombre de marqueurs effaçables à sec dans chaque groupe comme v. Écris une équation et résous pour v.

3. Il y a 35 ordinateurs dans le laboratoire. Cinq élèves éteignent chacun le même nombre d'ordinateurs. Combien d'ordinateur chaque élève a-t-il éteint ? Etiquette l'inconnu comme m et résous.

4. Il y a 9 corbeilles de livres. Chaque corbeille contient 6 bandes dessinées. Combien de bandes dessinées y a-t-il au total ?

5. Il y a 8 sacs de fruits secs dans une boite. Clarissa achète 5 boites. Elle donne un nombre égal de sacs de fruits secs à 4 amis. Combien de sacs de fruits secs reçoit chaque ami ?

6. Leo gagne 8 $ chaque semaine pour avoir fait des corvées. Après 7 semaines, il achète un cadeau et il lui reste 38 $. Quelle somme a-t-il dépensé pour le cadeau ?

1. Chacun 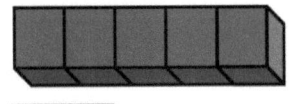 a une valeur de 9. Trouve la valeur de chaque rangée. Ensuite, additionne les rangées pour trouver le total.

   $7 \times 9 =$ __63__

   $5 \times 9 = 45$

   __2__ $\times 9 =$ __18__

   > Je sais que chaque cube a une valeur de 9. Les 2 rangées de cubes montrent 7 neuf séparés en 5 neuf et 2 neuf. Il s'agit de la stratégie de séparation et de distribution en utilisant les cinq faits familiers.

   $7 \times 9 = (5 + \underline{2}) \times 9$
   $= (5 \times 9) + (\underline{2} \times 9)$
   $= 45 + \underline{18}$
   $= \underline{63}$

   > Pour ajouter 45 et 18, je vais simplifier en prenant 2 de 45. Je vais ajouter le 2 à 18 pour en faire 20. Alors je peux considérer que le problème est 43 + 20.

2. Trouve la valeur totale des blocs ombrés.

   $9 \times 7 =$

   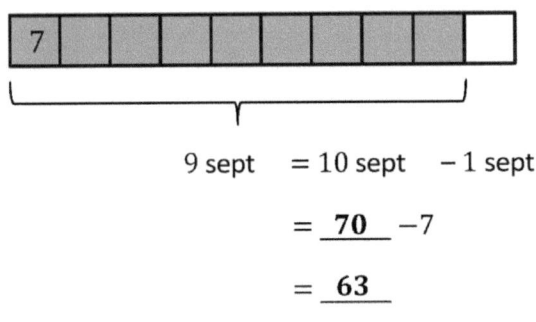

   9 sept = 10 sept − 1 sept
   = __70__ − 7
   = __63__

   > Cela montre une autre façon de résoudre le problème. Je peux considérer que 7 neuf, c'est 9 sept. 9 est plus proche de 10 que de 5. Au lieu d'utiliser un fait de cinq, je peux donc utiliser un fait de dizaine pour résoudre. Je prends le produit de 10 sept et je soustrais 1 sept.

   > Cette stratégie a rendu les mathématiques plus simples et plus efficaces. Je peux calculer 70 − 7 rapidement dans ma tête !

Leçon 12 : Appliquer la propriété distributive et le fait 9 = 10 − 1 comme une stratégie pour multiplier.

3. James achète un paquet de cartes de baseball. Il compte 9 rangées de 6 cartes. Il pense à 10 groupes de six. Montre la stratégie que James aurait pu utiliser pour trouver le nombre total de cartes de baseball.

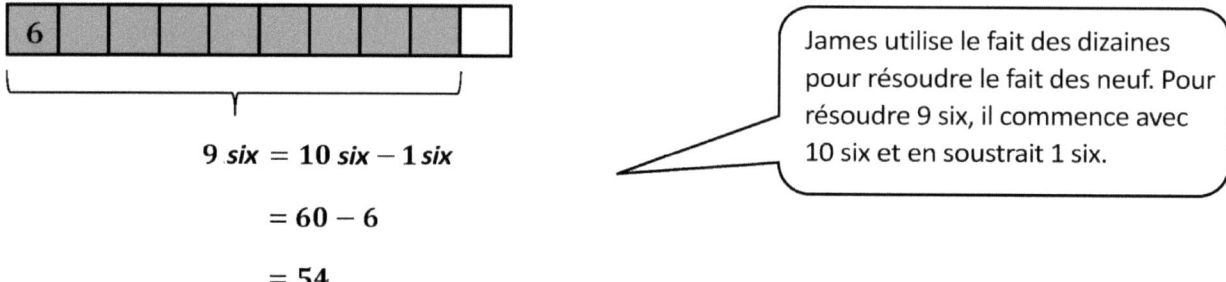

$9 \text{ six} = 10 \text{ six} - 1 \text{ six}$

$= 60 - 6$

$= 54$

James utilise le fait des dizaines pour résoudre le fait des neuf. Pour résoudre 9 six, il commence avec 10 six et en soustrait 1 six.

James a acheté 54 cartes de baseball.

Nom _____ Date _____

1. Trouve la valeur de chaque rangée. Ensuite, additionne les rangées pour trouver le total.

a. Chaque ▢ a une valeur de 6.

9 × 6 = _____

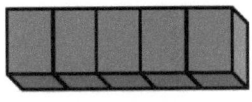 5 × 6 = 30

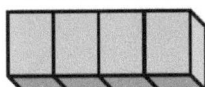 4 × 6 = _____

9 × 6 = (5 + 4) × 6
= (5 × 6) + (4 × 6)
= 30 + _____
= _____

b. Chaque ▢ a une valeur de 7.

9 × 7 = _____

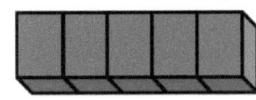 5 × 7 = _____

 _____ × 7 = _____

9 × 7 = (5 + _____) × 7
= (5 × 7) + (_____ × 7)
= 35 + _____
= _____

c. Chaque ▢ a une valeur de 8.

9 × 8 = _____

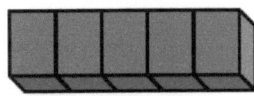 5 × 8 = _____

 _____ × 8 = _____

9 × 8 = (5 + _____) × 8
= (5 × 8) + (_____ × _____)
= 40 + _____
= _____

d. Chaque ▢ a une valeur de 9.

9 × 9 = _____

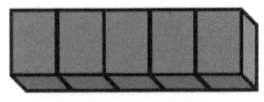 5 × 9 = _____

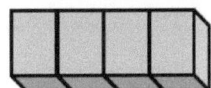 _____ × 9 = _____

9 × 9 = (5 + _____) × 9
= (5 × 9) + (_____ × _____)
= 45 + _____
= _____

Leçon 12 : Appliquer la propriété distributive et le fait 9 = 10 - 1 comme une stratégie pour multiplier.

2. Associe.

a. **9 cinq** = 10 cinq − 1 cinq

   = 50 − 5

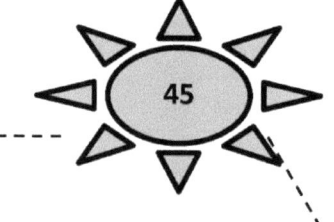

 9 × 7

b. **9 six** = 10 six − 1 six

   = _____ − 6

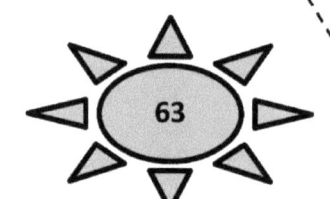

9 × 6

c. **9 sept** = 10 sept − 1 sept

   = _____ − 7

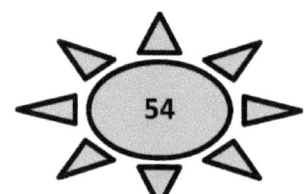

 9 × 5

d. **9 huit** = 10 huit − 1 huit

   = _____ − 8

 9 × 9

e. **9 neuf** = 10 neuf − 1 neuf

   = _____ − _____

 9 × 4

f. **9 quatre** = 10 quatre − 1 quatre

   = _____ − _____

 9 × 8

UNE HISTOIRE D'UNITÉS — Leçon 13 Aide aux devoirs 3•3

1. Complète pour faire des déclarations correctes.

    a. 10 de plus que 0 égale __10__,
       1 de moins est __9__.
       $1 \times 9 = $ __9__

    > Ces déclarations montrent une stratégie de simplification pour le comptage par neuf. Il s'agit d'un schéma qui consiste à ajouter 10 puis à soustraire 1.

    b. 10 de plus que 9 est __19__
       1 de moins est __18__.
       $2 \times 9 = $ __18__

    > Je remarque un autre modèle ! Je compare les chiffres à la place des unités et des dizaines des multiples. Je peux voir que d'un multiple à l'autre, le chiffre à la place des dizaines augmente de 1, et le chiffre à la place des unités diminue de 1.

    c. 10 de plus que 18 est __28__,
       1 de moins que __27__.
       $3 \times 9 = $ __27__

2.
    a. Analyse la stratégie de comptage par groupe dans le problème 1. Quel est le modèle ?

    Le modèle est d'additionner 10 puis de soustraire 1.

    Pour obtenir un fait de neuf, tu dois additionner 10 et ensuite soustraire 1.

    b. Utilise le modèle pour trouver les 2 prochains faits. Montre ton travail.

    $4 \times 9 =$
    $27 + 10 = 37$
    $37 - 1 = 36$
    $4 \times 9 = 36$

    $5 \times 9 =$
    $36 + 10 = 46$
    $46 - 1 = 45$
    $5 \times 9 = 45$

    > Je peux vérifier mes réponses en ajoutant les chiffres de chaque multiple. Je sais que les multiples de 9 que j'ai appris ont une somme de chiffres égale à 9. Si la somme n'est pas égale à 9, j'ai fait une erreur. Je sais que 36 est correct parce que 3 + 6 = 9. Je sais que 45 est correct parce que 4 + 5 = 9.

    Leçon 13 : Identifier et utiliser les modèles arithmétiques pour multiplier.

Nom _____   Date _____

1. a. Compte par neuf en ordre décroissant à partir de 90.

   __90__, _____, __72__, _____, _____, _____, __36__, _____, _____, _____

   b. Regarde la place des *dizaines* dans le compte. Quel est le modèle ?

   c. Regarde la place des *unités* dans le compte. Quel est le modèle ?

2. Chaque équation contient une lettre représentant l'inconnue. Trouve la valeur de chaque inconnue.

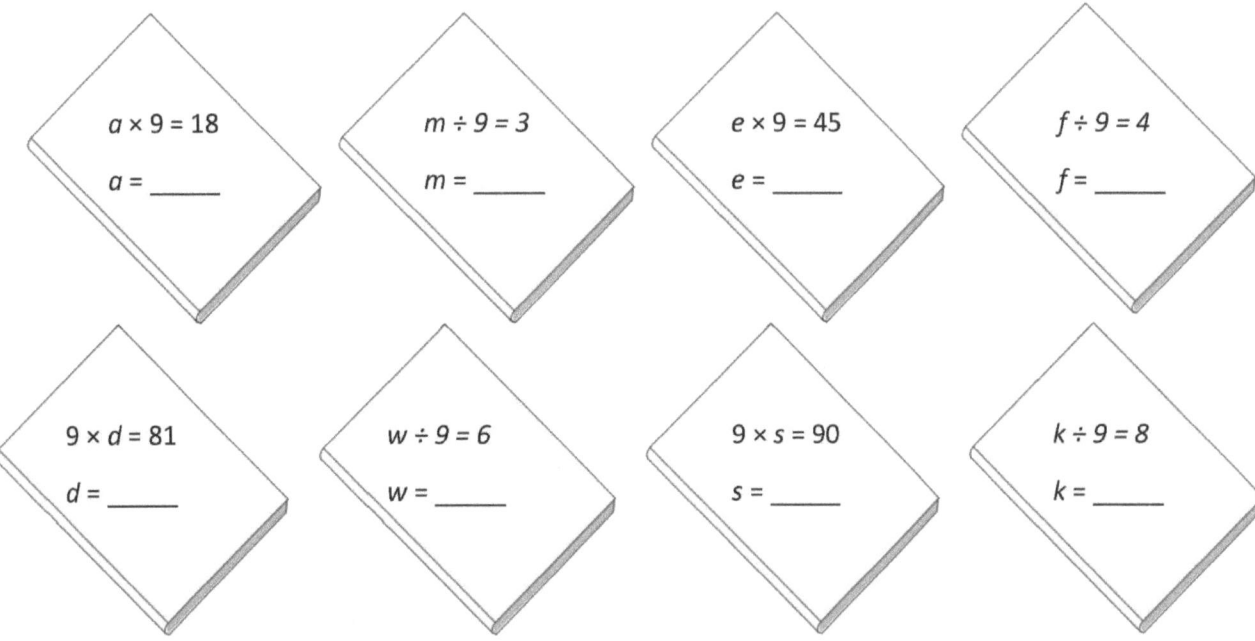

$a \times 9 = 18$

$a =$ _____

$m \div 9 = 3$

$m =$ _____

$e \times 9 = 45$

$e =$ _____

$f \div 9 = 4$

$f =$ _____

$9 \times d = 81$

$d =$ _____

$w \div 9 = 6$

$w =$ _____

$9 \times s = 90$

$s =$ _____

$k \div 9 = 8$

$k =$ _____

Leçon 13 : Identifier et utiliser les modèles arithmétiques pour multiplier.

3. Résoudre.

   a. Qu'est-ce que 10 de plus que 0 ? ____
      Quel est 1 de moins ? ____
      $1 \times 9 =$ ____

   b. Qu'est-ce que 10 de plus que 9 ? ____
      Quel est 1 de moins ? ____
      $2 \times 9 =$ ____

   c. Qu'est-ce que 10 de plus que 18 ? ____
      Quel est 1 de moins ? ____
      $3 \times 9 =$ ____

   d. Qu'est-ce que 10 de plus que 27 ? ____
      Quel est 1 de moins ? ____
      $4 \times 9 =$ ____

   e. Qu'est-ce que 10 de plus que 36 ? ____
      Quel est 1 de moins ? ____
      $5 \times 9 =$ ____

   f. Qu'est-ce que 10 de plus que 45 ? ____
      Quel est 1 de moins ? ____
      $6 \times 9 =$ ____

   g. Quel est 10 de plus que 54 ? ____
      Quel est 1 de moins ? ____
      $7 \times 9 =$ ____

   h. Qu'est-ce que 10 de plus que 63 ? ____
      Quel est 1 de moins ? ____
      $8 \times 9 =$ ____

   i. Qu'est-ce que 10 de plus que 72 ? ____
      Quel est 1 de moins ? ____
      $9 \times 9 =$ ____

   j. Qu'est-ce que 10 de plus que 81 ? ____
      Quel est 1 de moins ? ____
      $10 \times 9 =$ ____

4. Explique le modèle du Problème 3 et utilise le modèle pour résoudre les 3 faits suivants.

   $11 \times 9 =$ ____ $12 \times 9 =$ ____ $13 \times 9 =$ ____

1. Tracy trouve la réponse de 7 x 9 en baissant sont index droit (montré). Quelle est la réponse ? Explique comment utiliser la stratégie de Tracy.

Tracy baisse d'abord le doigt qui correspond au nombre de neuf, 7. Elle voit qu'il y a 6 doigts à la gauche du doigt abaissé, qui est le doigt à la place des dizaines, et qu'il y a 3 doigts à la droite du doigt abaissé, qui est le doigt à la place des unités. Ainsi, les doigts de Tracy montrent que le produit de 7 x 9 est 63.

> Pour que cette stratégie fonctionne, je dois imaginer que mes doigts sont numérotés de 1 à 10, mon petit doigt à gauche étant le numéro 1 et mon petit doigt à droite étant le numéro 10.

2. Chris écrit 54 = 9 x 6. A-t-elle raison ? Explique 3 stratégies que Chris peut utiliser pour vérifier son travail.

Chris peut utiliser la stratégie 9 = 10 - 1 pour vérifier sa réponse.

$$9 \times 6 = (10 \times 6) - (1 \times 6)$$
$$= 60 - 6$$
$$= 54$$

Il peut aussi vérifier sa réponse en trouvant la somme des chiffres dans le produit pour voir si elle est égale à 9. Puisque 5 + 4 = 9, sa réponse est correcte.

Une troisième stratégie pour vérifier sa réponse consiste à utiliser le nombre de groupes, 6, pour trouver les chiffres à la place des dizaines et à la place des unités du produit. Il peut utiliser 6 - 1 = 5 pour obtenir le chiffre à la place des dizaines, et 10 - 6 = 4 pour obtenir le chiffre à la place des unités. Cette stratégie montre également que la réponse de Chris est correcte.

> Chris peut aussi utiliser la stratégie "ajouter 10, soustraire 1" pour énumérer tous les neuf faits, ou il peut utiliser la stratégie "séparer et distribuer" avec cinq faits. Par exemple, il peut considérer 9 six comme 5 six + 4 six. Il existe de nombreuses stratégies et modèles qui peuvent aider Chris à vérifier son travail en multipliant par neuf.

Leçon 14 : Identifier et utiliser les modèles arithmétiques pour multiplier.

Nom _____   Date _____

1. a. Multiplie. Ensuite, ajoute ces chiffres pour chaque produit.

10 × 9 = 90	_9_ + _0_ = _9_
9 × 9 = 81	_8_ + _1_ = _9_
8 × 9 =	___ + ___ = ___
7 × 9 =	___ + ___ = ___
6 × 9 =	___ + ___ = ___
5 × 9 =	___ + ___ = ___
4 × 9 =	___ + ___ = ___
3 × 9 =	___ + ___ = ___
2 × 9 =	___ + ___ = ___
1 × 9 =	___ + ___ = ___

b. Quel modèle as-tu remarqué dans le Problème 1 (a) ? Comment cette catégorie peut-elle t'aider à vérifier ton travail avec les faits de neuf ?

Leçon 14 :   Identifier et utiliser les modèles arithmétiques pour multiplier.

2. Thomas calcule 9 x 7 en y pensant comme 70 - 7 = 63. Explique la stratégie de Thomas.

3. Alexia trouve la réponse de 6 x 9 en baissant son pouce droit (montré). Quelle est la réponse ? Explique la stratégie d'Alexia.

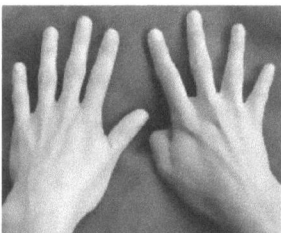

4. Travis écrit 72 = 9 x 8. A-t-elle raison ? Explique au moins 2 stratégies que Travis peut utiliser pour vérifier son travail.

Judy veut donner un sac de 9 billes à chacun de ses amis. Elle a un total de 54 billes. Elle court pour pour les donner à ses amis et est tellement contente qu'elle tombe et perd 2 sacs. Combien de billes au total lui reste-t-il à donner ?

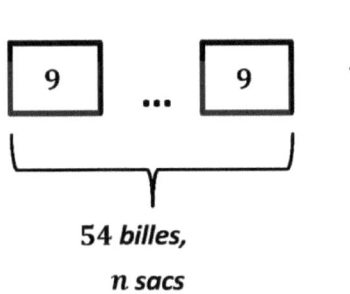

54 *billes,*

n sacs

> Je peux modéliser le problème à l'aide d'un diagramme à bande. Je sais que Judy a un total de 54 billes, et que chaque sac en contient 9. Je ne sais pas combien de sacs de billes Judy possède au début. Comme je sais que la taille de chaque groupe est de 9 mais que je ne connais pas le nombre de groupes, j'ai mis un "..." entre les 2 unités pour montrer que je ne sais pas encore combien de groupes, ou d'unités, il faut dessiner.

n représente le nombre de sacs de billes

$54 \div 9 = n$

$n = 6$

> Je peux utiliser la lettre n pour représenter l'inconnu, qui est le nombre de sacs que Judy possède au départ. Je peux trouver l'inconnu en divisant 54 par 9 pour obtenir 6 sacs. Mais 6 sacs ne répondent pas à la question, donc mon travail sur ce problème n'est pas fini.

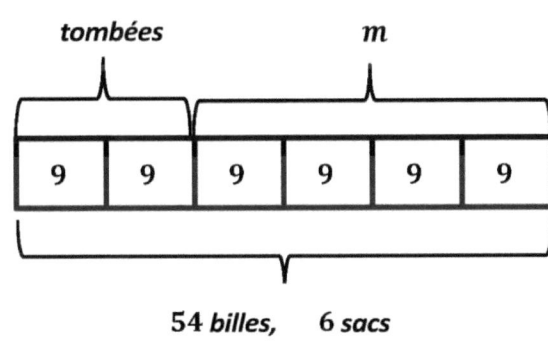

54 *billes,* 6 *sacs*

> Je peux maintenant redessiner mon modèle pour montrer les 6 sacs de billes. Je sais que Judy fait tomber et perd deux sacs. L'inconnu est le nombre total de billes qu'il lui reste à donner. Je peux représenter cet inconnu avec la lettre m.

> D'après mon diagramme, je vois que Judy a encore 4 sacs de 9 billes. Je peux choisir n'importe laquelle de mes neuf stratégies pour m'aider à résoudre 4 x 9. 4 x 9 = 36, ce qui signifie qu'il reste 36 billes au total.

m représente le nombre total de billes restantes

$4 \times 9 = m$

$m = 36$

Judy a encore 36 billes à donner.

> J'ai lu attentivement le problème et je me suis assuré de répondre par le nombre total de billes, et non par le nombre de sacs. Le fait de mettre ma réponse dans une déclaration m'aide à vérifier que j'ai répondu correctement au problème.

Leçon 15 : Interpréter l'inconnue dans les problèmes de multiplication et de division pour modeler et résoudre des problèmes.

Nom _____ Date _____

1. L'employé de magasin divise 36 pommes en parts égales dans 9 paniers. Dessine un diagramme en bande et étiquette le nombre de pommes dans chaque panier comme *a*. Écris une équation et résous pour *a*.

2. Elijah donne un paquet de 9 amandes à chacun de ses amis. Il donne 45 amandes au total. Combien de paquets d'amandes a-t-il donnés ? Modélise en utilisant une lettre pour représenter l'inconnue et résous.

3. Denice achète 7 films. Chaque film coûte 9 $. Quel est le coût total des 7 films ? Utilise une lettre pour représenter l'inconnue. Résoudre.

Leçon 15 : Interpréter l'inconnue dans les problèmes de multiplication et de division pour modeler et résoudre des problèmes.

4. M. Doyle partage 1 rouleau de papier pour tableau d'affichage à parts égales avec 8 enseignants. La longueur totale du rouleau est de 72 mètres. Quelle longueur de papier pour tableau d'affichage chaque enseignant reçoit-il ?

5. Il y a 9 stylos dans un paquet. Mme Ochoa achète 9 paquets. Après avoir donné quelques stylos à ses élèves, il lui reste 27 stylos. Combien de stylos a-t-elle donnés ?

6. Allen achète 9 paquets de carte à collectionner. Il y a 10 cartes dans chaque paquet. Il peut échanger 30 cartes contre une bande dessinée. Combien de bandes dessinées peut-il obtenir s'il échanger toutes ses cartes ?

1. Soit $g = 4$. Détermine si les équations sont vraies ou fausses.

a.	$g \times 0 = 0$	**Vrai**
b.	$0 \div g = 4$	**Faux**
c.	$1 \times g = 1$	**Faux**
d.	$g \div 1 = 4$	**Vrai**

   > Je sais que cette équation est fausse parce que 0 divisé par n'importe quel nombre est 0. Si je mets une valeur pour g autre que 0, la réponse sera 0.

   > Je sais que c'est faux, car tout nombre multiplié par 1 est égal à ce nombre, et non à 1. Cette équation serait correcte si elle était écrite comme $1 \times g = 4$.

2. Elijah dit que tout nombre multiplié par 1 est égal à ce nombre.

   a. Écris une équation de multiplication en utilisant c pour représenter la déclaration d'Elijah.

   $1 \times c = c$

   > Je peux également utiliser la propriété commutative pour écrire mon équation comme $c \times 1 = c$.

   b. Utilise ton équation de la partie (a), soit $c = 6$, et dessine une image pour montrer que la nouvelle équation est vraie.

   > Mon image montre 1 groupe multiplié par c, soit 6. 1 groupe de 6 donne un total de 6. Cela fonctionne pour n'importe quelle valeur, pas seulement 6.

Nom _____ Date _____

1. Complète.

   a. $4 \times 1 =$ _____
   b. $4 \times 0 =$ _____
   c. _____ $\times 1 = 5$
   d. _____ $\div 5 = 0$

   e. $6 \times$ _____ $= 6$
   f. _____ $\div 6 = 0$
   g. $0 \div 7 =$ _____
   h. $7 \times$ _____ $= 0$

   i. $8 \div$ _____ $= 8$
   j. _____ $\times 8 = 8$
   k. $9 \times$ _____ $= 9$
   l. $9 \div$ _____ $= 1$

2. Relie chaque équation à sa solution.

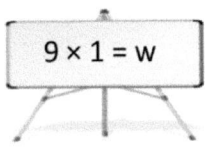
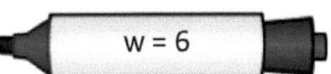

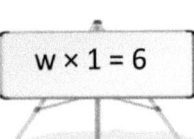
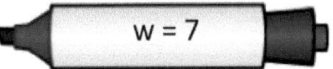

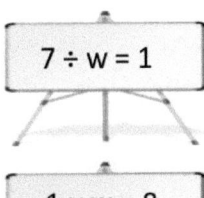
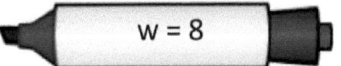

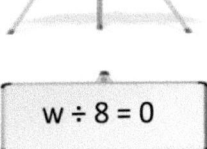
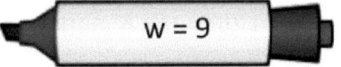

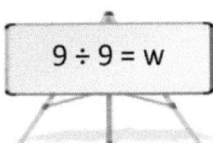
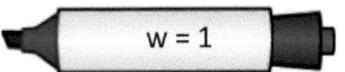

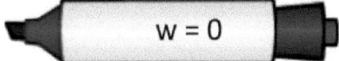

Leçon 16 : Expliquer et réfléchir à des modèles arithmétiques à propos de la multiplication et de la division en utilisant des unités de 0 et 1.

3. Soit $c = 8$. Détermine si les équations sont vraies ou fausses. Le premier a été fait pour toi.

a. $c \times 0 = 8$	Faux
b. $0 \times c = 0$	
c. $c \times 1 = 8$	
d. $1 \times c = 8$	
e. $0 \div c = 8$	
f. $8 \div c = 1$	
g. $0 \div c = 0$	
h. $c \div 0 = 8$	

4. Rajan dit que tout nombre multiplié par 1 est égal à ce nombre.

   a. Écris une équation de multiplication en utilisant n pour représenter la déclaration de Rajan.

   b. Utilise ton équation de la partie (a), soit $n = 5$, et dessine une image pour montrer que la nouvelle équation est vraie.

UNE HISTOIRE D'UNITÉS — Leçon 17 Aide aux devoirs — 3•3

1. Explique comment 8 x 7 = (5 x 7) + (3 x 7) est affiché dans la table de multiplication.

   La table de multiplication indique 5 x 7 = 35 et 3 x 7 = 21. Donc 35 + 21 = 56 qui est le produit de 8 x 7.

   > C'est la stratégie de décomposition et de distribution. En utilisant cette stratégie, je peux ajouter les produits de deux petites opérations pour trouver le produit d'une plus grande opération.

2. Utilise ce que tu sais pour trouver le produit de 3×16.

   $$3 \times 16 = (3 \times 8) + (3 \times 8)$$
   $$= 24 + 24$$
   $$= 48$$

   > Je peux aussi décomposer 3 x 16 en 10 trois + 6 trois, ce qui fait 30 + 18. Ou je peux ajouter 16 trois fois : 16 + 16 + 16. Je veux toujours utiliser la stratégie la plus efficace. Cette fois-ci, cela m'a aidé à voir le problème comme étant le double de 24.

3. Aujourd'hui en classe, nous avons trouvé que $n \times n$ est la somme des nombres impairs du premier n. Utilise ce modèle pour trouver la valeur de n pour chaque équation ci-dessous.

   a. $1 + 3 + 5 = n \times n$
      $\mathbf{9 = 3 \times 3}$

   b. $1 + 3 + 5 + 7 = n \times n$
      $\mathbf{16 = 4 \times 4}$

   > La somme des 3 premiers nombres impairs est égale au produit de 3 x 3. La somme des 4 premiers nombres impairs est égale au produit de 4 x 4. La somme des 5 premiers nombres impairs est égale au produit de 5 x 5.

   c. $1 + 3 + 5 + 7 + 9 = n \times n$
      $\mathbf{25 = 5 \times 5}$

   > Wow, c'est un modèle ! Je sais que les 6 premiers nombres impairs seront égaux au produit de 6 x 6, et ainsi de suite.

Leçon 17 : Identifier des schémas dans les faits de multiplication et de division en utilisant la table de multiplication.

Nom _____ Date _____

1. a. Écris les produits dans le diagramme aussi vite que possible.

×	1	2	3	4	5	6	7	8
1								
2								
3								
4								
5								
6								
7								
8								

b. Colorie les lignes et les colonnes avec des facteurs pairs en jaune.

c. Que remarques-tu à propos des facteurs et produits qui sont non coloriés ?

d. Complète le diagramme en remplissant chaque espace vide et en écrivant un exemple pour chaque règle.

Règle	Exemple
impair fois impair égale	
pair fois pair égale	
pair fois impair égale	

e. Explique comment $7 \times 6 = (5 \times 6) + (2 \times 6)$ est affiché dans le tableau.

f. Utilise ce que tu sais pour trouver le produit de 4×16 ou 8 groupes de 4 + 8 groupes de quatre.

2. Aujourd'hui en classe, nous avons trouvé que $n \times n$ est la somme des chiffres impairs du premier n. Utilise ce modèle pour trouver la valeur de n pour chaque équation ci-dessous. Le premier a été fait pour toi.

   a. $1 + 3 + 5 = n \times n$

   $9 = 3 \times 3$

   b. $1 + 3 + 5 + 7 = n \times n$

c. $1 + 3 + 5 + 7 + 9 + 11 = n \times n$

d. $1 + 3 + 5 + 7 + 9 + 11 + 13 + 15 = n \times n$

e. $1 + 3 + 5 + 7 + 9 + 11 + 13 + 15 + 17 + 19 = n \times n$

William a 187 $ en banque. Il économise le même montant chaque semaine pendant 6 semaines et le met en banque. Maintenant, William a 241 $ en banque. Combien William économise-t-il chaque semaine ?

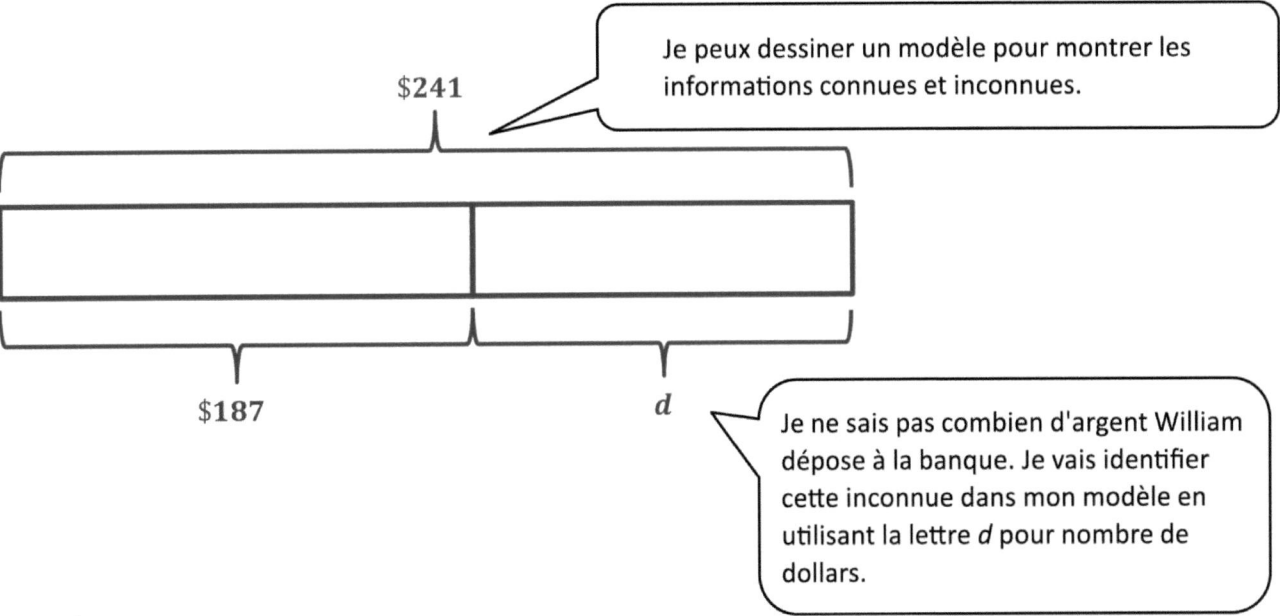

Je peux dessiner un modèle pour montrer les informations connues et inconnues.

Je ne sais pas combien d'argent William dépose à la banque. Je vais identifier cette inconnue dans mon modèle en utilisant la lettre d pour nombre de dollars.

d représente le nombre de dollars que William dépose à la banque

$$\$241 - \$187 = d$$
$$d = \$54$$

Je peux écrire ce qu'il représente d et ensuite écrire une équation pour résoudre d. Je peux soustraire la partie connue, $187, du montant total, $241, pour trouver d.

Cette réponse est raisonnable car $ 187 + $ 54 = $ 241. Mais elle ne répond pas à la question qui se pose dans le problème. J'essaie de savoir combien d'argent William économise chaque semaine, donc je dois ajuster mon modèle.

Leçon 18 : Résoudre des problèmes de mots à deux étapes impliquant toutes les quatre opérations et évaluer le caractère raisonnable des solutions.

UNE HISTOIRE D'UNITÉS — Leçon 18 Aide aux devoirs 3•3

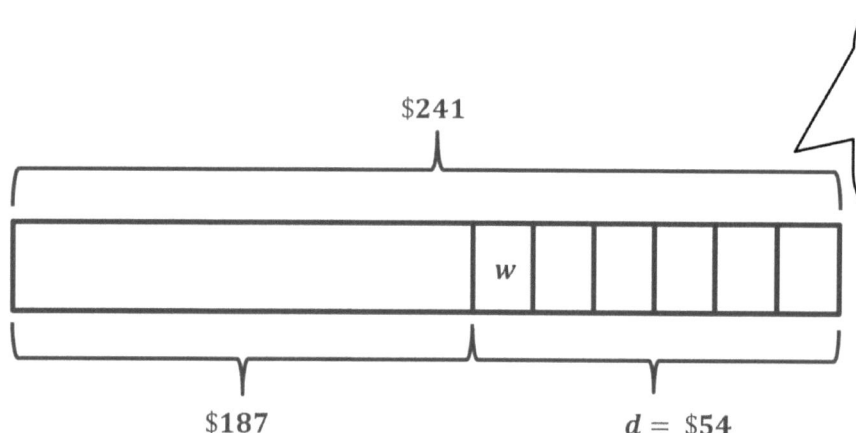

Je peux diviser les $54 en 6 parties égales pour montrer les 6 semaines. J'identifie l'inconnu comme w pour représenter combien d'argent William économise chaque semaine.

w représente le nombre de dollars économisés chaque semaine.

$$\$54 \div 6 = w$$
$$w = \$9$$

Je vais écrire ce que w représente et ensuite écrire une équation pour résoudre w. Je peux diviser $54 par 6 pour arriver à $9.

William économise 9 dollars chaque semaine.

Ma réponse est raisonnable car $9 par semaine pendant 6 semaines, c'est $54. Soit environ $50 $187, c'est environ $190. $190 + $50 = $240, ce qui est très proche de $241. Ma méthode n'est qu'un dollar de moins que ma réponse !

Je peux expliquer pourquoi ma réponse est raisonnable avec une approximation.

Nom _____ Date _____

Utilise le processus Lecture–Dessin–Ecriture (RDW) pour résoudre chaque problème. Explique pourquoi ta réponse est raisonnable.

1. Le chat de Mme Portillo pèse 6 kilogrammes. Son chien pèse 22 kilogrammes de plus que son chat. Quel est le poids total de son chat et de son chien ?

2. Darren passe 39 minutes à réviser pour son test de science. Il fait ensuite 6 tâches. Chaque tâche lui prend 3 minutes. Combien de minutes Darren passe-t-il à étudier et à faire ses tâches ?

3. M. Abbot achète 8 boites de barres de Granola pour une fête. Chaque boite contient 9 barres de Granola. Après la fête, il reste 39 barres. Combien de barres ont été mangées pendant la fête ?

Leçon 18 : Résoudre des problèmes de mots à deux étapes impliquant toutes les quatre opérations et évaluer le caractère raisonnable des solutions.

4. Leslie pèse ses billes dans un pot et la balance affiche 474 grammes. Le pot vide pèse 439 grammes. Chaque bille pèse 5 grammes. Combien de billes y a-t-il dans la jarre ?

5. Sharon utilise 72 centimètres de ficelle pour emballer des cadeaux. Elle utilise 24 centimètres de ficelle au total pour emballer le gros cadeau. Elle utilise la ficelle restante pour 6 petits cadeaux. Quelle quantité de ficelle utilise-t-elle pour chaque petit cadeau si elle utilise la même quantité pour chacun ?

6. Six amis partagent à part égale le coût d'un cadeau. Ils paient 90 $ et reçoivent 42 $ de différence. Combien a payé chaque ami ?

1. Utilise les disques pour remplir les blancs dans les équations.

> Ce tableau de disques montre 2 rangées de 3 dizaines.

a.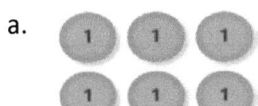

2×3 unités $= \underline{6}$ unités

$2 \times 3 = \underline{6}$

> Les équations en haut sont écrites sous forme d'unités. Les équations du bas sont écrites sous une forme standard. Les 2 équations disent la même chose.

> Ce tableau de disques montre 2 rangées de 3 dizaines.

b.

2×3 dizaines $= \underline{6}$ dizaines

$2 \times 30 = \underline{60}$

> Je vois que les deux matrices ont le même nombre de disques. La seule différence est l'unité. Le tableau de gauche en utilise des unités, et celui de droite des dizaines.

Leçon 19 : Multiplier par les multiples de dix en utilisant le tableau de valeur de position.

2. Utilise la table pour compléter les blancs dans les équations.

> Je vois que la différence entre les problèmes 1 et 2 est le modèle. Le problème 1 utilise des disques de valeur de position. Le problème 2 utilise le modèle de la puce. Avec les deux modèles, je continue à multiplier les unités et les dizaines.

dizaines	unités
	• • • •
	• • • •
	• • • •

dizaines	unités
• • • •	
• • • •	
• • • •	

a. 3×4 unités = __12__ unités

3×4 = __12__

b. 3×4 dizaines = __12__ dizaines

3×40 = __120__

> Je remarque que le nombre de points est exactement le même dans les deux tableaux. La différence entre les tableaux est que lorsque les unités passent des unités aux dizaines, les points se déplacent à la place des dizaines.

3. Associe.

80×2 ——— 160

> Pour résoudre un problème plus compliqué comme celui-ci, je peux d'abord penser à 8 x 2, c'est-à-dire 16. Ensuite, il me suffit de déplacer la réponse à la place des dizaines pour qu'elle devienne 16 dizaines. 16 dizaines est la même chose que 160.

Nom _____   Date _____

1. Utilise les disques pour compléter les blancs dans les équations.

a.

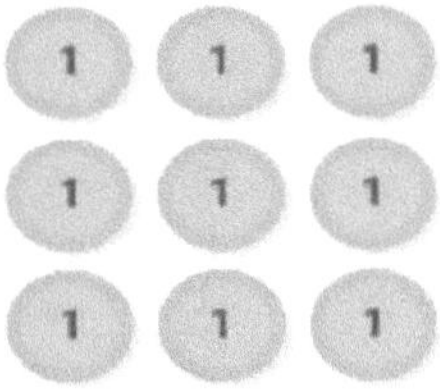

3 x 3 unités = _____ unités

3 × 3 = _____

b.

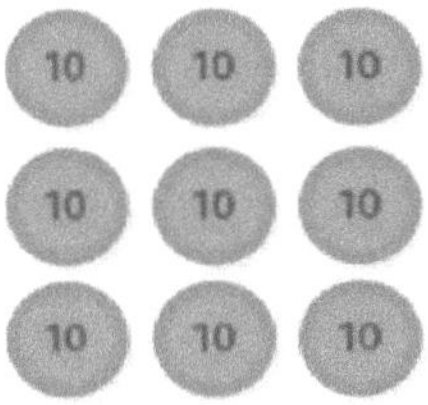

3 x 3 dizaines = _____ dizaines

30 × 3 = _____

2. Utilise la table pour compléter les blancs dans les équations.

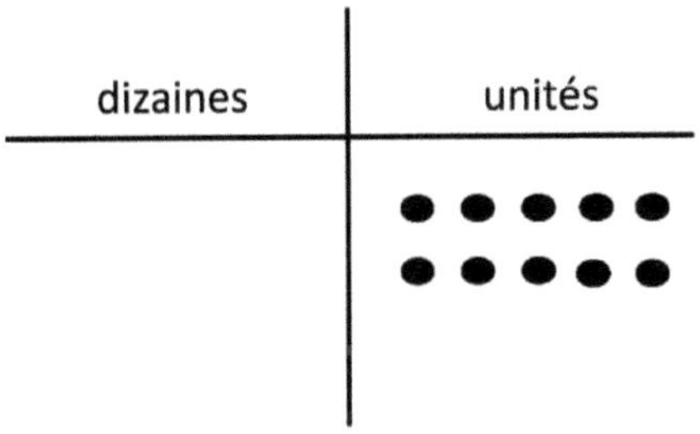

a. 2 x 5 unités = _____ unités

2 × 5 = _____

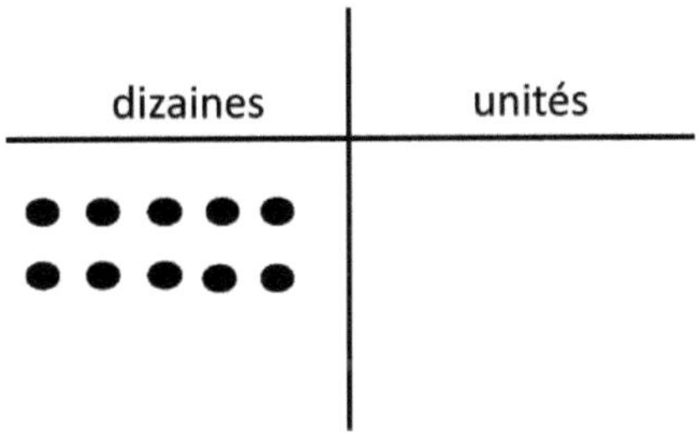

b. 2 x 5 dizaines = _____ dizaines

2 × 50 = _____

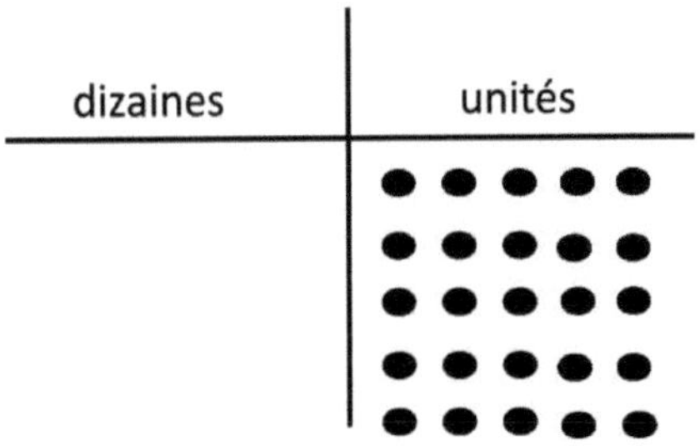

c. 5 x 5 unités = _____ unités

5 × 5 = _____

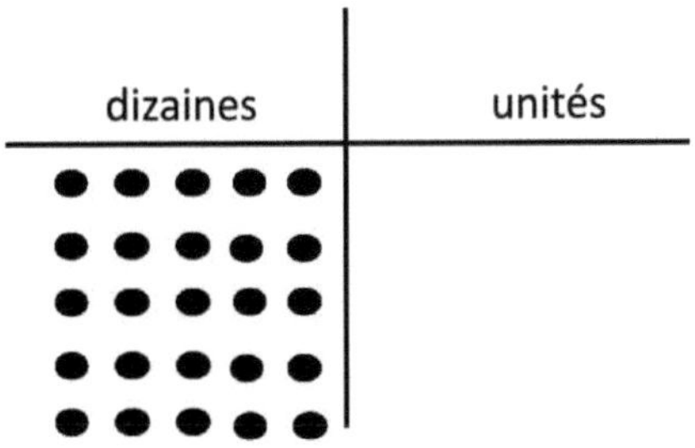

d. 5 x 5 dizaines = _____ dizaines

5 × 50 = _____

3. Associe.

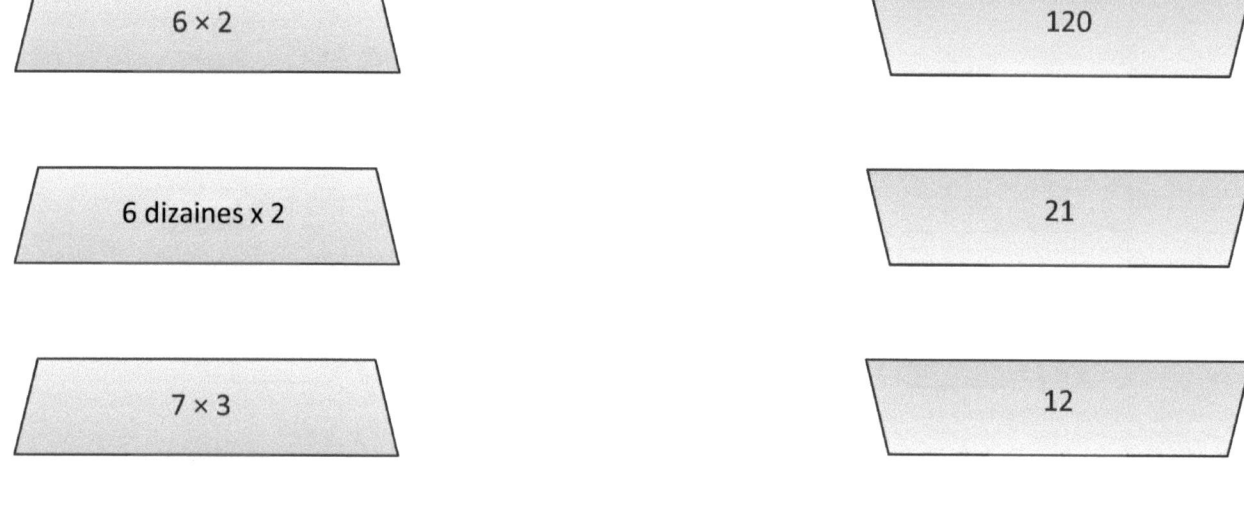

4. Il y a 30 bancs dans chaque salle de classe. Quel est le nombre total de bancs dans 8 salles de classe ? Modélise avec un diagramme en bande.

1. Utilise la table pour compléter les équations. Ensuite, résous.

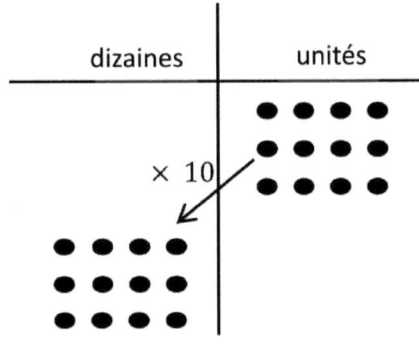

a. $(3 \times 4) \times 10$

   $= (12 \text{ unités}) \times 10$

   $= \underline{\ 120\ }$

> Je sais que les parenthèses changent la façon dont les nombres sont regroupés pour résoudre. Je vois que les parenthèses en regroupent 3 x 4, donc je vais d'abord faire cette partie de l'équation. 3 x 4 unités = 12 unités. Ensuite, je vais multiplier les 12 unités par 10. L'équation devient 12 x 10 = 120. Le modèle de la puce montre comment je peux multiplier les 3 groupes de 4 par 10.

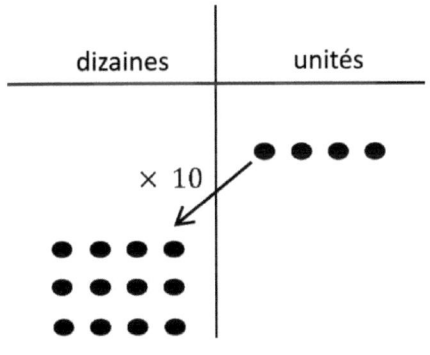

> Je vois qu'ici les parenthèses se déplacent et regroupent les 4 unités x 10. Je vais d'abord résoudre ce problème pour obtenir 40, ou 4 dizaines. Je peux alors multiplier les 4 dizaines par 3. L'équation devient donc 3 x 40 = 120. Le modèle de la puce montre comment je multiplie d'abord 4 unités par 10, puis les 4 dizaines par trois.

b. $3 \times (4 \times 10)$

   $= 3 \times (4 \text{ dizaines})$

   $= \underline{\ 120\ }$

> En déplaçant les parenthèses et en regroupant les chiffres différemment, ce problème devient plus facile à résoudre. 3 x 40 est un peu plus facile que de multiplier 12 x 10. Cette nouvelle stratégie me permettra de découvrir plus tard des faits inconnus plus grands.

Leçon 20 : Utilise les stratégies de valeur de position et la propriété associative n x (m x10) = (n x m) x 10 (où n et m sont inférieurs à 10) pour multiplier les multiples de 10.

2. John résous 30 x 3 en pensant à 10 x 9. Explique sa stratégie.

$$30 \times 3 = (10 \times 3) \times 3$$
$$= 10 \times (3 \times 3)$$
$$= 10 \times 9$$
$$= 90$$

John écrit 30 x 3 comme (10 x 3) x 3. Il déplace ensuite les parenthèses pour former le groupe 3 x 3. Résoudre d'abord 3 x 3 rend le problème plus facile. Au lieu de 30 x 3, John peut résoudre en pensant à un fait plus facile, 10 x 9.

Bien qu'il soit facile à résoudre pour 30 x 3, John déplace les parenthèses et regroupe les chiffres différemment pour rendre le problème un peu plus facile pour lui. C'est juste une autre façon de penser au problème.

Nom _____   Date _____

1. Utilise la table pour compléter les équations. Ensuite, résous-les.

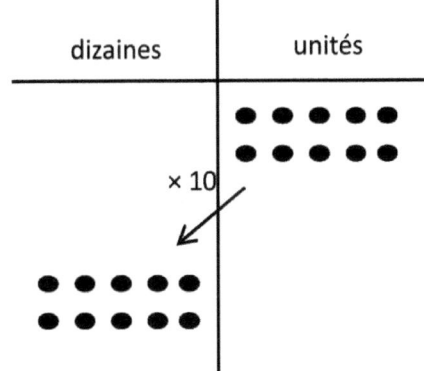

a. $(2 \times 5) \times 10$

= (10 unités) x 10

= _____

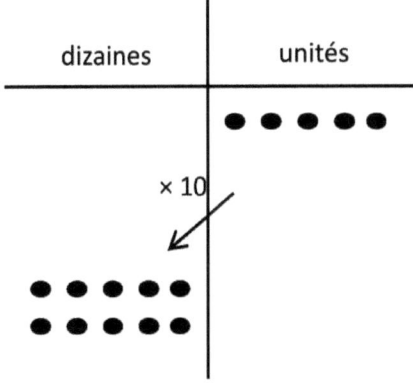

b. $2 \times (5 \times 10)$

= 2 x (5 dizaines)

= _____

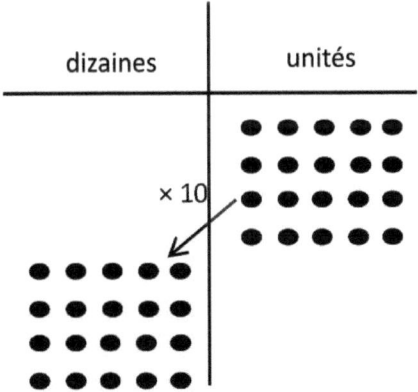

c. $(4 \times 5) \times 10$

= (_____ unités) x 10

= _____

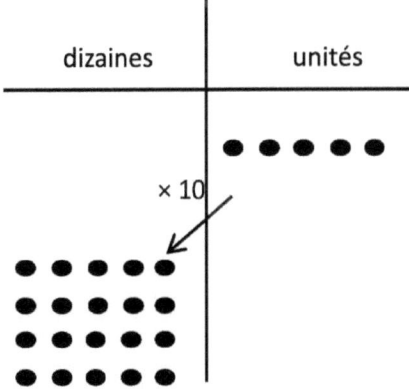

d. $4 \times (5 \times 10)$

= 4 x (_____ dizaines)

= _____

Leçon 20 : Utilise les stratégies de valeur de position et la propriété associative n x (m x10) = (n x m) x 10 (où n et m sont inférieurs à 10) pour multiplier les multiples de 10.

2. Résous. Place entre parenthèses dans (c) et (d) tel que nécessaire pour trouver le fait associé.

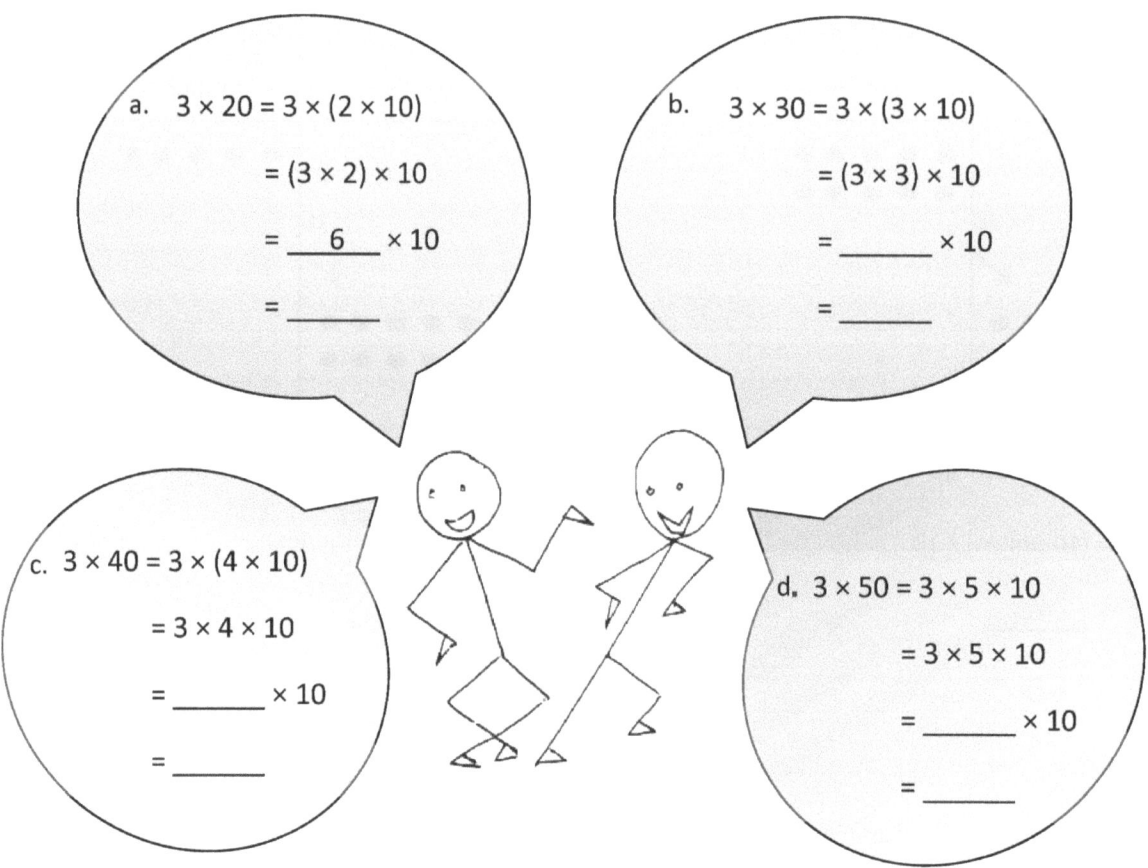

a. $3 \times 20 = 3 \times (2 \times 10)$
   $= (3 \times 2) \times 10$
   $= \underline{6} \times 10$
   $= \underline{}$

b. $3 \times 30 = 3 \times (3 \times 10)$
   $= (3 \times 3) \times 10$
   $= \underline{} \times 10$
   $= \underline{}$

c. $3 \times 40 = 3 \times (4 \times 10)$
   $= 3 \times 4 \times 10$
   $= \underline{} \times 10$
   $= \underline{}$

d. $3 \times 50 = 3 \times 5 \times 10$
   $= 3 \times 5 \times 10$
   $= \underline{} \times 10$
   $= \underline{}$

3. Danny résout 5 × 20 en pensant à 10 × 10. Explique sa stratégie.

Jen a 34 bracelets. Elle donne 19 bracelets comme cadeaux et vend le reste à 3 $ chacun. Elle aimerait acheter un matériel d'art qui coûte 55 $ avec l'argent qu'elle gagne. A-t-elle suffisamment d'argent pour l'acheter ? Explique pourquoi ou pourquoi pas.

> Je peux dessiner un modèle pour montrer les informations connues et inconnues. Je vois dans mon dessin que je dois trouver une partie manquante. Je peux marquer ma partie manquante avec un b pour représenter le nombre de bracelets que Jen a encore à vendre.

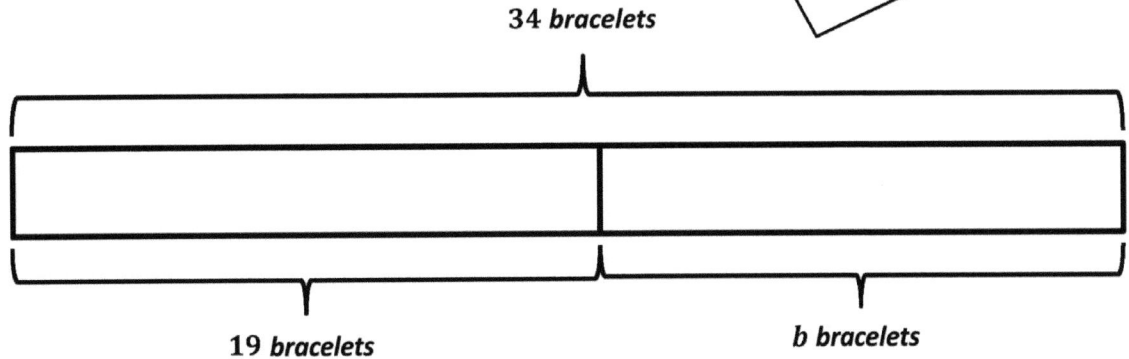

b représente le nombre de bracelets que Jen a encore à vendre
$$34 - 19 = b$$
$$b = 15$$

> Je peux écrire ce que b représente et ensuite écrire une équation pour résoudre b. Je soustrais la partie donnée, 19, du montant total, 34. Je peux utiliser une stratégie de compensation pour considérer 34 - 19 comme 35 - 20 parce que 35 - 20 est un fait plus facile à résoudre. Jen a encore 15 bracelets.

> Cette réponse est raisonnable car 19 + 15 = 34. Mais cela ne répond pas à la question dans le problème. Ensuite, je dois déterminer combien d'argent Jen gagne en vendant les 15 bracelets, donc je dois ajuster mon modèle.

Maintenant que je sais que Jen a encore 15 bracelets, je peux diviser cette partie en 15 parties égales plus petites. Je sais qu'elle vend chaque bracelet à $3, donc chaque pièce a une valeur de $3. Je peux aussi marquer l'inconnu comme m pour représenter combien d'argent Jen gagne au total.

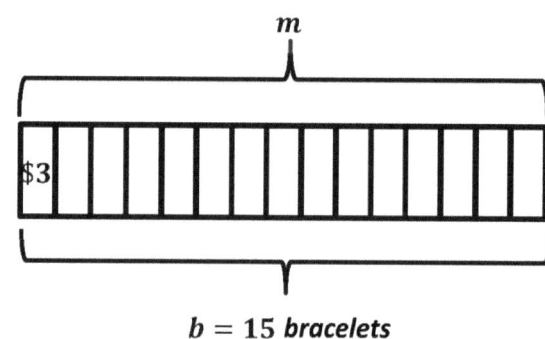

$b = 15$ *bracelets*

Je peux écrire ce que m représente et ensuite écrire une équation pour résoudre m. Il faut que je multiplie 15 par 3, un gros fait ! Je peux utiliser la stratégie de séparation et de distribution pour résoudre 15 x 3. Je peux décomposer 15 trois en 10 trois et 5 trois et trouver ensuite la somme des 2 plus petits faits.

m représente la somme d'argent que Jen gagne

$15 \times 3 = m$
$m = (10 \times 3) + (5 \times 3)$
$m = 30 + 15$
$m = 45$

Jen gagne un total de 45 dollars en vendant 15 bracelets.

Jen n'a pas assez d'argent pour acheter le matériel d'art, il lui manque 10 dollars

Je n'ai pas fini de répondre à la question tant que je n'ai pas expliqué pourquoi Jen n'a pas assez d'argent pour acheter le matériel d'art.

UNE HISTOIRE D'UNITÉS   Leçon 21 Devoirs 3•3

Nom _____   Date _____

Utilise le processus Lecture–Dessin–Écriture (RDW) pour résoudre chaque problème. Utilise une lettre pour représenter l'inconnue.

1. Il y a 60 minutes dans 1 heure. Utilise un diagramme en bande pour trouver le nombre total de minutes dans 6 heures et 15 minutes.

2. Mme Lemus achète 7 boites de collation. Chaque boite contient 12 paquets de collation aux fruits et 18 paquets de noix de cajou. Combien de paquets de collation achète-t-elle au total ?

3. Tamara veut acheter une tablette qui coûte 437 $. Elle économise 50 dollars par mois pendant 9 mois. A-t-elle suffisamment d'argent pour acheter la tablette ? Explique pourquoi ou pourquoi pas.

Leçon 21 : Résoudre des problèmes de mots à deux étapes impliquant la multiplication de facteurs à un chiffre et des multiples de 10.

259

4. M. Ramirez reçoit 4 lots de livres. Chaque lot compte 16 livres de fiction et 14 livres de non-fiction. Il met 97 livres à la bibliothèque et offre le reste. Combien de livres a-t-il offert ?

5. Celia vend des calendriers pour une levée de fonds. Chaque calendrier coûte 9 $. Elle vend 16 calendrier aux membres de sa famille et 14 calendrier à ses voisins. Son objectif est de gagner 300$. Celia a-t-elle atteint son objectif ? Expliquez votre réponse.

6. La boutique de vidéo vend des films de science et d'histoire à 5 $ chacun. Quelle somme d'argent la boutique de vidéos se fait-elle si elle vend 33 films de science et 57 films d'histoire ?

3e année

Module 4

1. Vivian utilise des carrés pour trouver l'aire d'un rectangle. Son travail est montré ci-dessous.

   a. Combien de carrés a-t-elle utilisés pour couvrir le rectangle ?

   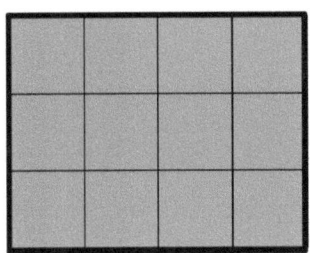

   ____12____ carrés

   > Je sais que la quantité d'espace plat qu'une forme occupe est appelée son aire.

   > Je sais qu'on les appelle des unités carrées car les unités utilisées pour mesurer la surface sont des carrés. Je sais aussi que pour mesurer une aire, il ne doit pas y avoir de vide ni de superposition.

   b. Quelle est l'aire du rectangle en unités carrées ? Explique comment tu as trouvé ta réponse.

   L'aire du rectangle est de 12 unités carrées. Je le sais parce que j'ai compté 12 carrés à l'intérieur du rectangle.

2. Chaque ☐ fait 1 unité carrée. Quel rectangle a la plus grande aire ? Comment le savez-vous ?

   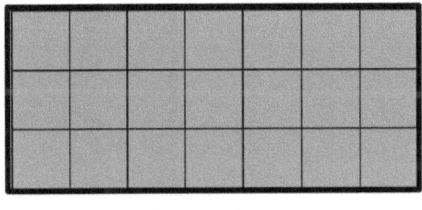

   Rectangle A
   21 unités carrées

   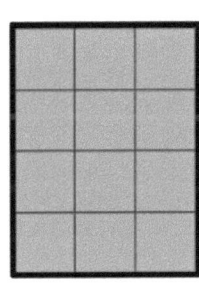

   Rectangle B
   12 unités carrées

   > Je peux comparer les aire de ces rectangles car une unité carrée de même taille est utilisée pour couvrir chacun d'entre eux.

   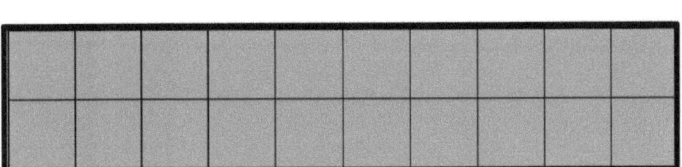

   Rectangle C
   20 unités carrées

   Le rectangle A a la plus grande aire. Je le sais parce que j'ai compté les unités carrées dans chaque rectangle. Le rectangle A a besoin du plus grand nombre de carrés pour le couvrir sans trous ni chevauchements.

Leçon 1 : Comprendre l'aire comme attribut de figures planes.

Nom _____ Date _____

1. Magnus couvre la même forme avec des triangles, des losanges et des trapèzes.

    a. Combien de triangles faudra-t-il pour couvrir la forme ?

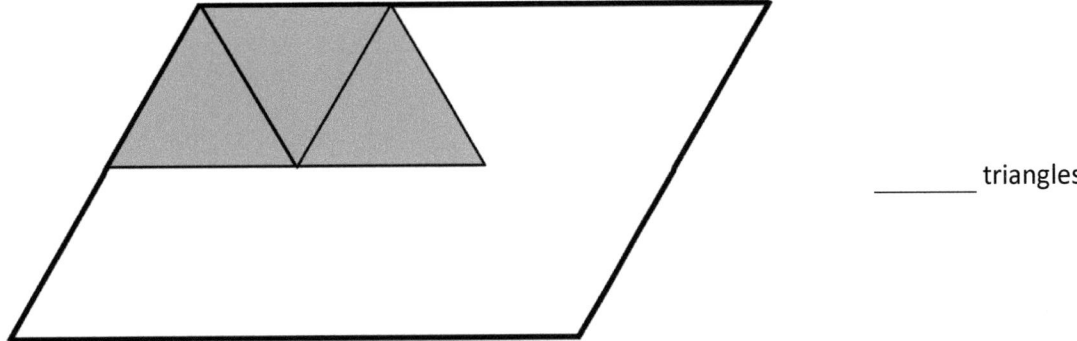

_____ triangles

    b. Combien de losanges faudra-t-il pour couvrir la forme ?

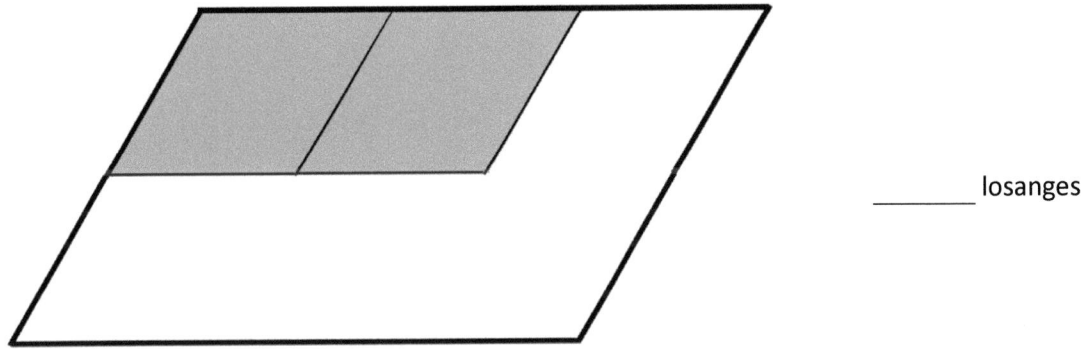

_____ losanges

    c. Magnus remarque que 3 triangles de la Partie (a) couvrent 1 trapèze. De combien de trapèzes as-tu besoin pour couvrir la forme ci-dessous ? Explique ta réponse.

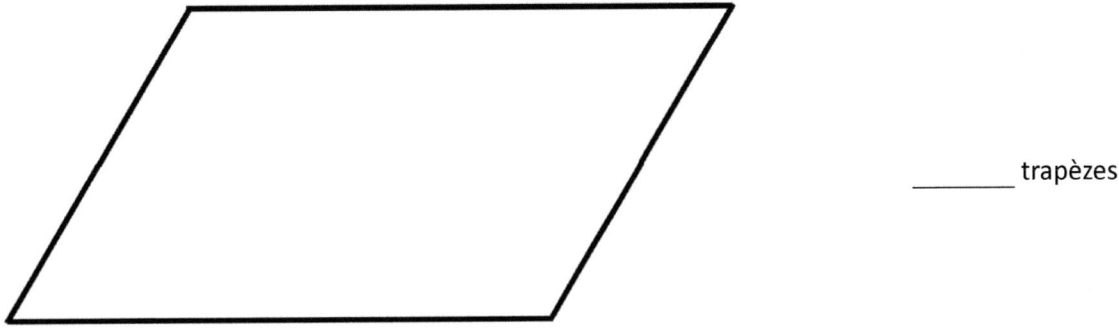

_____ trapèzes

Leçon 1 : Comprendre l'aire comme attribut de figures planes.

2. Angela utilise les carrés pour trouver l'aire d'un rectangle. Son travail est montré ci-dessous.

   a. Combien de carrés a-t-elle utilisés pour couvrir le rectangle ?

   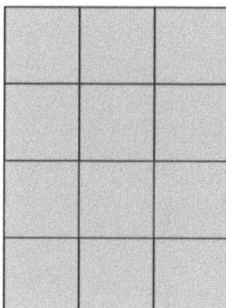

   _____ carrés

   b. Quelle est l'aire du rectangle en unités carrées ? Explique comment tu as trouvé ta.

3. Chaque 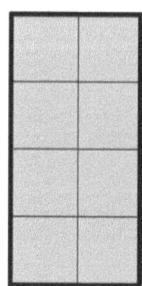 fait 1 unité carrée. Quel rectangle a la plus grande aire ? Comment le sais-tu ?

   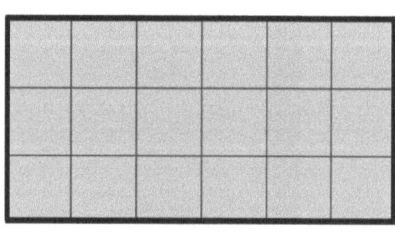
   Rectangle A

   Rectangle B

   Rectangle C

1. Matthew utilise les pouces carrés pour créer ces rectangles. Ont-ils la même aire ? Explique.

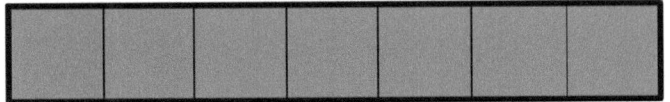

7 pouces carrés /sq in

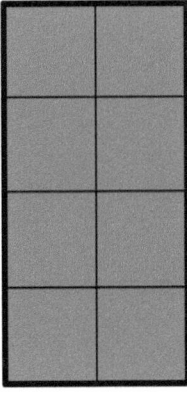

8 pouces carrés/sq in

Non, ils n'ont pas la même aire. J'ai compté les pouces carrés de chaque rectangle et j'ai constaté que le rectangle de droite avait une aire plus grande d'un

> C'est la nouvelle unité que j'ai apprise aujourd'hui. Chaque côté d'un pouce carré mesure 1 pouce. Les unités dans ce dessin ne représentent que des pouces carrés. Je peux écrire pouces carrés, en abrégé "sq in".

2. Chaque ▢ est une unité carré. Compter pour trouver l'aire du rectangle ci-dessous. Ensuite, dessine un autre rectangle avec la même aire.

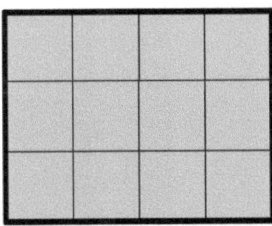

12 unités carrées

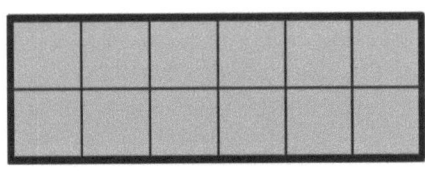

12 unités carrées

> Je peux réarranger les 12 unités carrées en deux rangées égales pour faire un nouveau rectangle. Je sais que réorganiser les unités carrées ne change rien à l'aire car aucune nouvelle unité n'est ajoutée, et aucune n'est enlevée.

Leçon 2 : Décomposer et recomposer des formes pour comparer leurs aires.

Nom _____ Date _____

1. Chaque ☐ est une unité carrée. Compte pour trouver l'aire de chaque rectangle. Ensuite, entoure tous les rectangles avec une aire de 12 unités carrées.

a.

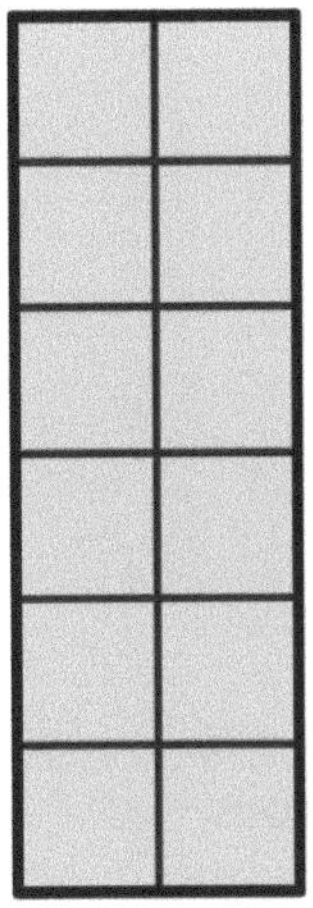

Aire = _____ unités carrées

b.

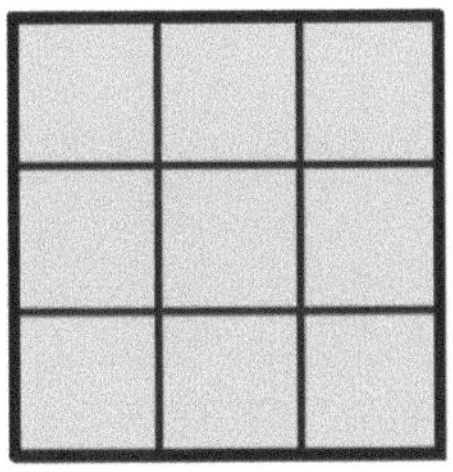

Aire = _____ unités carrées

c.

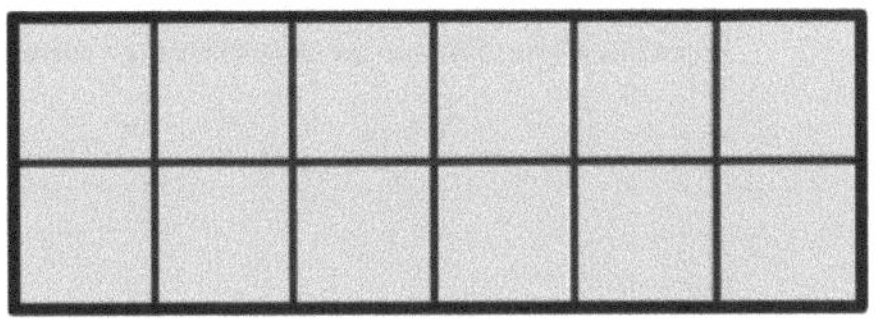

Aire = _____ unités carrées

d.

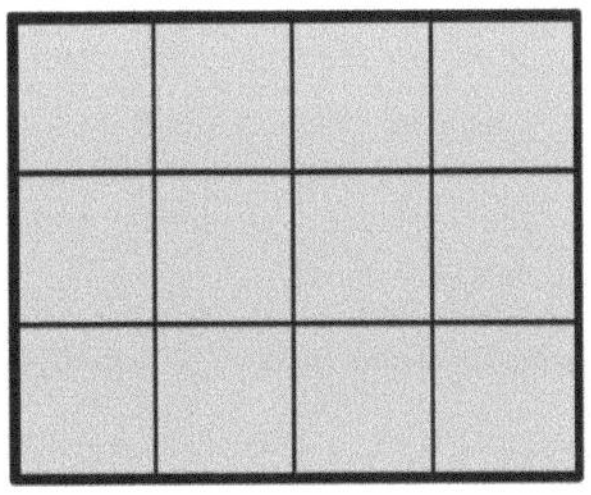

Aire = _____ unités carrées

e.

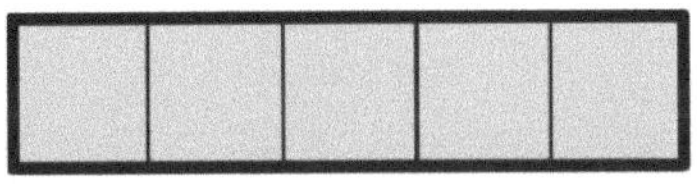

Aires = _____ unités carrées

f.

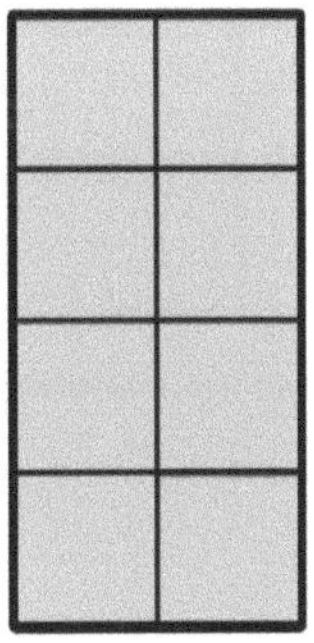

Aire = _____ unités carrées

Leçon 2 : Décomposer et recomposer des formes pour comparer leurs aires.

2. Colin utilise des unités carrées pour créer ces rectangles. Ont-ils la même aire ? Explique.

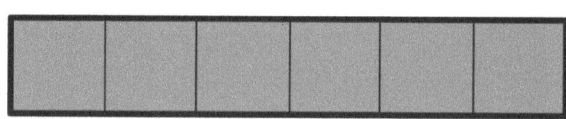

3. Chaque ⬜ est une unité carré. Compter pour trouver l'aire du rectangle ci-dessous.

   Ensuite, dessine un autre rectangle avec la même aire.

1. Chaque ▢ fait 1 unité carrée. Quelle est l'aire de chacun des rectangles suivants ?

   a.

   6 unités carrées

   > Je peux trouver l'aire de chaque rectangle en comptant le nombre d'unités carrées.

   b.

   20 unités carrées

2. Comment les rectangles du Problème 1 seraient-ils différents s'ils étaient composés de pouces carrés ?

   Le nombre de carrés dans chaque rectangle resterait le même, mais les côtés de chaque carré mesurerait 1 pouce. Nous étiquetterons aussi l'aire en pouces carrés au lieu d'unités carrées.

3. Comment les rectangles du Problème 1 seraient-ils différents s'ils étaient composés de centimètres carrés ?

   Le nombre de carrés dans chaque rectangle resterait le même, mais le côté de chaque carré mesurerait 1 centimètre. Nous étiquetterons également l'aire en centimètres carrés au lieu d'unités carrées.

   > Je sais qu'un pouce carré couvre une aire plus grande qu'un centimètre carré parce qu'un pouce est plus long qu'un centimètre.

Leçon 3 : Modeler du carrelage avec des carrés d'un centimètre et d'un pouce comme stratégie pour mesurer l'aire.

UNE HISTOIRE D'UNITÉS   Leçon 3 Devoirs   3•4

Nom _____   Date _____

1. Chaque ☐ fait 1 unité carrée. Quelle est l'aire de chacun des rectangles suivants ?

A : _____ unités carrées

B : _____

C : _____

D : _____

2. Chaque ▪ fait 1 unité carrée. Quelle est l'aire de chacun des rectangles suivants ?

a.

b.

c.

d.

Leçon 3 :   Modeler du carrelage avec des carrés d'un centimètre et d'un pouce comme stratégie pour mesurer l'aire.

3. Chaque ☐ fait 1 unité carrée. Écris l'aire de chaque rectangle. Ensuite, dessine un rectangle différent avec la même aire dans l'espace prévu.

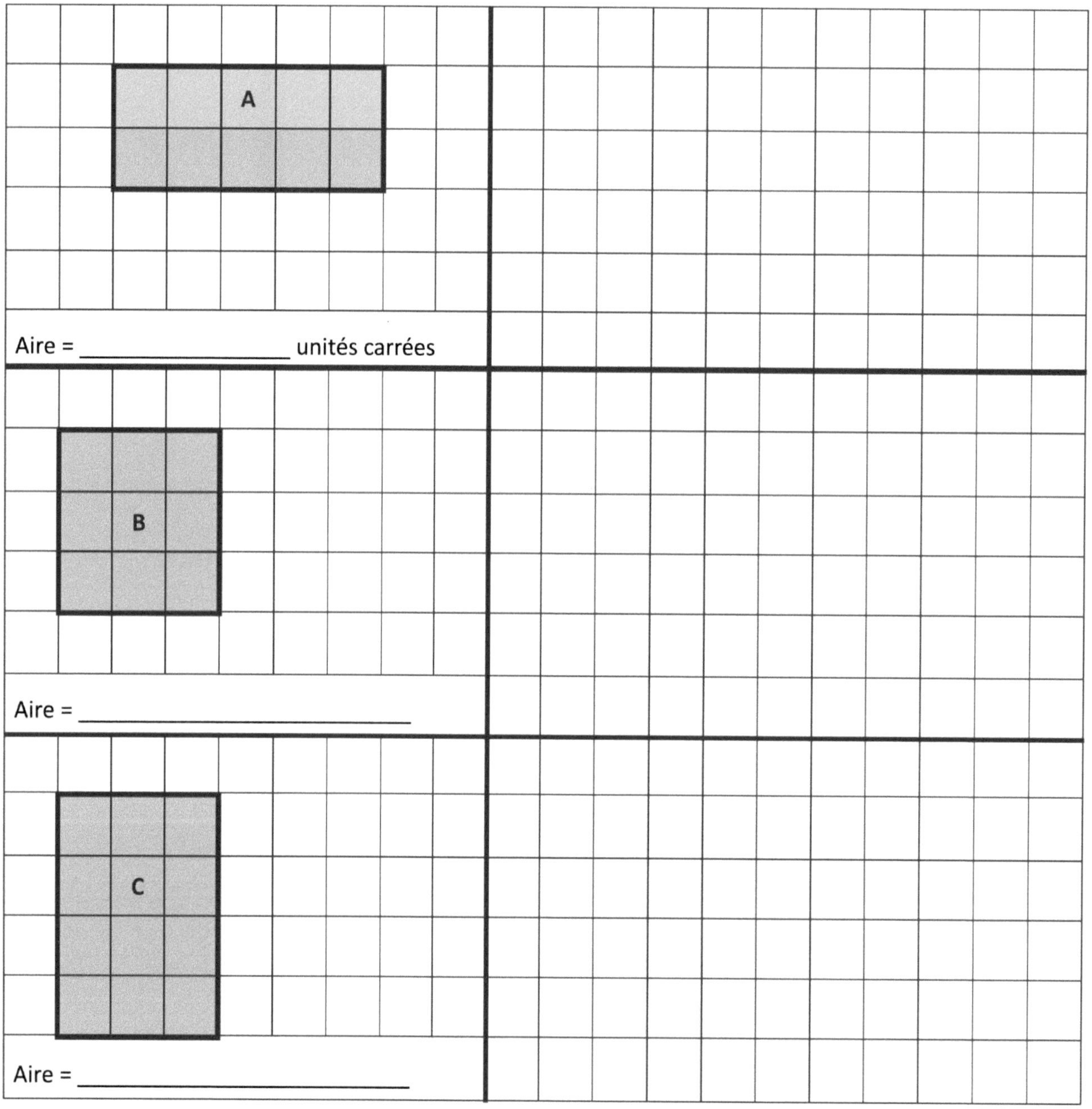

A

Aire = _____ unités carrées

B

Aire = _____

C

Aire = _____

1. Utilise une règle pour mesurer la longueur des côtés du rectangle en centimètres. Marque chaque centimètre avec un point et dessine des lignes depuis ces points pour montrer les unités carrées. Ensuite, compter les carrés que tu as dessinés pour trouver l'aire totale.

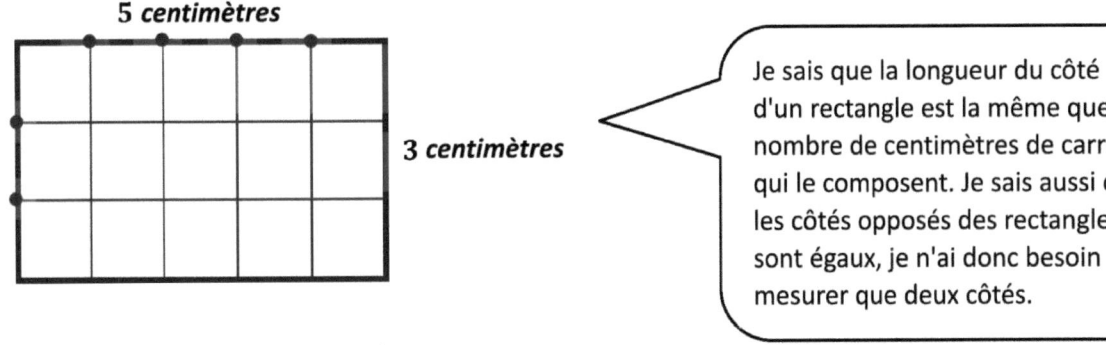

Je sais que la longueur du côté d'un rectangle est la même que le nombre de centimètres de carreaux qui le composent. Je sais aussi que les côtés opposés des rectangles sont égaux, je n'ai donc besoin de mesurer que deux côtés.

Aire totale : **15 *centimètres carrés***

2. Chaque ☐ fait 1 centimètre carré. Sammy dit que la longueur du côté du rectangle ci-dessous est 8 centimètres. Davis dit que la longueur du côté est 3 centimètres. Qui a raison ? Explique comment tu le sais.

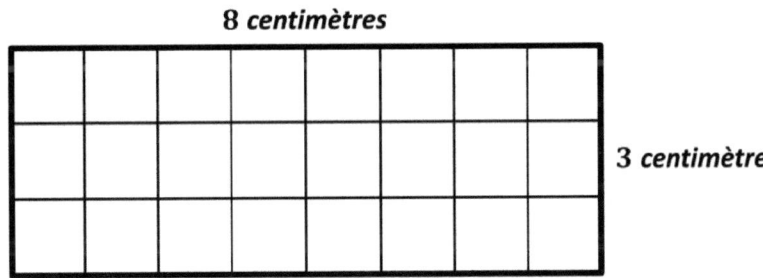

Une stratégie efficace pour trouver la superficie est de considérer ce rectangle comme 3 rangées de 8 carreaux, soit 3 huit. On peut alors compter par huit trois fois pour trouver le nombre total de carreaux de centimètres carrés.

Ils ont tous les deux raison car j'ai compté les carreaux sur le haut, et il y a 8 carreaux, ce qui fait que la longueur du côté est de 8 cm. Ensuite, j'ai compté sur le côté et il y avait 3 carreaux, ce qui veut dire que la longueur du côté est de 3 cm.

Leçon 4 : Associer la longueur d'un côté au nombre de carrés sur ce côté.

UNE HISTOIRE D'UNITÉS   Leçon 4 Aide aux devoirs   3•4

3. Shana utilise les carreaux de pouces (inches) carrés pour trouver les longueurs des côtés du rectangle ci-dessous. Étiquette la longueur de chaque côté. Ensuite, trouve l'aire totale.

5 pouces (5 in)

2 pouces (2 in)

Aire totale : __**10 pouces carrés**__

> Je sais que les unités sont marquées différemment selon la longueur des côtés et l'aire. Je sais que l'unité pour la longueur des côtés est le pouce, car l'unité mesure la longueur du côté en pouces. Pour l'aire, l'unité est le pouce carré car je compte le nombre de carreaux de pouce carré qui sont utilisées pour faire le rectangle.

4. Comment connaitre la longueur des côté W et X peut t'aider à connaitre la longueur des côtés Y et Z sur le rectangle ci-dessous ?

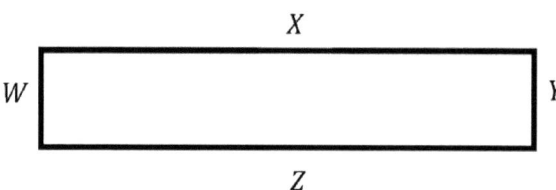

Je sais que les côtés opposés d'un rectangle sont égaux. Alors, si je connais la longueur du côté X, je connais aussi la longueur du côté Z. Si je connais la longueur du côté W, je connais aussi la longueur du côté Y.

276   Leçon 4 :   Associer la longueur d'un côté au nombre de carrés sur ce côté.

Nom _____ Date _____

1. Ella a placé les carreaux à centimètres carrés sur le rectangle ci-dessous et a ensuite étiqueté la longueur des côtés. Quelle est l'aire de son rectangle ?

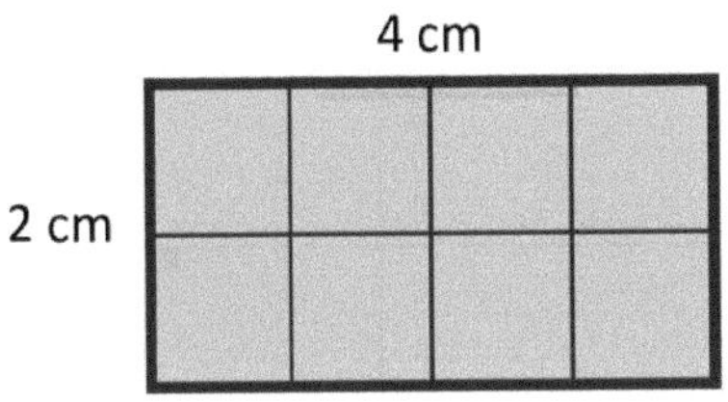

   4 cm
   2 cm

   Aire totale : _____

2. Kyle utilise les carreaux de centimètres carrés pour trouver les longueurs des côtés du rectangle ci-dessous. Étiquette la longueur de chaque côté. Ensuite, compte les carreaux pour trouver l'aire totale.

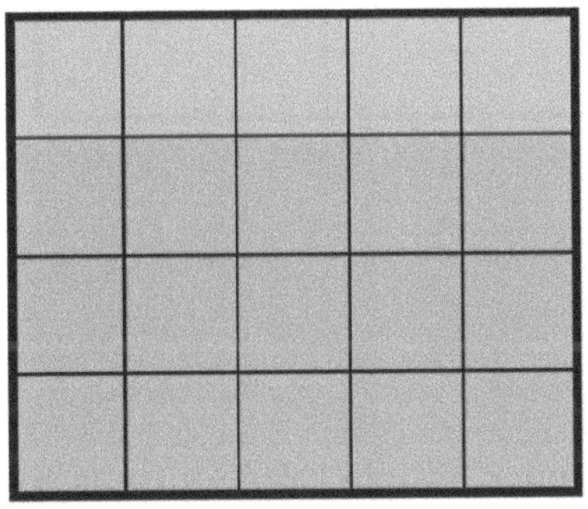

   Aire totale : _____

3. Maura utilise les carreaux de pouces carrés pour trouver les longueurs des côtés du rectangles ci-dessous. Étiquette la longueur de chaque côté. Ensuite, trouve l'aire totale.

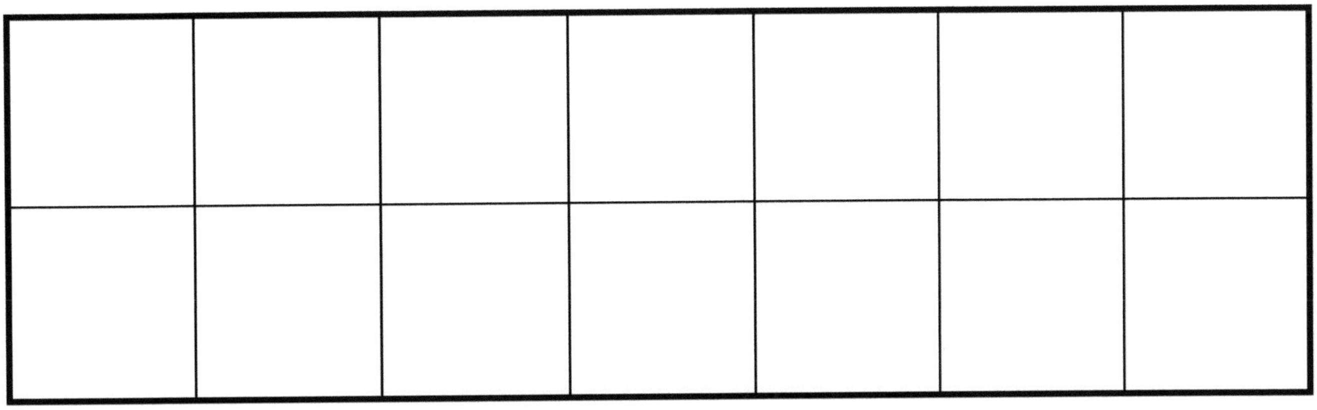

   Aire totale : _____

Leçon 4 : Associer la longueur d'un côté au nombre de carrés sur ce côté.

4. Chaque unité carrée ci-dessous fait 1 pouce carré. Claire dit que la longueur du côté du rectangle ci-dessous est de 3 pouces. Tyler dit que la longueur du côté est de 5 pouces. Qui a raison ? Explique comment tu le sais.

5. Etiquette les longueurs des côtés du rectangle ci-dessous, et trouve ensuite l'aire. Explique comment tu as utilisé les longueurs données pour trouver les longueurs inconnues et l'aire.

4 pouces (4 in)

2 pouces (2 in)

Aire totale : _____

Leçon 5 Aide aux devoirs 3•4

1. Utilise la côté centimétrique d'une règle pour dessiner les carreaux. Ensuite, trouve et marque la longueur du côté inconnu. Compte les carreaux pour vérifier ton travail. Écris une phrase de multiplication pour chaque rectangle de carreaux.

    a. Aire : 12 centimètres carrés.

    4 cm | (rectangle avec marques 3, 6, 9, 12 sur le côté) | 3 cm

    __4__ × __3__ = __12__

    > Je peux utiliser ma règle pour marquer chaque centimètre. Ensuite, je peux relier les marques pour dessiner les carreaux. Je vais compter les unités carrées et marquer la longueur du côté inconnu de 3 cm.

    > Ensuite, je vais compter par 3 pour vérifier que le nombre total de carreaux correspond à l'aire donnée de 12 centimètres carrés.

    > Je peux écrire 3 pour le facteur inconnu car mon tableau de carreaux montre 4 rangées de 3 carreaux.

    b. Aire : 12 centimètres carrés.

    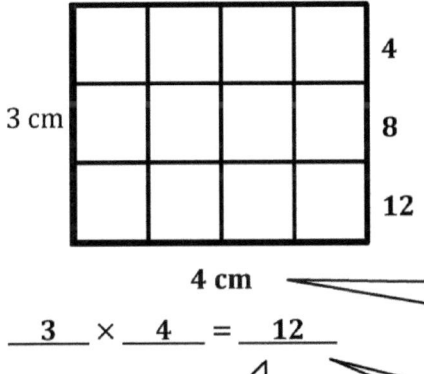

    3 cm | (rectangle avec marques 4, 8, 12) | 4 cm

    __3__ × __4__ = __12__

    > Après avoir utilisé ma règle pour dessiner les carreaux, je peux compter pour trouver la longueur du côté inconnu et la marquer.

    > Je peux écrire la phrase numérique 3 x 4 = 12 parce qu'il y a 3 rangées de 4 carreaux, ce qui fait un total de 12 carreaux.

    > L'aire des rectangles des parties (a) et (b) est de 12 centimètres carrés. Cela signifie que les deux rectangles ont la même aire, même s'ils ont une apparence différente.

Leçon 5 : Former des rectangles en carrelant avec des carrés d'une unité pour faire des matrices.

2. Ella fait un rectangle avec des carreaux de 24 centimètres carrés. Il y a 4 rangées identiques de carreaux.

   a. Combien de carreaux sont dans chaque rangée ? Utilise des images, des nombres ou des mots pour soutenir ta réponse.

   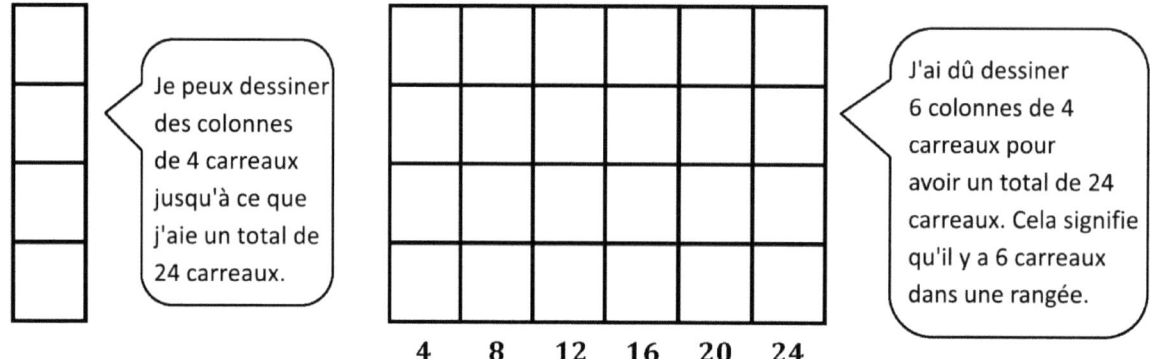

   Il y a 6 carreaux dans chaque rangée. J'ai dessiné des colonnes de 4 carreaux jusqu'à ce que j'arrive à un total de 24 carreaux. Ensuite, j'ai compté combien de carreaux il y a dans 1 rangée. Je peux aussi trouver la réponse en pensant au problème comme 4 x ____ = 24 car je sais que 4 x 6 = 24.

   b. Ella peut-elle disposer tous les carreaux de 24 centimètres carrés en 3 rangées égales ? Utilise des images, des nombres ou des mots pour soutenir ta réponse.

   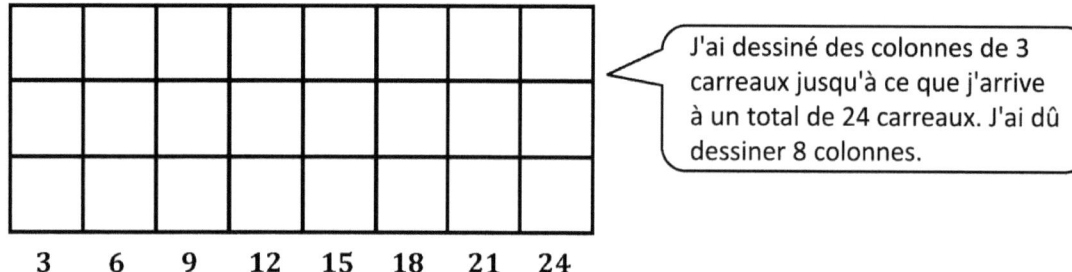

   Oui, elle peut disposer tous ses 24 carreaux en 3 rangées égales. J'ai dessiné des colonnes de 3 carreaux jusqu'à ce que j'arrive à un total de 24 carreaux. Je peux utiliser mon image pour voir que j'ai 8 carreaux dans chaque rangée. Je peux également utiliser la multiplication pour m'aider, car je sais que 3 x 8 = 24.

   c. Les rectangles des parties (a) et (b) ont-ils la même aire totale ? Explique comment tu le sais.

   Oui, les rectangles des parties (a) et (b) ont la même aire car ils sont tous deux constitués de carreaux de 24 centimètres carrés. Les rectangles ont un aspect différent car ils ont des longueurs de côté différentes, mais ils ont la même aire.

   Ce problème est différent du problème 1 car les rectangles du problème 1 ont la même longueur de côté. Ils étaient juste tournés.

Nom _____   Date _____

1. Utilise la côté centimétrique d'une règle pour dessiner les carreaux. Trouve la longueur de côté inconnue ou compte par intervalles pour trouver l'aire inconnue. Ensuite, complète les équations de multiplication.

a. Aire : **24** centimètres carrés.

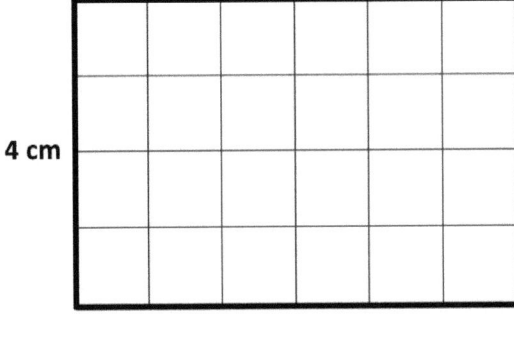

____4____ × _____ = ___24___

b. Aire : **24** centimètres carrés.

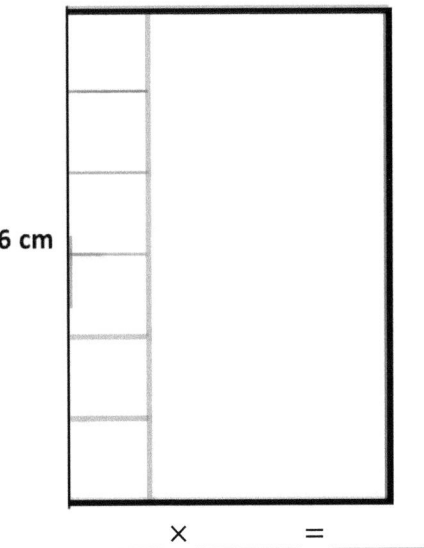

_____ × _____ = _____

c. Aire : **15** centimètres carrés.

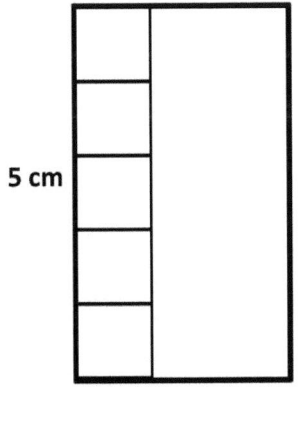

_____ × _____ = _____

d. Aire : **15** centimètres carrés.

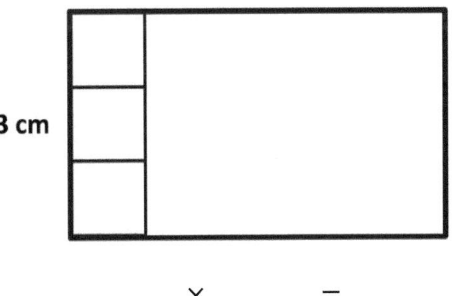

_____ × _____ = _____

Leçon 5 : Former des rectangles en carrelant avec des carrés d'une unité pour faire des matrices.

2. Ally fait un rectangle avec des carreaux de 45 pouces carrés chacun. Elle dispose les carreaux en 5 rangées identiques. Combien de pouces carrés de carreaux y a-t-il dans chaque rangée ? Utilise des images, des nombres ou des mots pour soutenir ta réponse.

3. Leon fait un rectangle avec des carreaux de 36 centimètres carrés. Il y a 4 rangées identiques de carreaux.

   a. Combien de carreaux sont dans chaque rangée ? Utilise des images, des nombres ou des mots pour soutenir ta réponse.

   b. Leon peut-il disposer tous ses carreaux de 36 centimètres carrés en 6 rangées égales ? Utilise des images, des nombres ou des mots pour soutenir ta réponse.

   c. Les rectangles des parties (a) et (b) ont-ils la même aire totale ? Explique comment tu le sais.

UNE HISTOIRE D'UNITÉS — Leçon 6 Aide aux devoirs 3•4

1. Chaque ☐ représente 1 centimètre carré. Dessine pour trouver le nombre de rangées et de colonnes dans chaque matrice. Relie-la à la matrice complète qui lui correspond. Ensuite, remplis les blancs pour faire une vraie équation pour trouver l'aire de chaque matrice.

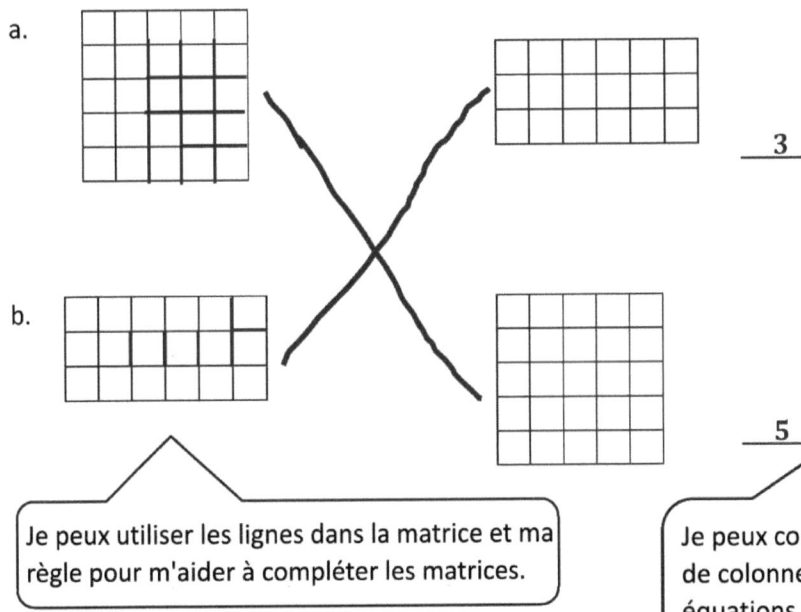

a. ___3___ cm × ___6___ cm = ___18___ cm²

b. ___5___ cm × ___5___ cm = ___25___ cm²

Je peux utiliser les lignes dans la matrice et ma règle pour m'aider à compléter les matrices.

Je peux compter le nombre de rangées et de colonnes pour remplir les blancs dans les équations. Ensuite, je peux multiplier pour trouver la superficie de chaque matrice.

2. Un tableau couvre le mur de carreaux dans la cuisine de Ava, tel que présenté ci-dessous.

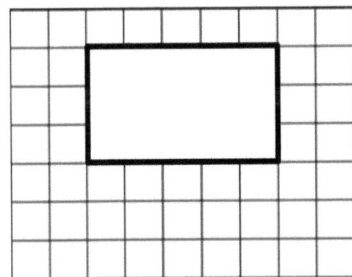

a. Ava compte par 9 pour trouver le nombre total de carreaux sur le mur. Elle dit qu'il y a 63 carreaux. A-t-elle raison ? Explique ta réponse.

Oui, Ava a raison. Même si je ne peux pas voir tous les carreaux, je peux utiliser la première rangée et la première colonne pour voir qu'il y a 7 rangées de 9 carreaux. Je peux multiplier 7 × 9, ce qui est égal à 63.

Leçon 6 : Dessiner des rangées et des colonnes pour déterminer l'aire d'un rectangle, étant donné une matrice incomplète.

b. Combien de carreaux y a-t-il sous le tableau ?

> Je peux utiliser les carreaux autour de la peinture pour m'aider à déterminer combien de carreaux se trouvent sous la peinture.

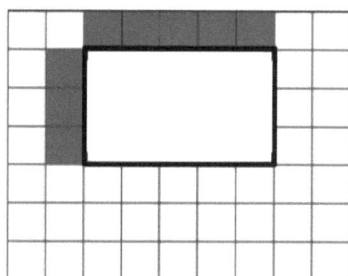

$3 \times 5 = 15$

> Il y a 3 rangées de carreaux et 5 colonnes de carreaux sous la peinture. Je peux multiplier 3 x 5 pour trouver le nombre total de carreaux sous la peinture.

$63 - 48 = 15$

> Je sais, d'après la partie (a), qu'il y a 63 carreaux au total. Donc, je pourrais aussi résoudre en soustrayant du total le nombre de carreaux que je peux voir.

Il y a 15 carreaux sous le tableau.

UNE HISTOIRE D'UNITÉS Leçon 6 Devoirs 3•4

Nom _____   Date _____

1. Chaque ☐ représente 1 centimètre carré. Dessine pour trouver le nombre de rangées et de colonnes dans chaque matrice. Relie-la à la matrice complète qui lui correspond. Ensuite, remplis les blancs pour faire une vraie équation pour trouver l'aire de chaque matrice.

a.

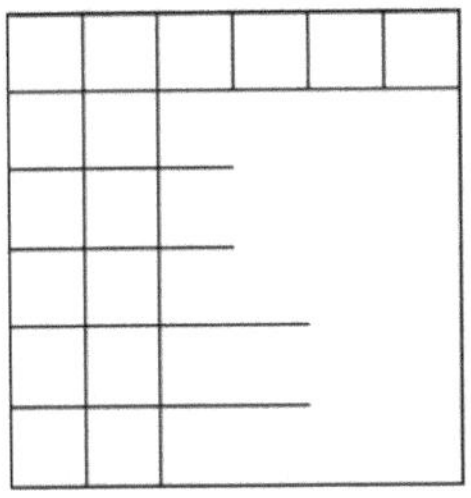

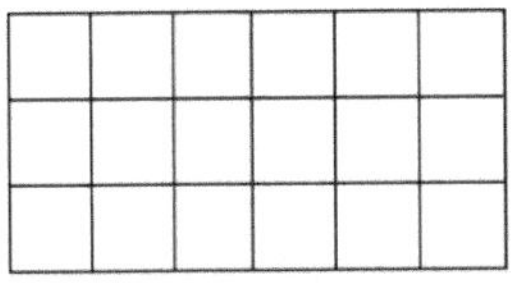

___ cm × ___ cm = ___ cm carrés

b.

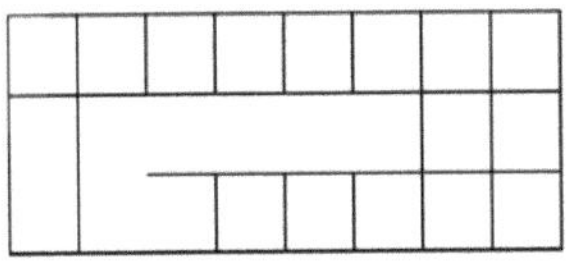

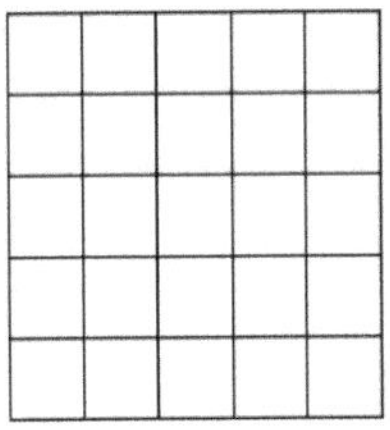

___ cm × ___ cm = ___ cm carrés

c.

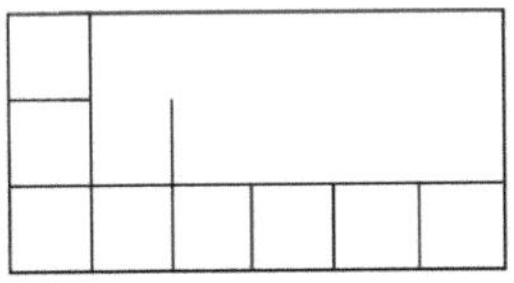

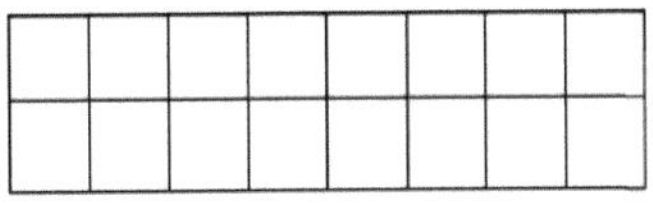

___ cm × ___ cm = ___ cm carrés

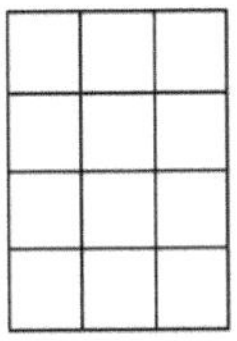

___ cm × ___ cm = ___ cm carrés

d.

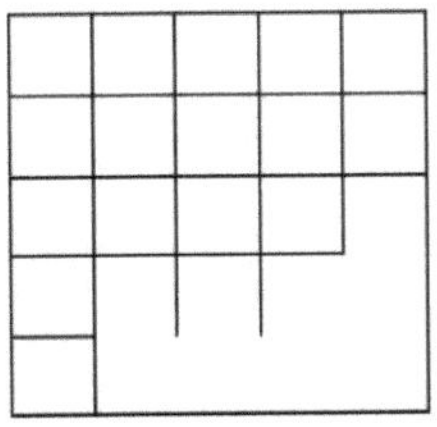

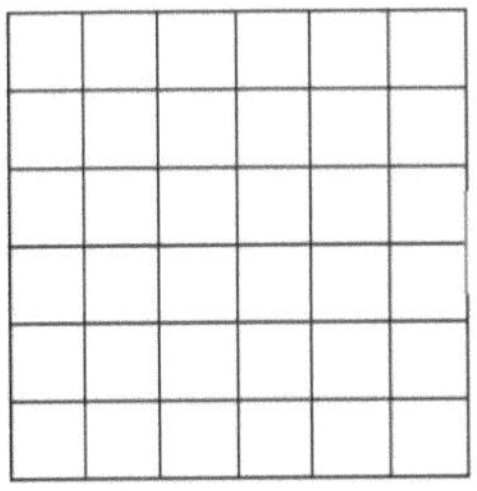

___ cm × ___ cm = ___ cm carrés

e.

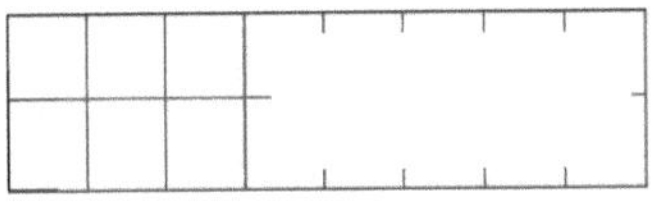

f.

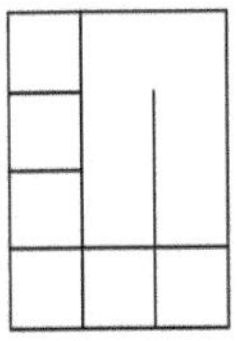

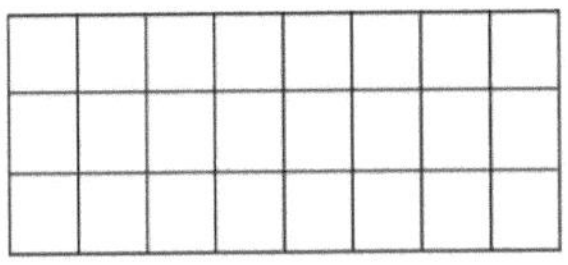

___ cm × ___ cm = ___ cm carrés

Leçon 6 : Dessiner des rangées et des colonnes pour déterminer l'aire d'un rectangle, étant donné une matrice incomplète.

285

2. Minh compte par six pour trouver le total d'unités carrées dans le rectangle ci-dessous. Elle dit qu'il y a 36 unités carrées. A-t-elle raison ? Explique ta réponse.

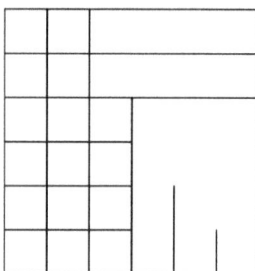

3. La baignoire dans la salle de bain de Paige couvre le sol de carreaux tel qu'affiché ci-dessous. Combien de carreaux se trouvent sur le sol, y compris ceux sous la baignoire ?

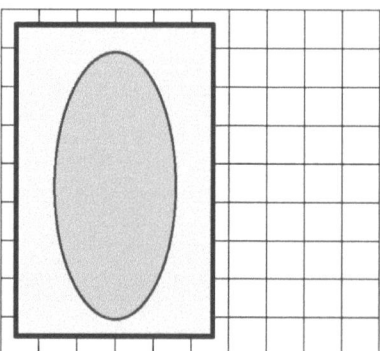

4. Frank voit un carnet au-dessus de son tableau d'échecs. Combien de carrés sont couverts par le carnet ? Explique ta réponse.

1. Trouver l'aire de la matrice rectangulaire. Étiquette les longueurs des côtés de l'aire du modèle correspondant et écris une équation de multiplication pour le modèle de l'aire.

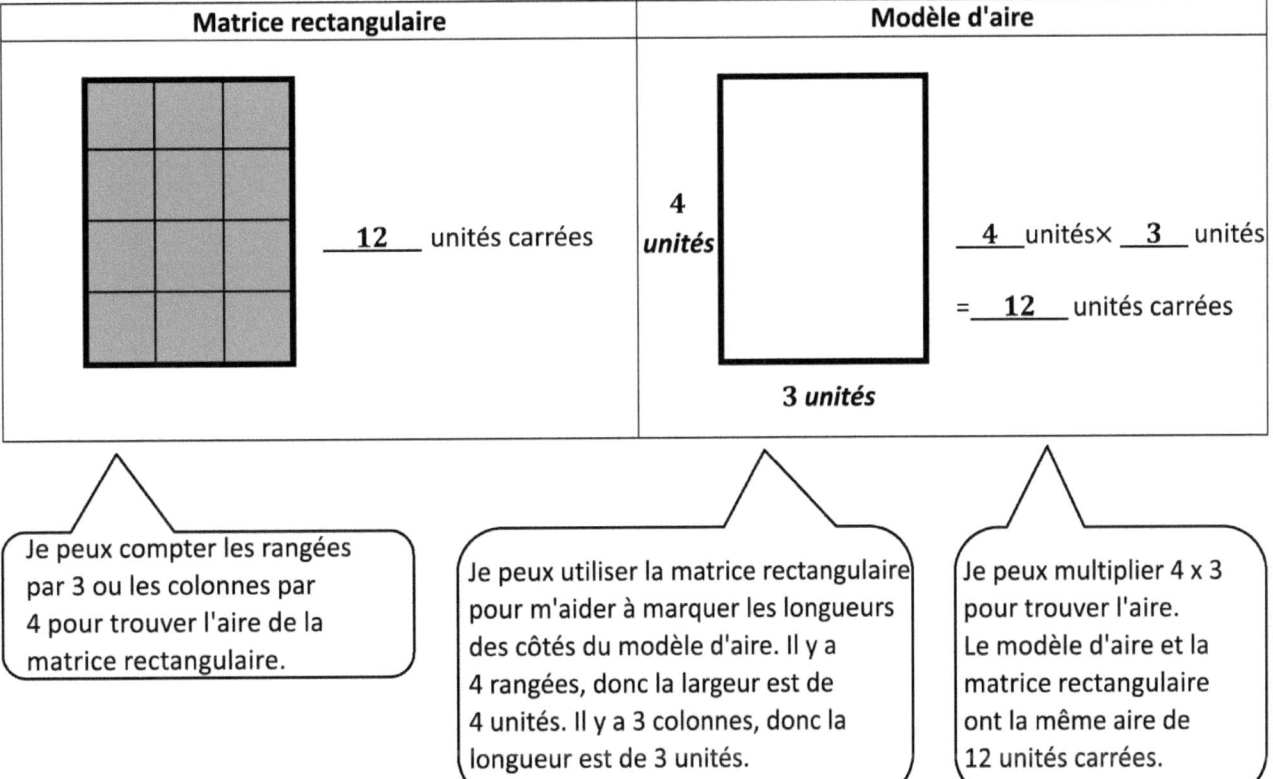

2. Mason dispose des blocs de modèles carrés en une matrice de 3 par 6. Dessine la matrice de Mason sur la grille ci-dessous. Combien d'unités carrées y a-t-il sur la matrice de Mason ?

   a.

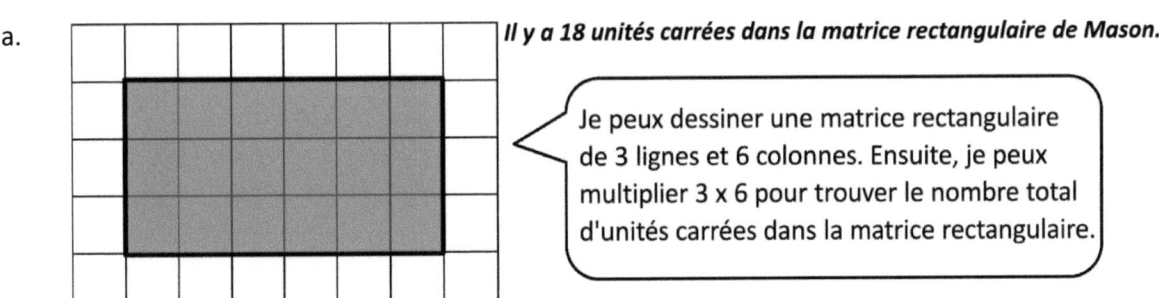

b. Etiquette les longueurs des côtés de la matrice de Mason de la partie (a) sur le rectangle ci-dessous. Ensuite, écris une phrase de multiplication pour représenter l'aire du rectangle.

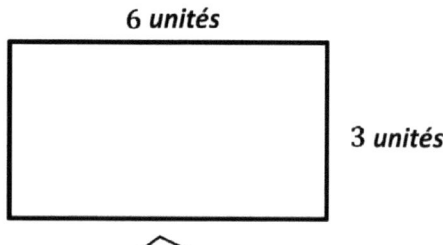

Je peux utiliser la matrice rectangulaire de la partie (a) pour m'aider à identifier les longueurs des côtés de ce modèle d'aire. Il y a 3 rangées et 6 colonnes dans la matrice rectangulaire, donc les longueurs des côtés sont de 3 unités et 6 unités.

$3\,\text{unités} \times 6\,\text{unités} = 18\,\text{unités carrées}$

Je peux multiplier les longueurs des côtés pour trouver l'aire.

3. Luke dessine un rectangle qui fait 4 pieds carrés. Savannah dessine un rectangle qui fait 4 pouces carrés. Qui a le rectangle avec la plus grande aire ? Comment le sais-tu ?

Le rectangle de Luc a une plus grande aire car ils ont tous deux utilisé le même nombre d'unités, mais la taille des unités est différente. Luke a utilisé des pieds carrés, qui sont plus grands que des pouces carrés. Comme les unités utilisées par Luke sont plus grandes que celles utilisées par Savannah et qu'elles utilisent toutes deux le même nombre d'unités, le rectangle de Luke a une plus grande aire.

Je peux penser à la leçon d'aujourd'hui pour m'aider à répondre à cette question. Mon partenaire et moi avons fait des rectangles en utilisant des carreaux en pouces carrés et en centimètres carrés. Nous avons tous les deux utilisé le même nombre de carreaux pour faire nos rectangles, mais nous avons remarqué que le rectangle fait de pouces carrés était plus grand en aire que le rectangle fait de centimètres carrés. La plus grande unité, les pouces carrés, formait un rectangle avec une plus grande aire.

UNE HISTOIRE D'UNITÉS   Leçon 7 Devoirs 3•4

Nom _____   Date _____

1. Trouve l'aire de chaque matrice rectangulaire. Etiquette les côtés de l'aire du modèle correspondant et écris une équation de multiplication pour chaque modèle d'aire.

Matrices rectangulaires	Modèles d'aire
a. 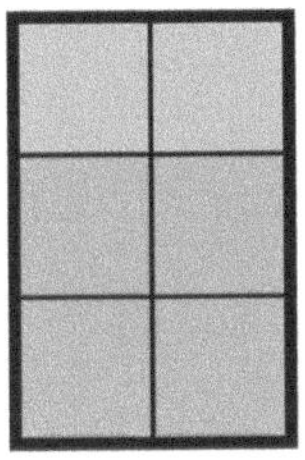 ____ unités carrées	3 unités  / 2 unités ; 3 unités x ____ unités = ____ unités carrées
b. 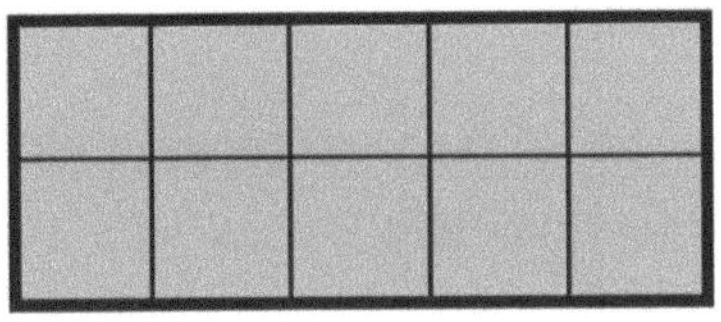 ____ unités carrées	 ____ unités x ____ unités = ____ unités carrées
c. 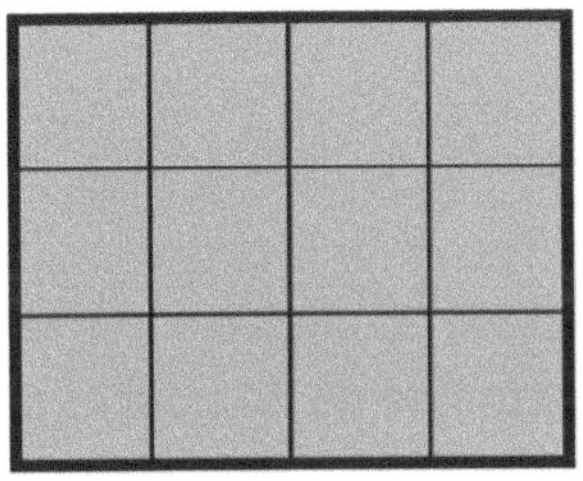 ____ unités carrées	 ____ unités x ____ unités = ____ unités carrées
d. 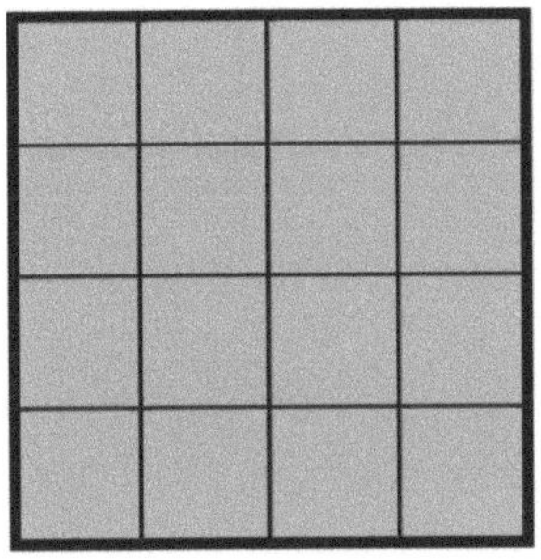 ____ unités carrées	____ unités x ____ unités = ____ unités carrées

Leçon 7 : Interpréter des modèles d'aire pour former des matrices rectangulaires.

289

2. Jillian dispose les blocs de motifs carrés en matrice de 7 par 4. Dessine la matrice de Jillian sur la grille ci-dessous. Combien d'unités carrés y a-t-il dans la matrice rectangulaire de Jillian ?

   a.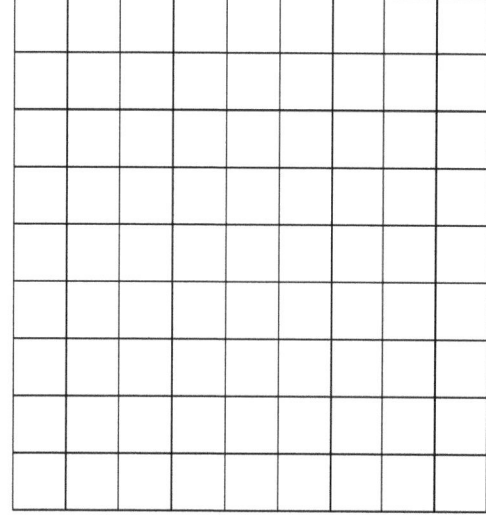

   b. Etiquette les longueurs des côtés de la matrice de Jillian dans la partie (a) sur le rectangle ci-dessous. Ensuite, écris une phrase de multiplication pour représenter l'aire du rectangle.

3. Fiona dessine un rectangle de 24 centimètres carrés. Gregory dessine un rectangle de 24 pouces carrés. Qui a le rectangle avec la plus grande aire ? Comment le sais-tu ?

1. Écris une équation de multiplication pour trouver l'aire du rectangle.

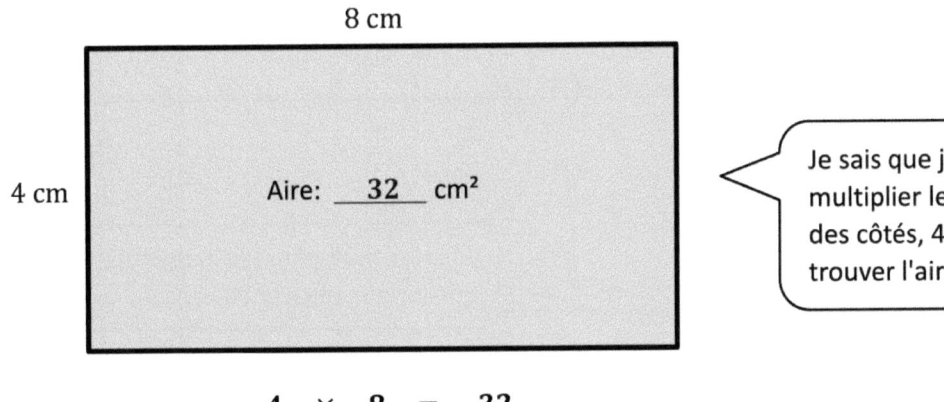

$\underline{4} \times \underline{8} = \underline{32}$

2. Écris une équation de multiplication et une équation de division pour trouver la longueur du côté inconnu du rectangle.

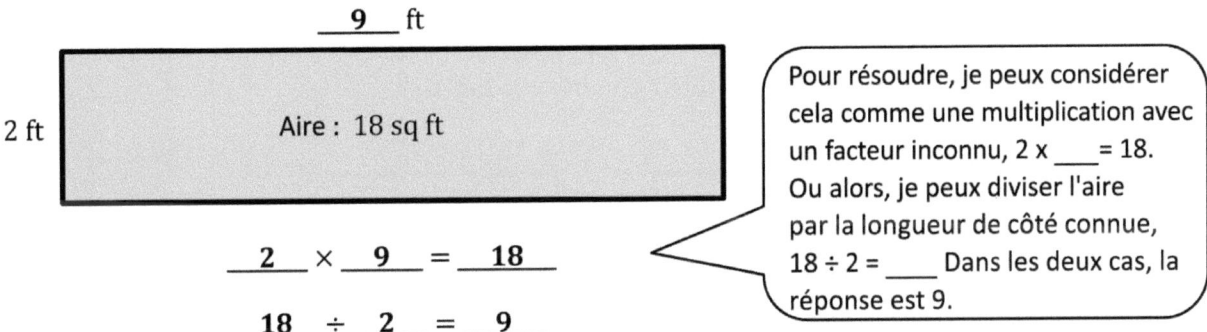

$\underline{2} \times \underline{9} = \underline{18}$

$\underline{18} \div \underline{2} = \underline{9}$

3. Sur la grille ci-dessous, dessine un rectangle qui a une aire de 24 unités carrées. Étiquette les longueurs des côtés.

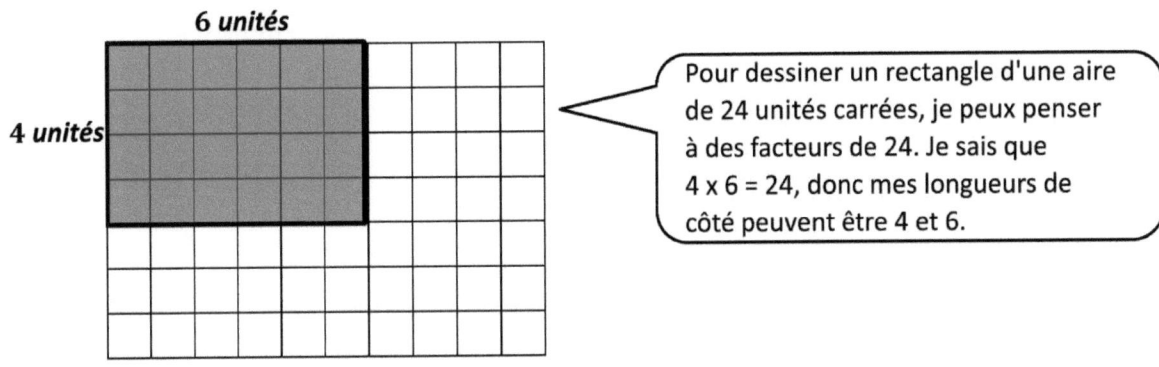

Leçon 8 : Trouver l'aire d'un rectangle en multipliant les longueurs de ses côtés.

4. Keith dessine un rectangle dont les longueurs de côtés sont 6 pouces et 3 pouces. Quelle est l'aire du rectangle ? Explique comment tu as trouvé ta réponse.

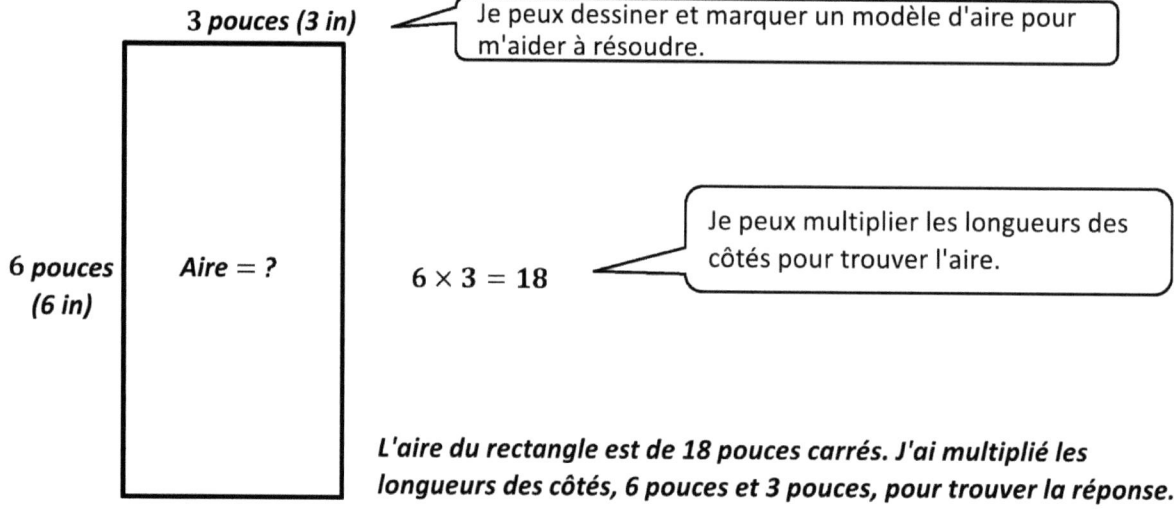

L'aire du rectangle est de 18 pouces carrés. J'ai multiplié les longueurs des côtés, 6 pouces et 3 pouces, pour trouver la réponse.

5. Isabelle dessine un rectangle avec un côté d'une longueur de 5 centimètres et une aire de 30 centimètres carrés. Quelle est la longueur de l'autre côté ? Comment le sais-tu ?

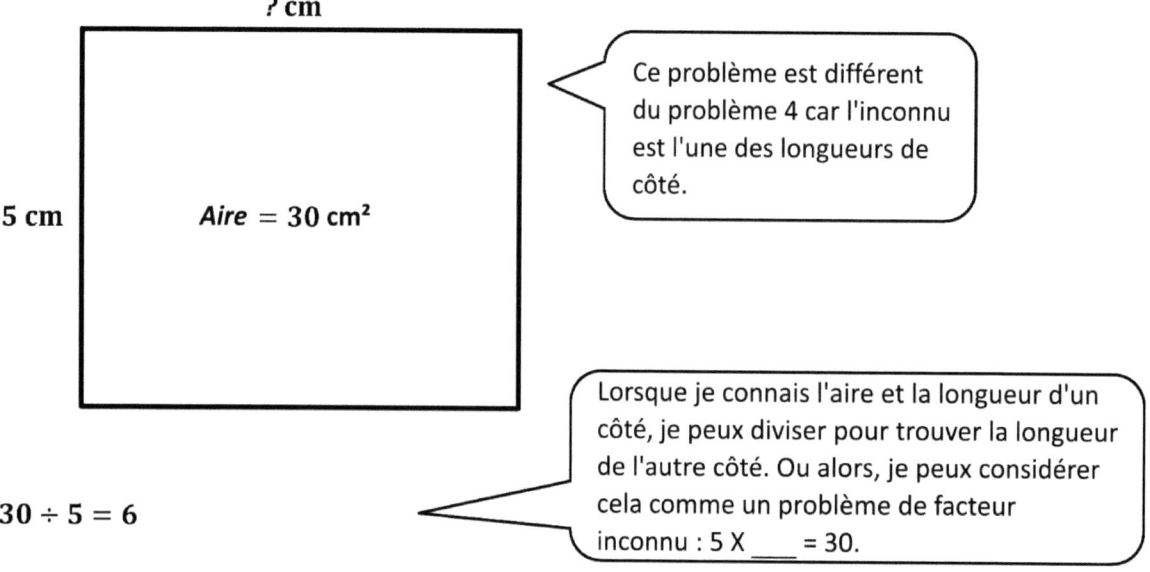

La longueur de l'autre côté est de 6 centimètres. J'ai divisé l'aire, 30 centimètres carrés, par la longueur du côté connu, 5 centimètres, et 30 ÷ 5 = 6.

Nom _____ Date _____

1. Écris une équation de multiplication pour trouver l'aire de chaque rectangle.

   a.
   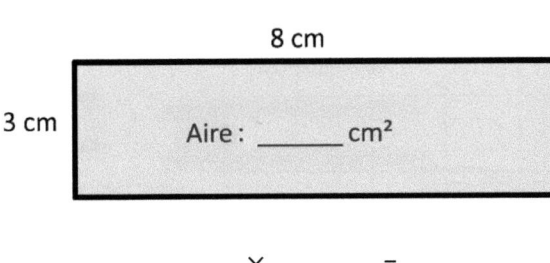

   _____ × _____ = _____

   b.
   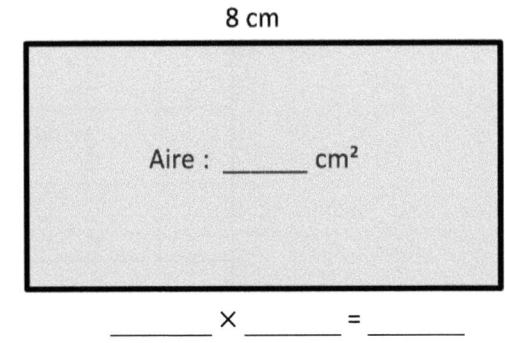

   _____ × _____ = _____

   c.
   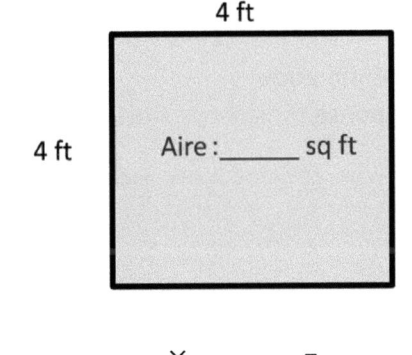

   _____ × _____ = _____

   d.
   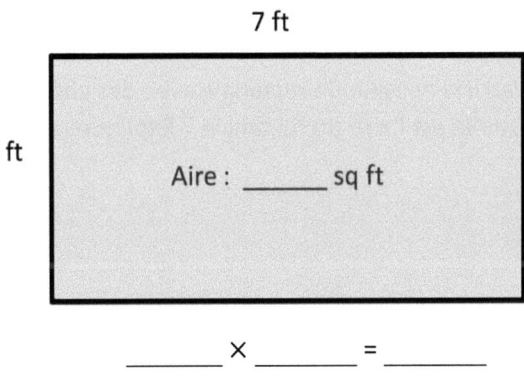

   _____ × _____ = _____

2. Écris une équation de multiplication et une équation de division pour trouver la longueur du côté inconnu pour chaque rectangle.

   a. _____ ft.

   3 ft   Aire : 24 sq ft

   _____ × _____ = _____
   _____ ÷ _____ = _____

   b. 9 ft

   _____ ft   Aire : 36 sq ft

   _____ × _____ = _____
   _____ ÷ _____ = _____

Leçon 8 : Trouver l'aire d'un rectangle en multipliant les longueurs de ses côtés.

3. Sur la grille ci-dessous, dessine un rectangle avec une aire de 32 centimètres carrés. Étiquette les longueurs des côtés.

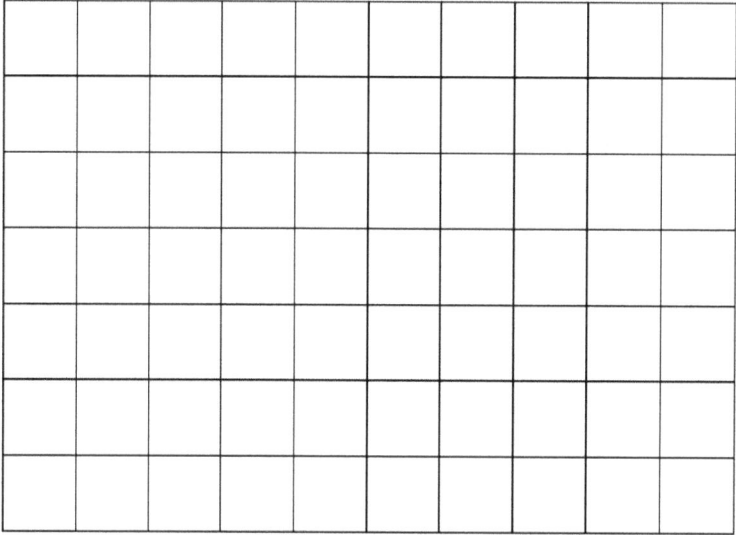

4. Patricia dessine un rectangle avec des côtés de 4 centimètres et 9 centimètres. Quelle est l'aire du rectangle ? Explique comment tu as trouvé ta réponse.

5. Charles dessine un rectangle avec un côté de 9 pouces et une aire de 27 pouces carrés. Quelle est la longueur de l'autre côté ? Comment le sais-tu ?

1. Utilise la grille pour répondre aux questions ci-dessous.

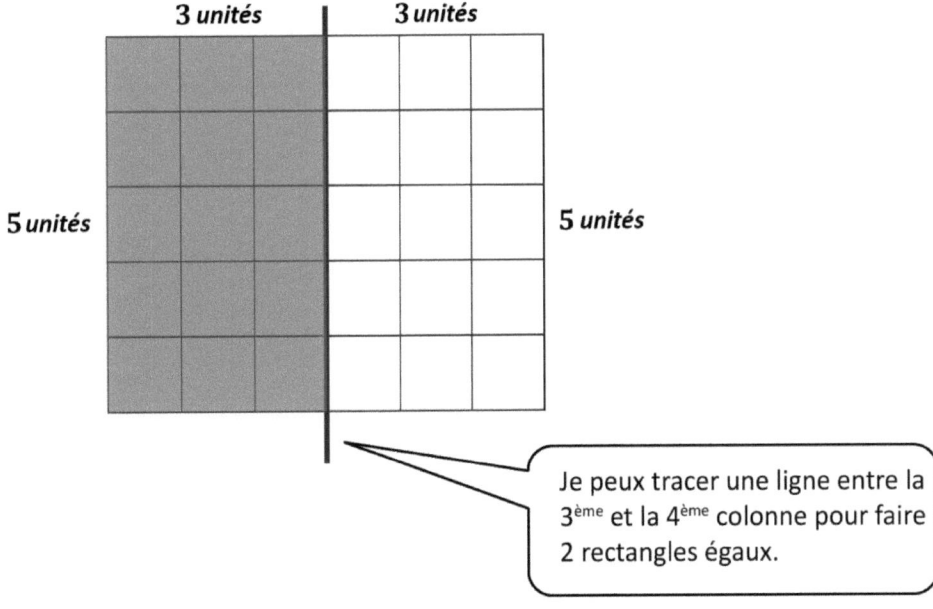

Je peux tracer une ligne entre la 3ème et la 4ème colonne pour faire 2 rectangles égaux.

a. Dessine une ligne pour diviser la grille en 2 rectangles égaux. Grise 1 des rectangles que tu as créé.

b. Étiquette les longueurs de côtés de chaque rectangle.

Je peux compter les unités de chaque côté pour m'aider à marquer la longueur des côtés de chaque rectangle.

c. Écris une équation pour montrer l'aire totale des 2 rectangles.

$$\begin{aligned} Aire &= (5 \times 3) + (5 \times 3) \\ &= 15 + 15 \\ &= 30 \end{aligned}$$

L'aire totale est de 30 unités carrées.

Je peux trouver l'aire de chaque petit rectangle en multipliant 5 x 3. Ensuite, je peux additionner les aires des 2 rectangles égaux pour trouver l'aire totale.

Leçon 9 : Analyser différents rectangles et réfléchir sur leur aire.

UNE HISTOIRE D'UNITÉS — Leçon 9 Aide aux devoirs 3•4

2. Phoebe divise les 2 rectangles égaux du problème 1 (a) et assemble les deux côtés courts.

   a. Dessine le nouveau rectangle de Phoebe et étiquette les longueurs des côtés ci-dessous.

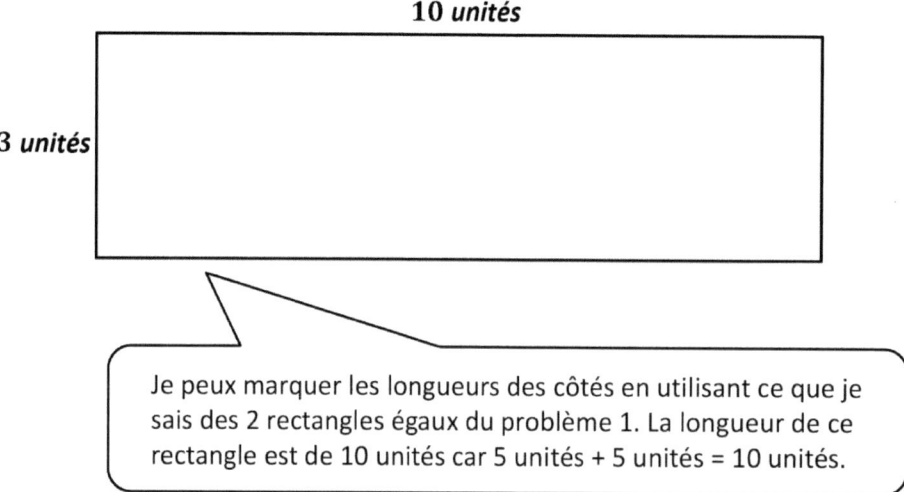

   Je peux marquer les longueurs des côtés en utilisant ce que je sais des 2 rectangles égaux du problème 1. La longueur de ce rectangle est de 10 unités car 5 unités + 5 unités = 10 unités.

   b. Trouve l'aire totale du nouveau rectangle plus long.

   $$Aire = 3 \times 10$$
   $$= 30$$

   L'aire totale est de 30 unités carrées.

   Je peux trouver l'aire en multipliant les longueurs des côtés.

   c. L'aire du nouveau rectangle plus long est-elle égale à l'aire totale du problème 1(c) ? Explique pourquoi ou pourquoi pas.

   Oui, l'aire du nouveau rectangle plus long est égale à l'aire totale du problème 1(c). Phoebe a juste réorganisé les deux petits rectangles égaux, de sorte que l'aire totale n'a pas changé.

   Je sais que l'aire totale ne change pas simplement parce que les deux rectangles égaux ont été déplacés pour former un nouveau rectangle plus long. Aucune unité n'a été enlevée et aucune n'a été ajoutée, donc l'aire reste la même.

Leçon 9 : Analyser différents rectangles et réfléchir sur leur aire.

Nom _____ Date _____

1. Utilise la grille pour répondre aux questions ci-dessous.

   a. Dessine une ligne pour diviser la grille en 2 rectangles égaux. Grise 1 des rectangles que tu as créé.

   b. Étiquette les longueurs de côtés de chaque rectangle.

   c. Écris une équation pour montrer l'aire totale des 2 rectangles.

2. Alexa diviser 2 rectangles égaux du problème 1(a) et assemble les deux côtés courts.

   a. Dessine le nouveau rectangle et étiquette les longueurs des côtés ci-dessous.

   b. Trouve l'aire totale du nouveau rectangle plus long.

   c. L'aire du nouveau rectangle plus long est-elle égale à l'aire totale du problème 1(c) ? Explique pourquoi ou pourquoi pas.

1. Étiquette la longueur des côtés des rectangles ombrés et non ombrés. Ensuite, trouve l'aire totale du plus grand rectangle en additionnant les aires des deux plus petits rectangles.

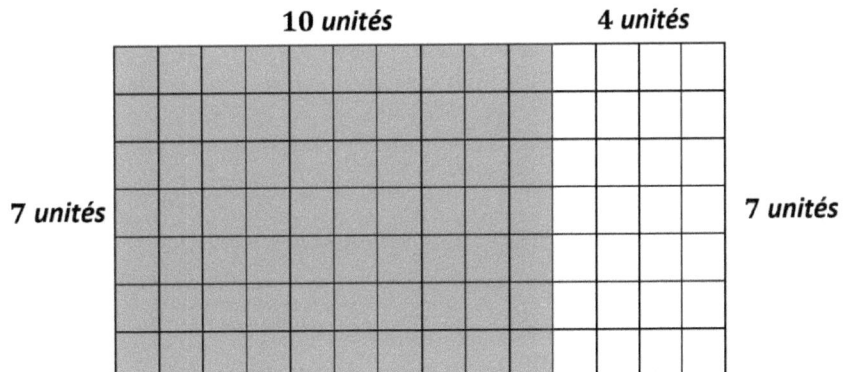

Je peux compter les unités de chaque côté pour m'aider à marquer la longueur des côtés de chaque rectangle.

$7 \times 14 = 7 \times (\underline{\ 10\ } + \underline{\ 4\ })$

$ = (7 \times \underline{\ 10\ }) + (7 \times \underline{\ 4\ })$

$ = \underline{\ 70\ } + \underline{\ 28\ }$

$ = \underline{\ 98\ }$

Aire : __98__ unités carrées

Leçon 10 : Appliquer la propriété distributive comme stratégie pour trouver l'aire totale d'un grand rectangle en additionnant deux produits.

2. Vickie imagine 1 rangée de sept de plus pour trouver l'aire totale d'un rectangle de 9 x 7. Explique comment cela pourrait l'aider à résoudre 9 x 7.

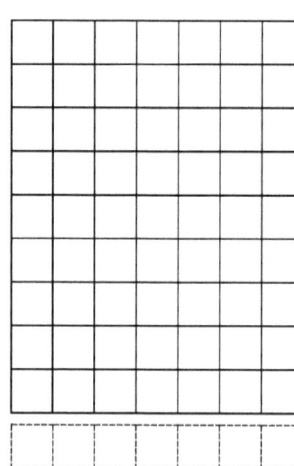

Cela peut l'aider à résoudre 9 x 7 parce que maintenant elle peut penser que c'est 10 x 7 moins 1 sept. 10 x 7 pourrait être plus facile à résoudre pour Vickie que 9x7.

$10 \times 7 = 70$

$70 - 7 = 63$

> Cela me rappelle la stratégie 9 = 10 - 1 que je peux utiliser pour multiplier par 9.

3. Divise le rectangle de 16 x 6 en 2 rectangles en ombrant un petit rectangle à l'intérieur. Ensuite, trouve l'aire totale en trouvant la somme des aires des deux petits rectangles. Explique ton raisonnement.

6 unités

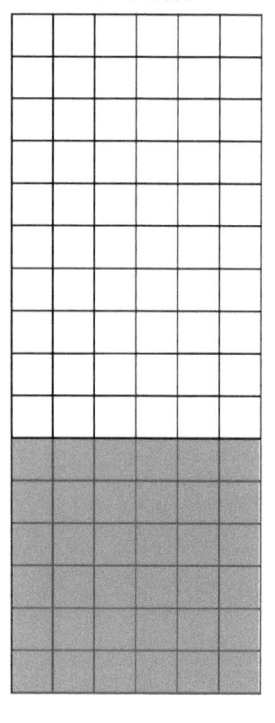

10 unités

6 unités

Aire $= (10 \times 6) + (6 \times 6)$
$= 60 + 36$
$= 96$

L'aire totale est de 96 unités carrées.

J'ai divisé le rectangle de 16 x 6 en deux plus petits rectangles : 10 x 6 et 6 x 6. J'ai choisi de le séparer ainsi parce que ce sont des faits faciles pour moi. J'ai multiplié les longueurs des côtés pour trouver l'aire de chaque petit rectangle et j'ai additionné ces aires pour trouver l'aire totale.

> Je peux briser le rectangle comme je le souhaite, mais j'aime chercher des faits qui sont faciles à résoudre pour moi. Multiplier par 10, c'est facile pour moi. J'aurais également pu le décomposer en 8 x 6 et 8 x 6. Il ne me resterait plus qu'à résoudre un seul fait.

Nom _____ Date _____

1. Étiquette la longueur des côtés des rectangles ombrés et non ombrés. Ensuite, trouve l'aire totale du plus grand rectangle en additionnant les aires des deux plus petits rectangles.

a.

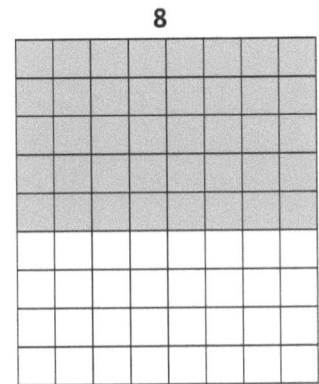

$9 \times 8 = (5 + 4) \times 8$

$\qquad = (5 \times 8) + (4 \times 8)$

$\qquad = \underline{} + \underline{}$

$\qquad = \underline{}$

Aire : _____ unités carrées

b.

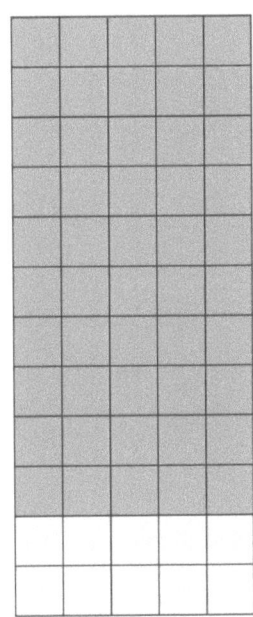

$12 \times 5 = (\underline{} + 2) \times 5$

$\qquad = (\underline{} \times 5) + (2 \times 5)$

$\qquad = \underline{} + 10$

$\qquad = \underline{}$

Aire : _____ unités carrées

c.

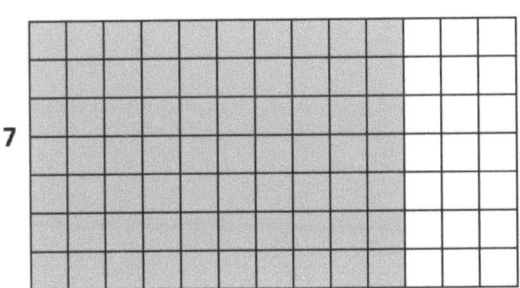

$7 \times 13 = 7 \times (\underline{} + 3)$

$\qquad = (7 \times \underline{}) + (7 \times 3)$

$\qquad = \underline{} + \underline{}$

$\qquad = \underline{}$

Aire : _____ unités carrées

d.

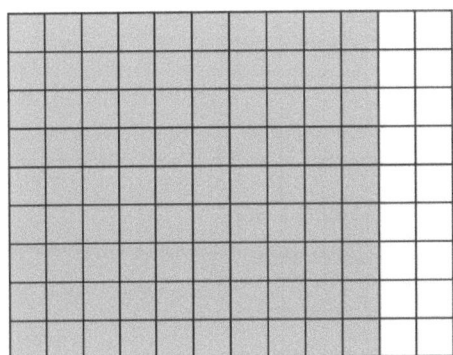

$9 \times 12 = 9 \times (\underline{} + \underline{})$

$\qquad = (9 \times \underline{}) + (9 \times \underline{})$

$\qquad = \underline{} + \underline{}$

$\qquad = \underline{}$

Aire : _____ unités carrées

Leçon 10 : Appliquer la propriété distributive comme stratégie pour trouver l'aire totale d'un grand rectangle en additionnant deux produits.

2. Finn imagine 1 rangée supplémentaire de neuf pour trouver l'aire totale d'un rectangle de 9 x 9. Explique comment cela pourrait l'aider à résoudre 9 x 9.

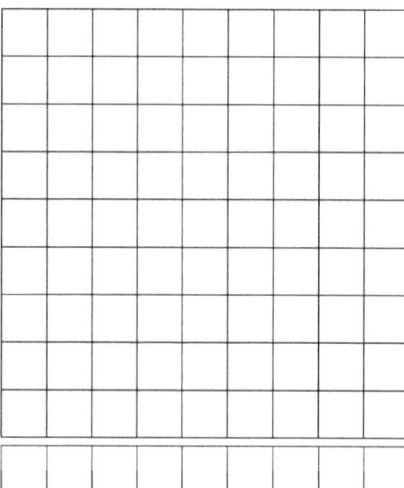

3. Ombre une aire pour diviser le rectangle de 16 x 4 en 2 petits triangles. Ensuite, trouve la somme des aires des deux petits triangles pour trouver l'aire totale. Explique ton raisonnement.

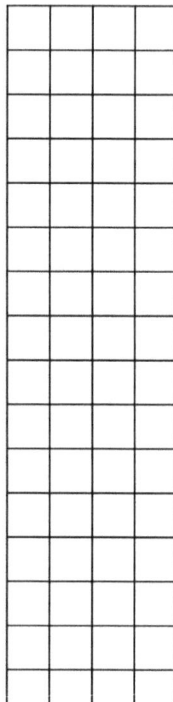

UNE HISTOIRE D'UNITÉS — Leçon 11 Aide aux devoirs 3•4

1. Les rectangles ci-dessous ont la même aire. Déplace les parenthèse pour trouver la longueur des côtés inconnus. Ensuite, résous-les.

a.

6 cm
4 cm

Aire : $4 \times \underline{\ 6\ } = \underline{\ 24\ }$

Aire : $\underline{\ 24\ }$ cm²

Je peux multiplier les longueurs des côtés pour trouver l'aire.

b.

$\underline{\ 12\ }$ cm
$\underline{\ 2\ }$ cm

Aire : $4 \times 6 = (2 \times 2) \times 6$
$= 2 \times (2 \times 6)$
$= \underline{\ 2\ } \times \underline{\ 12\ }$
$= \underline{\ 24\ }$

Aire : $\underline{\ 24\ }$ cm²

Je peux déplacer les parenthèses pour qu'elles soient autour de 2 x 6. Après avoir multiplié 2 x 6, j'ai de nouvelles longueurs de côté de 2 cm et 12 cm. Je peux marquer les longueurs des côtés sur le rectangle. L'aire n'a pas changé, elle est toujours de 24 cm².

2. Le Problème 1 montre-t-il toutes les longueurs entières possibles des côtés d'un rectangle avec une aire de 24 centimètres carrés ? Comment le sais-tu ?

Non, le problème 1 ne montre pas toutes les longueurs de côté possibles des nombres entiers. Je vérifie en essayant de multiplier chaque nombre de 1 à 10 par un autre nombre pour qu'il soit égal à 24. Si je peux trouver des nombres qui font 24 quand je les multiplie, alors je sais que ce sont des longueurs de côté possibles.

Je sais que 1 x 24 = 24. Ainsi, 1 cm et 24 cm sont des longueurs de côté possibles. J'ai déjà un fait de multiplication pour 2, 2 x 12. Je sais que 3 x 8 = 24, ce qui signifie 8 x 3 = 24. J'ai déjà un fait de multiplication pour 4, 4 x 6. Cela signifie également que j'ai un fait pour 6, 6 x 4 = 24. Je sais qu'il n'y a pas un nombre entier qui puisse être multiplié par 5, 7, 9 ou 10 qui soit égal à 24. Ainsi, outre les longueurs de côté du problème 1, les autres pourraient être de 1 cm et 24 cm ou de 8 cm et 3 cm.

Je sais que je ne peux pas avoir des longueurs de côté qui sont à la fois des nombres à deux chiffres car lorsque je multiplie 2 nombres à deux chiffres, le produit est beaucoup plus grand que 24.

Leçon 11 : Déterminer les longueurs possibles en nombres entiers des côtés de rectangles avec une aire de 24, 36, 48 ou 72 unités carrées en utilisant la propriété associative.

3.

   a. Trouve l'aire du rectangle ci-dessous.

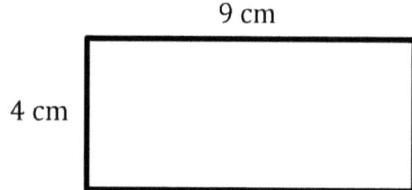

   Aire $= 4 \times 9$
   $= 36$
   L'aire du rectangle est de 36 centimètres carrés.

   b. Marcus dit qu'un rectangle de 2 cm par 18 cm a la même aire que le rectangle de la partie (a). Place des parenthèses dans l'équation pour trouver le fait associé et résous. Marcus a-t-il raison ? Pourquoi et pourquoi pas ?

   $2 \times 18 = 2 \times (2 \times 9)$
   $= (2 \times 2) \times 9$
   $= \underline{\ 4\ } \times \underline{\ 9\ }$
   $= \underline{\ 36\ }$

   Aire : __36__ cm²

   Oui, Marcus a raison car je peux réécrire 18 comme 2 x 9. Ensuite, je peux déplacer les parenthèses pour qu'elles soient autour de 2 x 2. Après avoir multiplié 2 x 2, j'ai 4 cm et 9 cm comme longueurs de côté, comme dans la partie (a).

   $2 \times 18 = 4 \times 9 = 36$

   Même si les rectangles des parties (a) et (b) ont des longueurs de côté différentes, les aires sont les mêmes. Réécrire 18 comme 2 x 9 et déplacer les parenthèses m'aide à voir que 2 x 18 = 4 x 9.

   c. Utilise l'expression 4 x 9 pour trouver la longueur des côtés d'un rectangle ayant la même aire que le rectangle dans la partie (a). Montre tes équations en utilisant des parenthèses. Ensuite, estime pour dessiner le rectangle et étiquette la longueur des côtés.

   $4 \times 9 = 4 \times (3 \times 3)$
   $= (4 \times 3) \times 3$
   $= 12 \times 3$
   $= 36$

   Aire : 36 cm²

   Je peux réécrire 9 comme 3 X 3. Ensuite, je peux déplacer les parenthèses et multiplier pour trouver les nouvelles longueurs de côté, 12 cm et 3 cm. Je peux estimer pour dessiner le nouveau rectangle. Si nécessaire, je peux utiliser l'addition répétée, 12 + 12 + 12, pour vérifier que 12 x 3 = 36.

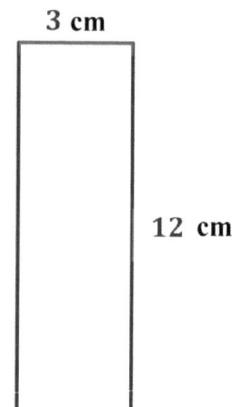

Nom _____ Date _____

1. Les rectangles ci-dessous ont la même aire. Déplace les parenthèse pour trouver la longueur des côtés inconnus. Ensuite, résous-les.

36 cm
1 cm [rectangle]

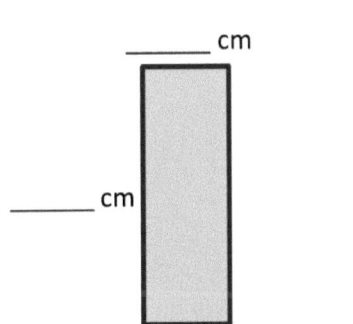

b. Aire : 1 x 36 = ____

Aire : ____ cm carrés

a. Aire : 4 x ____ = ____

Aire : ____ cm carrés

2 cm [rectangle] ____ cm

c. Aire : **4 × 9** = (2 × 2) × 9

= 2 × 2 × 9

= ____ × ____

= ____

Aire : ____ cm carré

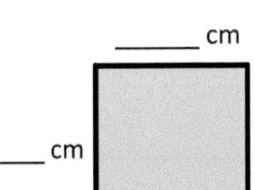

d. Aire : **4 × 9** = 4 × (3 × 3)

= 4 × 3 × 3

= ____ × ____

= ____

Aire : ____ cm carrés

e. Aire : **12 × 3** = (6 × 2) × 3

= 6 × 2 × 3

= ____ × ____

= ____

Aire : ____ cm carrés

[square with ____ cm on top and ____ cm on side]

2. Le Problème 1 montre-t-il toutes les longueurs entières possibles des côtés d'un rectangle avec une aire de 36 centimètres carrés ? Comment le sais-tu ?

3. a. Trouve l'aire du rectangle ci-dessous.

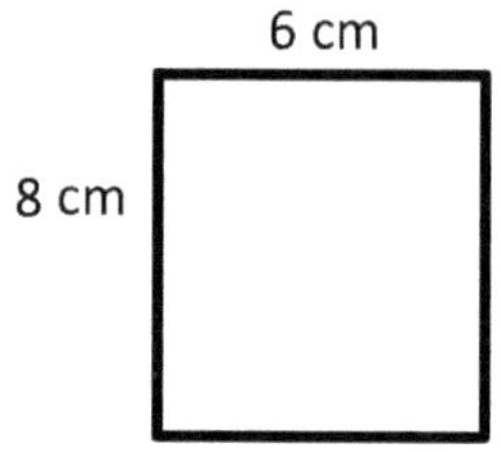

   6 cm
   8 cm

   b. Hilda dit qu'un rectangle de 4 cm par 12 cm a la même aire que le rectangle de la partie (a). Place des parenthèses dans l'équation pour trouver le fait associé et résous. Hilda a-t-elle raison ? Pourquoi et pourquoi pas ?

   4 × 12 = 4 × 2 × 6

   = 4 × 2 × 6

   = _____ × _____

   = _____

   Aire : _____ cm carrés

   c. Utilise l'expression 8 × 6 pour trouver des longueurs des côtés différentes pour un rectangle ayant la même aire que le rectangle dans la Partie (a). Montre tes équations en utilisant des parenthèses. Ensuite, estime pour dessiner le rectangle et étiquette la longueur des côtés.

1. Molly dessine un carré avec des côtés de 8 pouces de long. Quelle est l'aire du carré ?

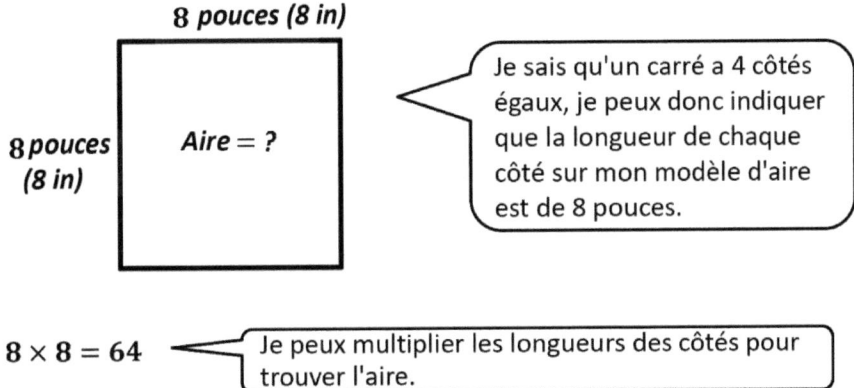

$8 \times 8 = 64$

Je peux multiplier les longueurs des côtés pour trouver l'aire.

L'aire du carré est de 64 pouces carrés.

2. Chaque ☐ fait 1 unité carrée. Nathan utilise les même unités carrées pour dessiner un rectangle de 2 x 8 et il dit qu'il a la même aire que le rectangle ci-dessous. A-t-il raison ? Explique pourquoi ou pourquoi pas.

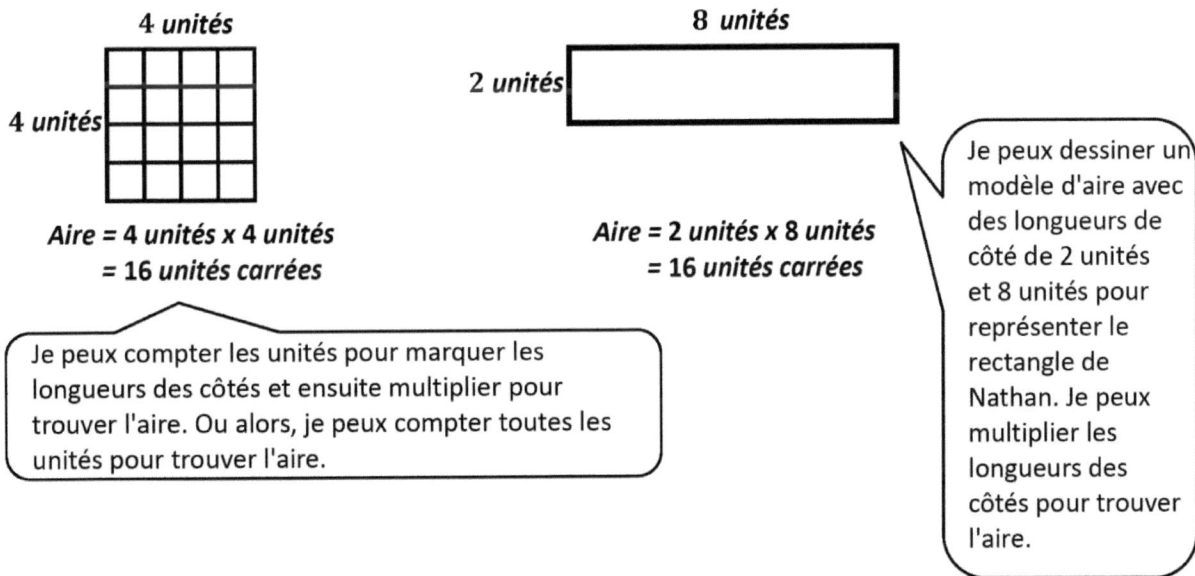

Oui, Nathan a raison. Les deux rectangles ont la même aire, 16 unités carrées. Les rectangles ont des côtés de longueurs différentes, mais lorsque tu multiplies les longueurs des côtés, tu obtiens la même aire.

$$4 \times 4 = 2 \times 8 = 16$$

Leçon 12 : Résoudre les problèmes de mots impliquant l'aire.

3. Un carnet rectangulaire a une aire totale de 24 pouces carrés. Dessine et étiquette deux carnets possible avec des longueurs de côtés différentes, ayant chacun une aire de 24 pouces carrés.

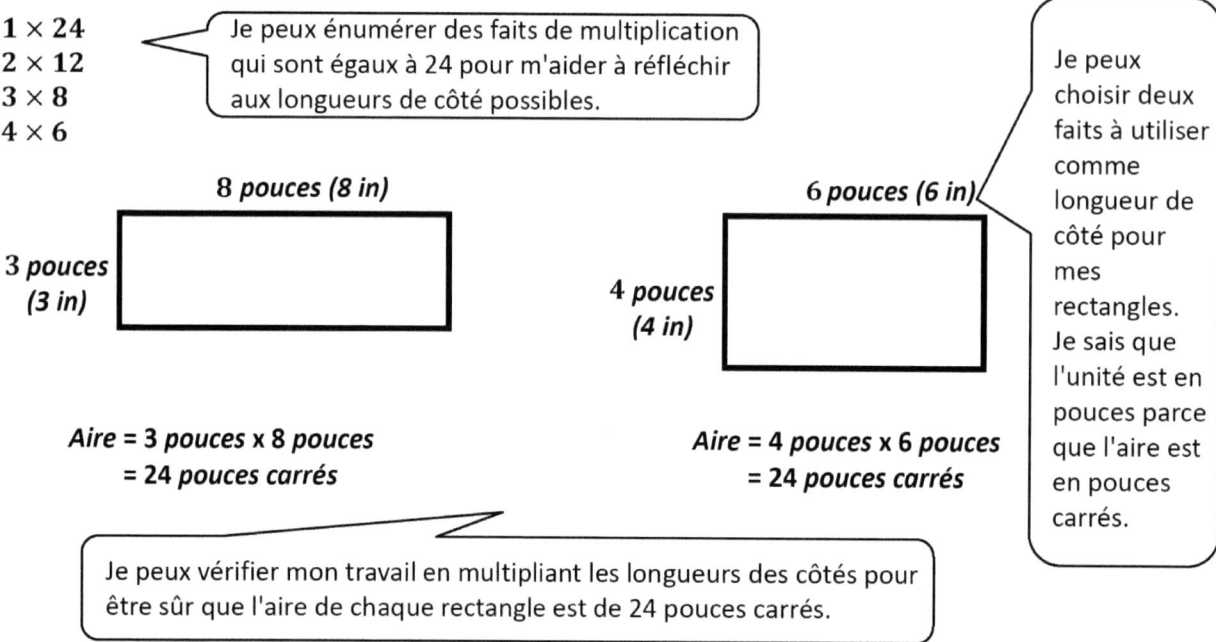

4. Sophie fait le modèle ci-dessous. Trouve et explique son modèle. Ensuite, dessine la cinquième figure de son modèle.

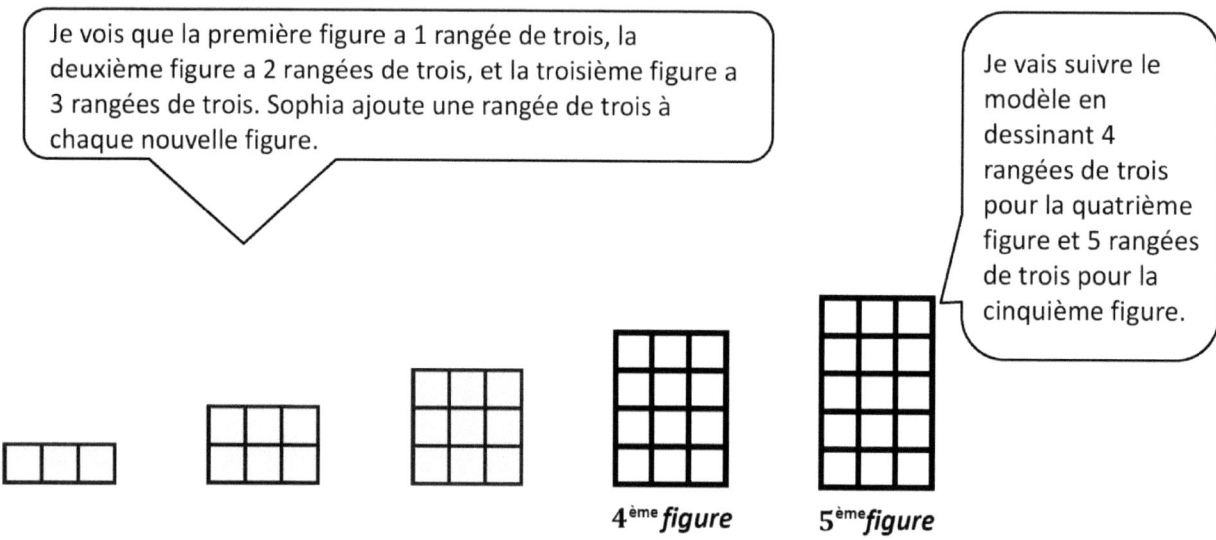

Sophia ajoute 1 rangée de trois à chaque figure. La cinquième figure a 5 rangées de trois.

Nom _____ Date _____

1. Un calendrier carré a des côté de 9 pouces de long. Quelle est l'aire du calendrier ?

2. Chaque  fait 1 unité carrée. Sienna utilise la même unité carrée pour dessiner un rectangle de 6 x 2 et dit qu'il a la même aire que le rectangle ci-dessous. A-t-elle raison ? Explique pourquoi ou pourquoi pas.

3. La surface d'une table de bureau a une aire de 15 pieds carrés. Sa longueur est de 5 pieds. Quelle est la largeur de la table de bureau ?

4. Un jardin rectangulaire a une aire totale de 48 yards carrés. Dessine et étiquette deux jardins rectangulaires possibles avec des longueurs de côtés différentes ayant la même aire.

5. Lila fait le modèle ci-dessous. Trouve et explique son modèle. Ensuite, dessine la *cinquième* figure de son modèle.

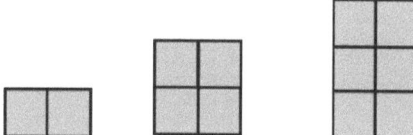

1. La figure ombrée ci-dessous est faite de 2 rectangles. Trouve l'aire totale de la figure ombrée.

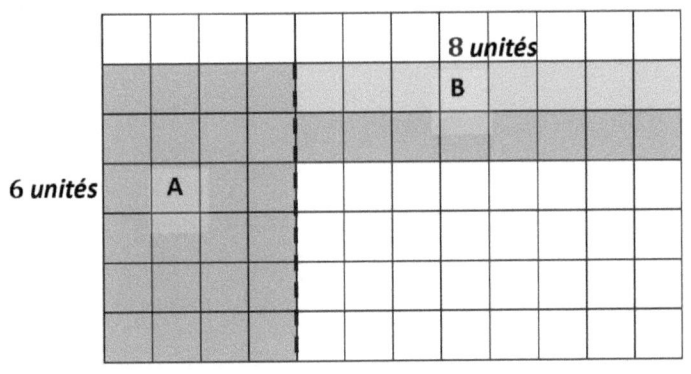

Je peux compter les unités carrées et marquer les longueurs des côtés de chaque rectangle à l'intérieur de la figure.

$6 \times 4 = 24$ $2 \times 8 = 16$

Je peux multiplier les longueurs des côtés pour trouver l'aire de chaque rectangle à l'intérieur de la figure.

Aire de A :
24 unités carrées

Aire de B :
16 unités carrées

Je peux additionner les aires des rectangles pour trouver la superficie totale du chiffre.

Aire de A + Aire de B = __24__ unités carrées + __16__ unités carrées = __40__ unités carrées

6   10

$24 + 6 = 30$
$30 + 10 = 40$

Je peux utiliser une liaison numérique pour m'aider à faire un dix à ajouter. Je peux décomposer 16 en 6 et 10. 24 + 6 = 30 et 30 + 10 = 40. L'aire de la figure est de 40 unités carrées.

Leçon 13 : Trouver des aires en décomposant en rectangles ou en complétant des figures composées pour former des rectangles.

2. La figure montre un petit rectangle découpé d'un grand rectangle. Trouve l'aire de la figure ombrée.

$9 \times 9 = 81$
$5 \times 7 = 35$

Je peux multiplier les longueurs des côtés pour trouver les aires du grand rectangle et du rectangle non ombragé.

Aire de la figure ombrée : __81__ − __35__ = __46__

Aire de la figure ombrée : __46__ centimètres carrés

Je peux soustraire l'aire du rectangle non ombragé de l'aire du grand rectangle. Cela m'aide à trouver exactement l'aire de la figure ombrée.

3. La figure montre un petit rectangle découpé d'un grand rectangle.

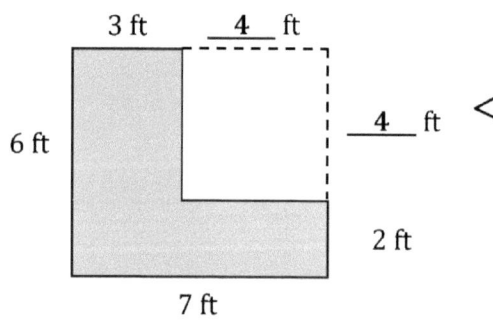

Je peux le marquer comme "4 ft" parce que le côté opposé du rectangle est de 6 ft. Puisque les côtés opposés des rectangles sont égaux, je peux soustraire la partie connue de la longueur de ce côté, 2 pieds (2 ft), de la longueur du côté opposé, 6 pieds (6 ft). 6 ft − 2 ft = 4 ft. Je peux utiliser une stratégie similaire pour trouver l'autre mesure inconnue : 7 ft - 3 ft = 4 ft.

a. Étiquette les mesures inconnues.

b. Aire du grand rectangle : __6__ pieds x __7__ pieds = __42__ pieds carrés

c. Aire du petit rectangle : __4__ pieds x __4__ pieds = __16__ pieds carrés

d. Trouve l'aire de la partie ombrée uniquement.

$$42 \text{ sq ft} - 16 \text{ sq ft} = 26 \text{ sq ft}$$

L'aire de la figure ombrée est de 26 pieds carrés

Je peux soustraire l'aire du petit rectangle de l'aire du grand rectangle pour trouver seulement l'aire de la partie ombrée.

Nom _____ Date _____

1. Chacune des figures suivantes est composée de 2 rectangles. Trouve l'aire totale de chaque figure.

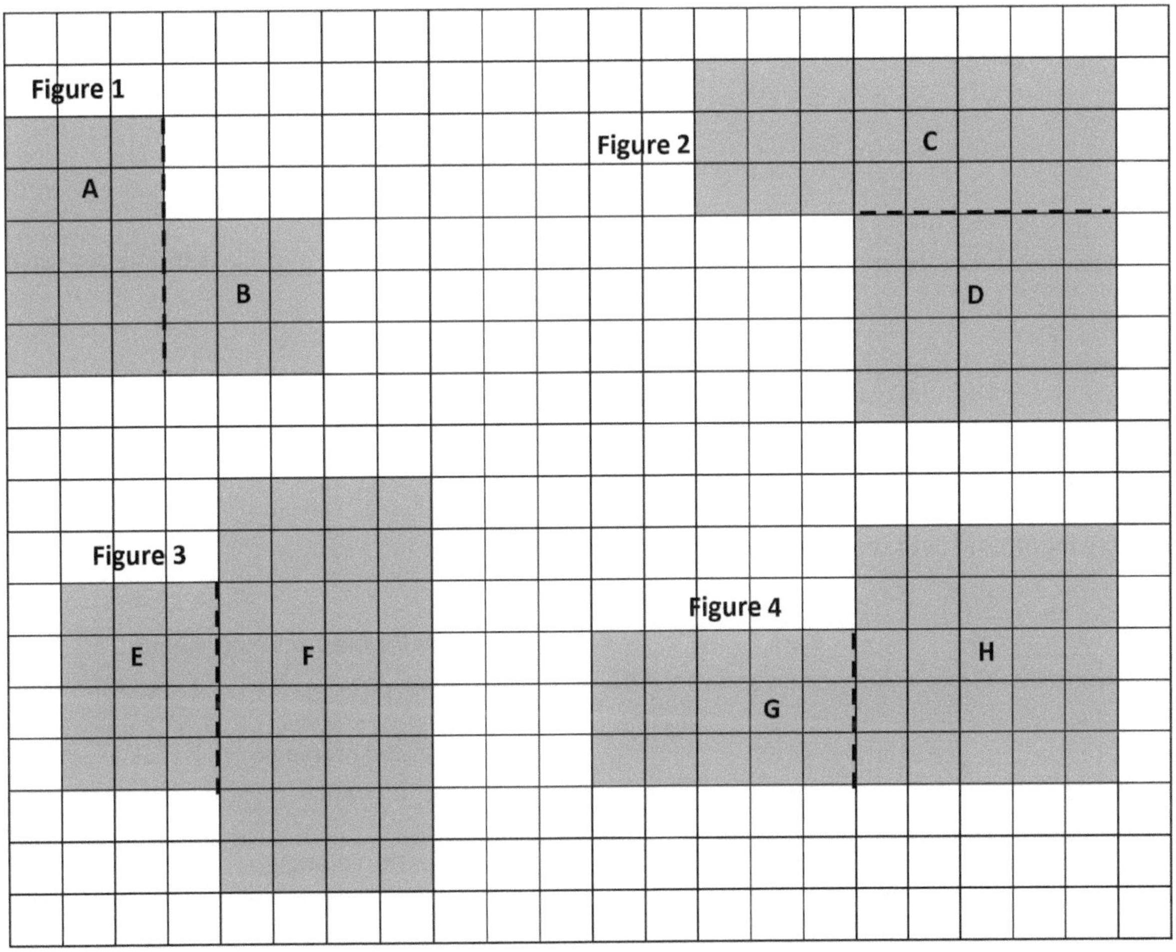

Figure 1 : Aire de A + Aire de B : _____ unités carrées + _____ unités carrées = _____ unités carrées

Figure 2 : Aire de C + Aire de D : _____ unités carrées + _____ unités carrées = _____ unités carrées

Figure 3 : Aire de E + Aire de F : _____ unités carrées + _____ unités carrées = _____ unités carrées

Figure 4 : Aire de G + Aire de H : _____ unités carrées + _____ unités carrées = _____ unités carrées

Leçon 13 : Trouver des aires en décomposant en rectangles ou en complétant des figures composées pour former des rectangles.

2. La figure montre un petit rectangle découpé d'un grand rectangle. Trouve l'aire de la figure ombrée.

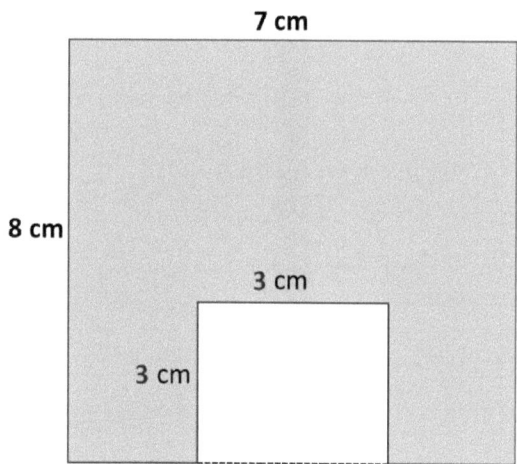

Aire de la figure ombrée : _____ - _____ = _____

Aire de la figure ombrée : _____ centimètres carrés

3. La figure montre un petit rectangle découpé d'un grand rectangle.

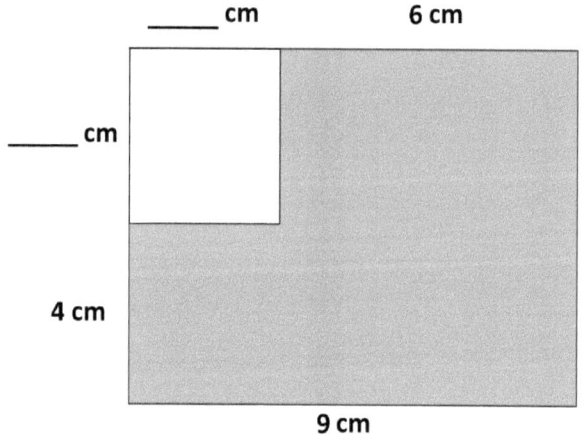

a. Étiquette les mesures inconnues.

b. Aire du grand rectangle :
_____ cm x _____ cm = _____ cm carrés

c. Aire du petit rectangle :
_____ cm x _____ cm = _____ cm carrés

d. Trouve l'aire de la figure ombrée.

1. Trouve l'aire de la figure suivante composée de rectangles.

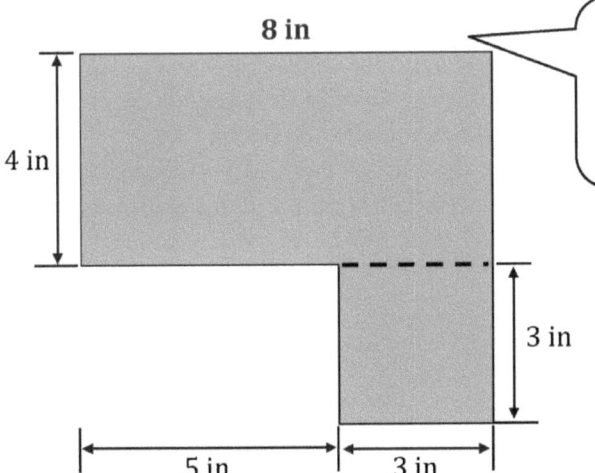

Je peux marquer la longueur de ce côté inconnu comme 8 pouces parce que le côté opposé est de 5 pouces et 3 pouces, ce qui fait un total de 8 pouces. Les côtés opposés d'un rectangle sont égaux.

$4 \times 8 = 32$

$3 \times 3 = 9$

$32 + 9 = ?$

31 1

$1 + 9 = 10$

$31 + 10 = 41$

Je peux trouver l'aire de la figure en trouvant les aires des deux rectangles et en les additionnant. Je peux utiliser une liaison numérique pour faciliter cette addition.

L'aire de la figure est de 41 pouces carrés.

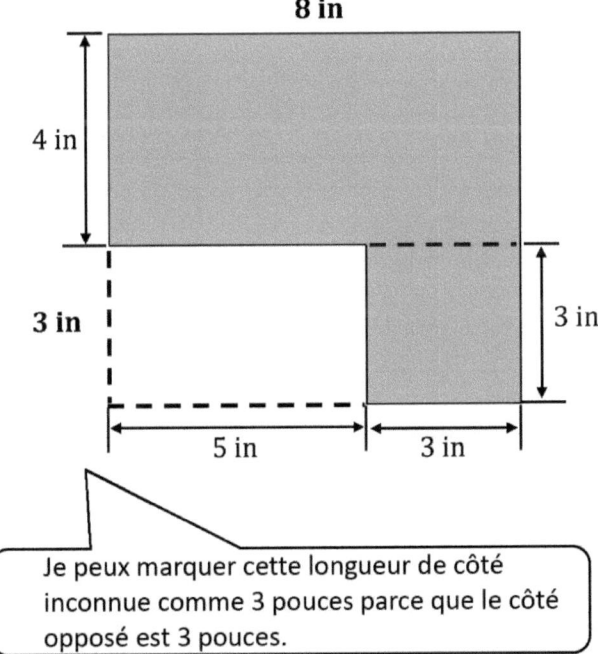

$8 \times 7 = 56$

$3 \times 5 = 15$

$56 - 15 = 41$

Ou alors, je peux trouver l'aire de la figure en traçant des lignes pour compléter le grand rectangle. Ensuite, je peux trouver les aires du grand rectangle et de la partie non ombragée. Je peux soustraire l'aire de la partie non ombragée de l'aire du grand rectangle. Quoi qu'il en soit, l'aire de la figure est de 41 pouces carrés.

Je peux marquer cette longueur de côté inconnue comme 3 pouces parce que le côté opposé est 3 pouces.

UNE HISTOIRE D'UNITÉS   Leçon 14 Aide aux devoirs   3•4

2. La figure ci-dessous montre un petit rectangle issu d'un grand rectangle. Trouve l'aire de la zone ombrée.

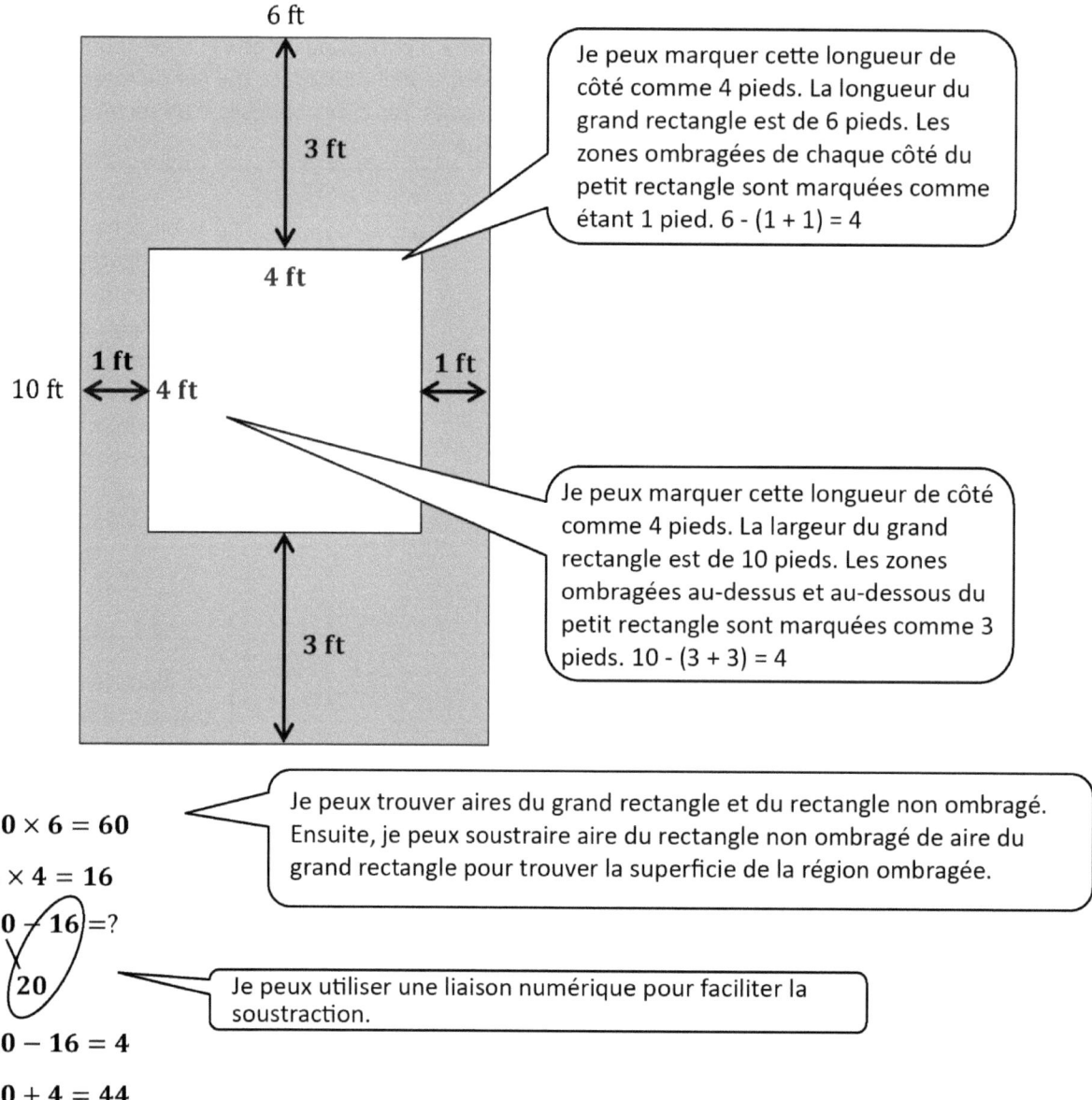

Je peux marquer cette longueur de côté comme 4 pieds. La longueur du grand rectangle est de 6 pieds. Les zones ombragées de chaque côté du petit rectangle sont marquées comme étant 1 pied. 6 - (1 + 1) = 4

Je peux marquer cette longueur de côté comme 4 pieds. La largeur du grand rectangle est de 10 pieds. Les zones ombragées au-dessus et au-dessous du petit rectangle sont marquées comme 3 pieds. 10 - (3 + 3) = 4

$10 \times 6 = 60$

$4 \times 4 = 16$

$60 - 16 = ?$

40 20

Je peux trouver aires du grand rectangle et du rectangle non ombragé. Ensuite, je peux soustraire aire du rectangle non ombragé de aire du grand rectangle pour trouver la superficie de la région ombragée.

Je peux utiliser une liaison numérique pour faciliter la soustraction.

$20 - 16 = 4$

$40 + 4 = 44$

L'aire de la zone ombrée est de 44 pieds carrés.

Leçon 14 : Trouver des aires en décomposant en rectangles ou en complétant des figures composées pour former des rectangles.

Nom _____ Date _____

1. Trouve l'aire de chacune des figures suivantes. Toutes les figures sont composées de rectangles.

   a.

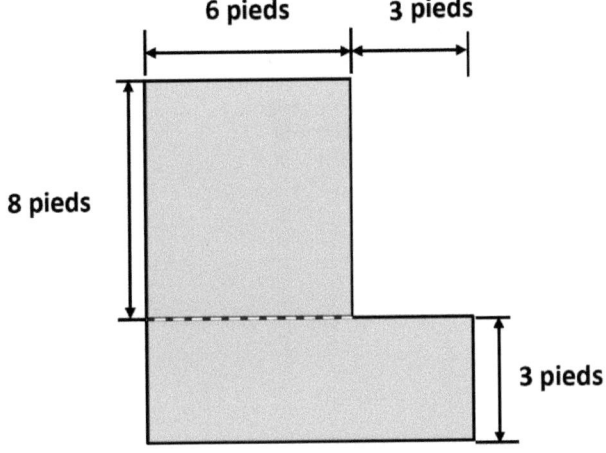

   b.

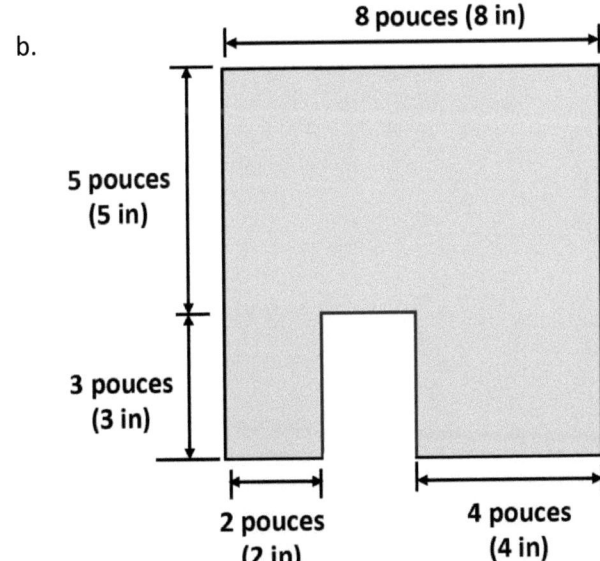

2. La figure ci-dessous montre un petit rectangle issu d'un grand rectangle.

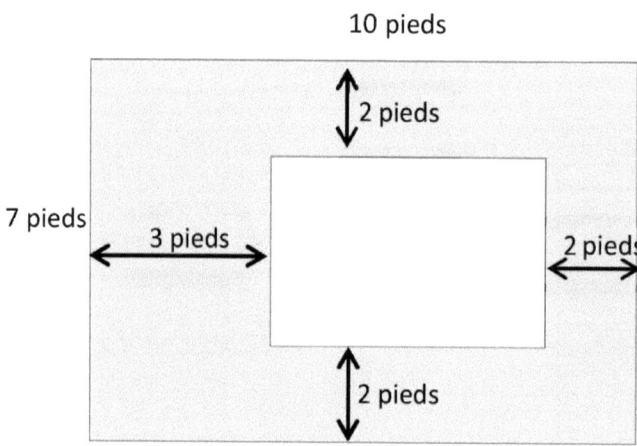

a. Etiquette la longueur des côtés de la zone non ombrée.

b. Trouve l'aire de la zone ombrée.

Utilise une règle pour mesurer la longueur des côtés de chaque pièce numérotée sur le plan du sol en centimètres. Ensuite, trouve chaque aire. Utilise les mesures ci-dessous pour faire correspondre et étiqueter les pièces.

Cuisine/salon : 78 centimètres carrés

Chambre : 48 centimètres carrés

Salle de bain : 24 centimètres carrés

Couloir : 6 centimètres carrés

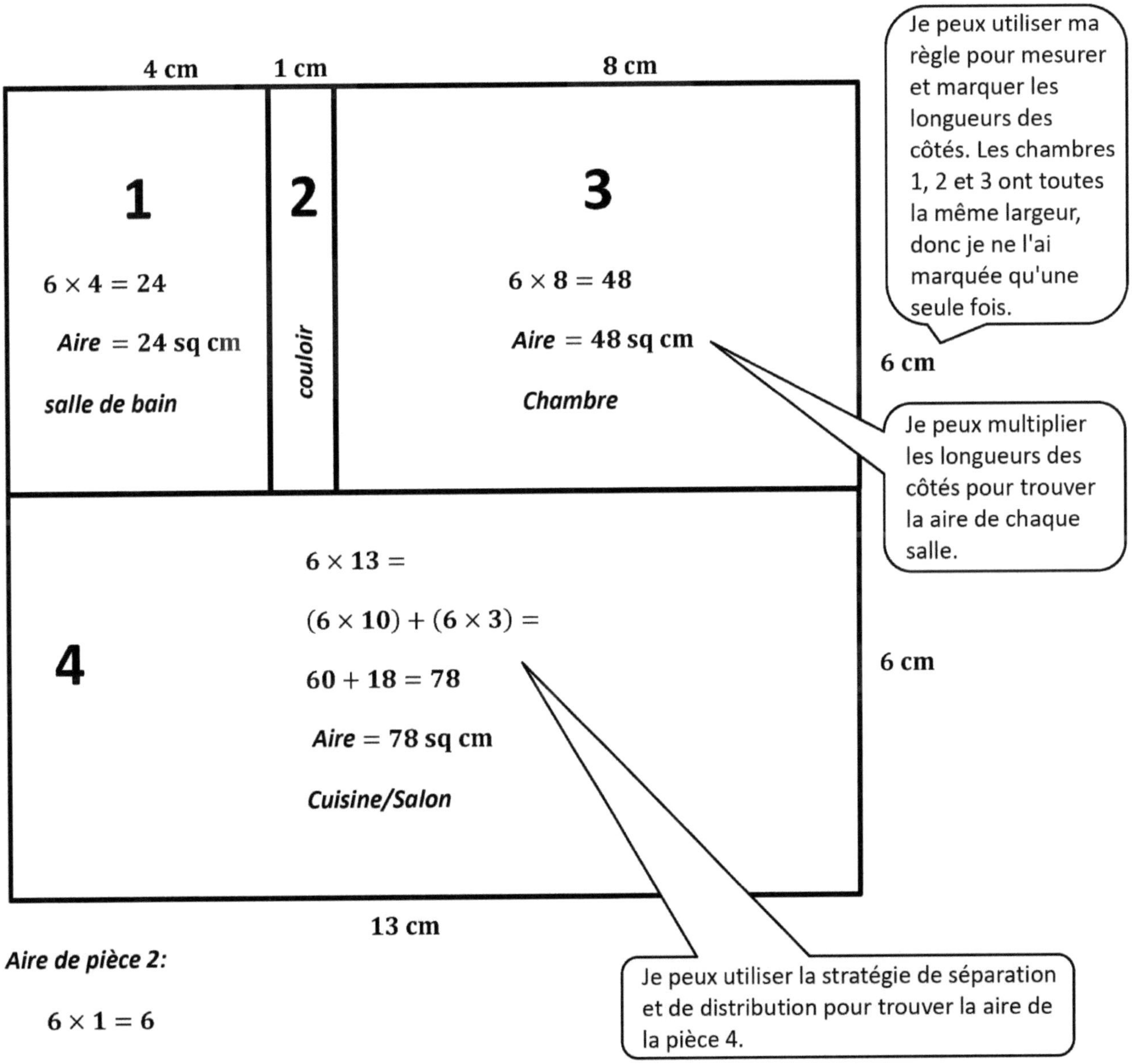

4 cm   1 cm   8 cm

1

$6 \times 4 = 24$

Aire $= 24$ sq cm

salle de bain

2

couloir

3

$6 \times 8 = 48$

Aire $= 48$ sq cm

Chambre

Je peux utiliser ma règle pour mesurer et marquer les longueurs des côtés. Les chambres 1, 2 et 3 ont toutes la même largeur, donc je ne l'ai marquée qu'une seule fois.

6 cm

Je peux multiplier les longueurs des côtés pour trouver la aire de chaque salle.

4

$6 \times 13 =$

$(6 \times 10) + (6 \times 3) =$

$60 + 18 = 78$

Aire $= 78$ sq cm

Cuisine/Salon

6 cm

13 cm

Je peux utiliser la stratégie de séparation et de distribution pour trouver la aire de la pièce 4.

Aire de pièce 2:

$6 \times 1 = 6$

Aire $= 6$ sq cm

Leçon 15 : Appliquer ses connaissances de l'aire pour déterminer les aires de pièces à partir d'un plan au sol.

Nom _____ Date _____

Utilise une règle pour mesurer la longueur des côtés de chaque pièce numérotée en centimètres. Ensuite, trouve l'aire. Utilise les mesures ci-dessous pour faire correspondre et étiqueter les pièces avec les aires correctes.

Cuisine : 45 centimètres carrés

Salon : 63 centimètres carrés

Porche : 34 centimètres carrés

Chambre : 56 centimètres carrés

Salle de bain : 24 centimètres carrés

Couloir : 12 centimètres carrés

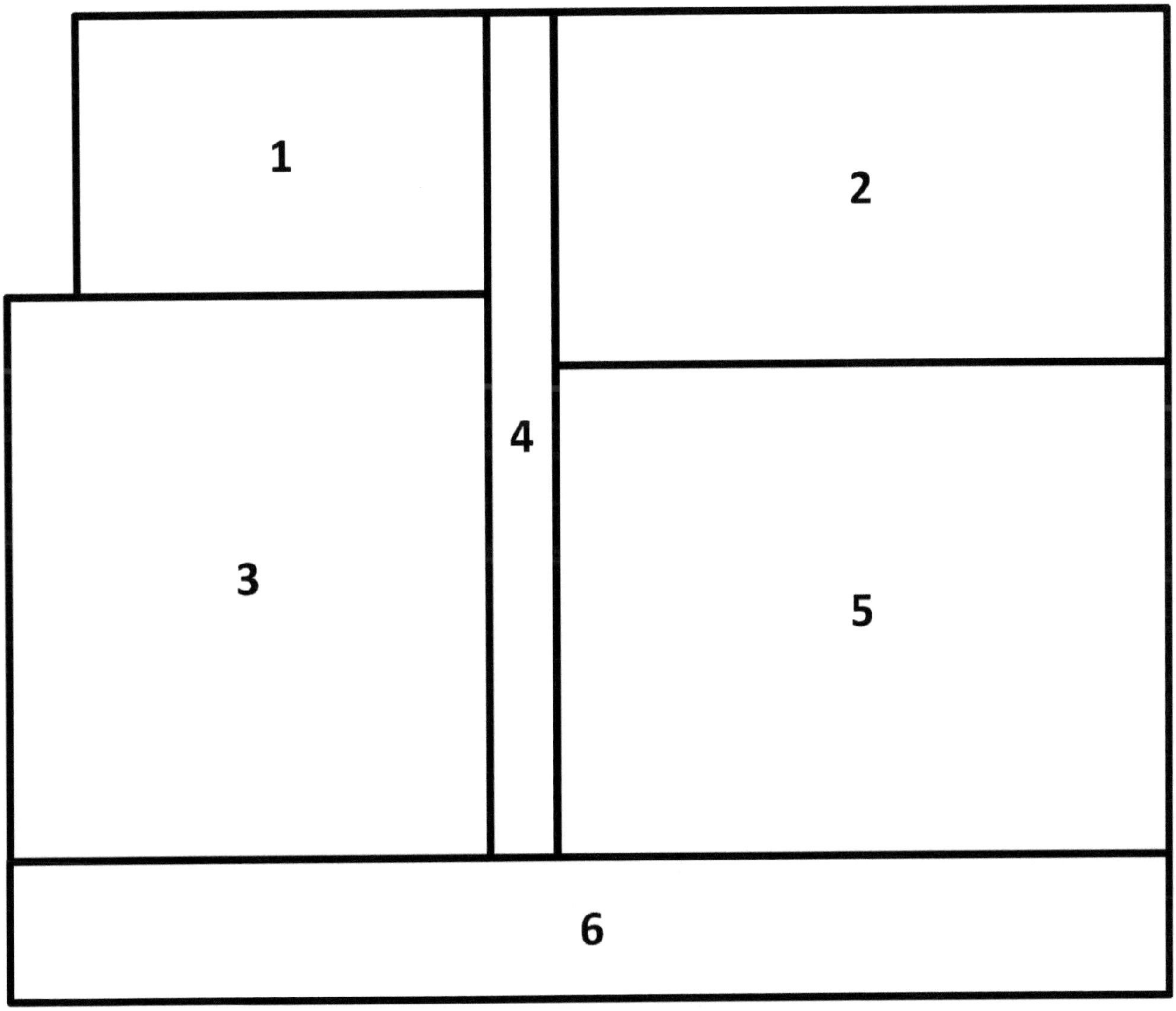

Mme Harris a conçu sa salle de classe de rêve sur un papier quadrillé. Le diagramme montre quelle quantité d'espace elle attribué à chaque aire rectangulaire. Utilise les informations dans le diagramme pour dessiner et étiqueter un dessin possible de la salle de classe de Mme Harris.

Zone de lecture	48 unités carrées	6×8
Zone de tapis	72 unités carrées	9×8
Zone de bureau pour les élèves	90 unités carrées	10×9
Zone scientifique	56 unités carrées	7×8
Zone mathématique	64 unités carrées	8×8

Je peux penser à des faits de multiplication qui égalent chaque aire. Je peux ensuite utiliser les faits de multiplication comme longueur de côté de chaque aire rectangulaire. Je peux utiliser la grille pour m'aider à dessiner chaque aire rectangulaire.

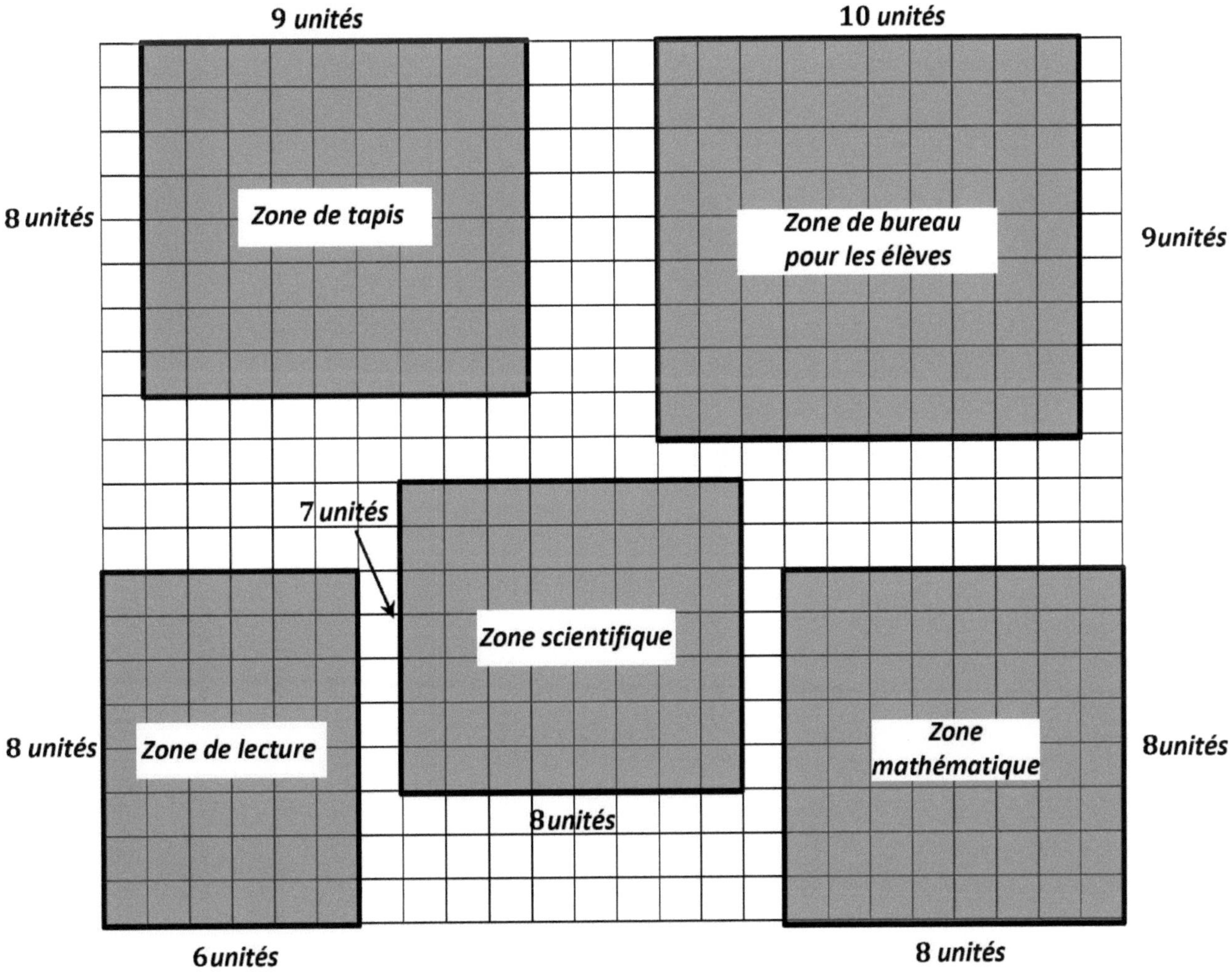

Leçon 16 : Appliquer ses connaissances de l'aire pour déterminer les aires de pièces à partir d'un plan au sol.

Nom _____ Date _____

Jeremy conçoit et dessine son propre terrain de jeu de rêve sur un papier quadrillé. Son nouveau terrain de jeu couvrira une aire totale de 100 unités carrées. Le diagramme montre quelle quantité d'espace il a attribué à chaque pièce d'équipement, ou aire. Utilise les informations du diagramme pour dessiner et étiqueter une manière possible dont Jeremy peut jouer sur son terrain de jeu.

Terrain de basket ball	10 unités carrées
Gymnase	9 unités carrées
Glissoir	6 unités carrées
Terrain de football	24 unités carrées

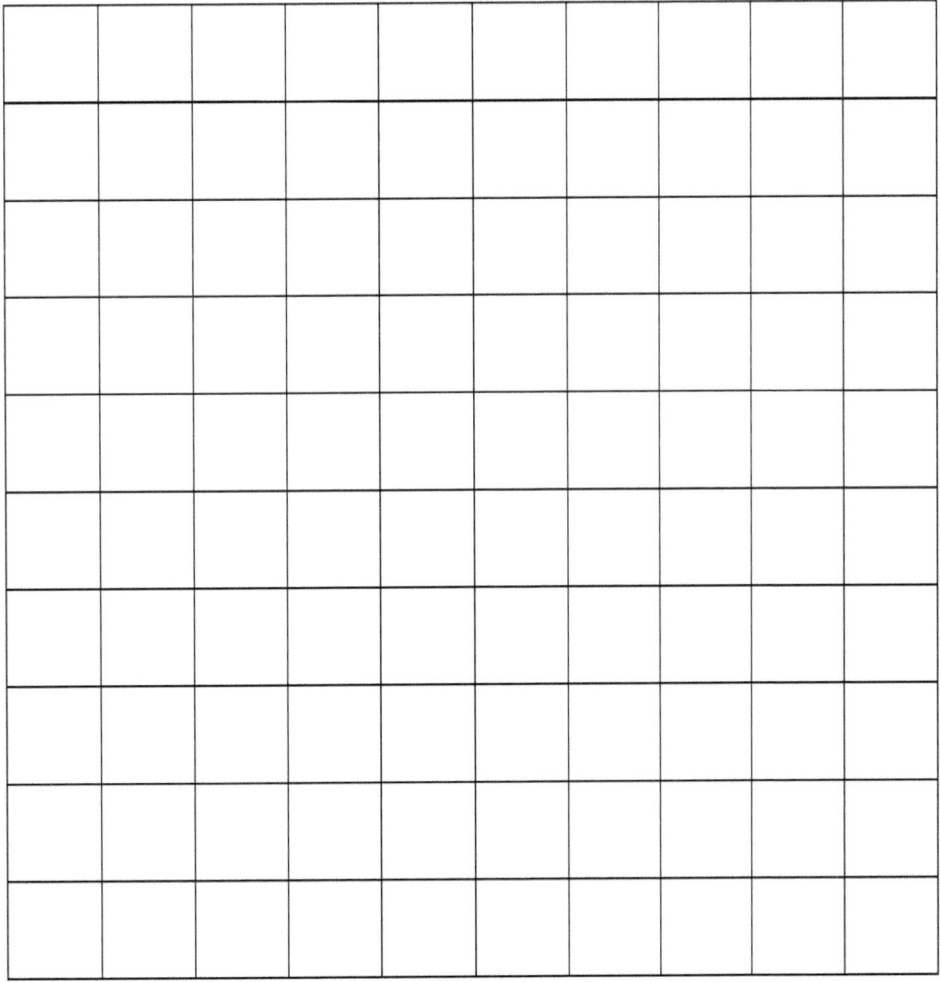

Leçon 16 : Appliquer ses connaissances de l'aire pour déterminer les aires de pièces à partir d'un plan au sol.

Crédits

Great Minds® a fait tout son possible pour obtenir l'autorisation de réimprimer tout le matériel protégé par des droits d'auteur. Si un propriétaire de matériel protégé par des droits d'auteur n'est pas mentionné dans le présent document, veuillez contacter Great Minds pour qu'il soit dûment mentionné dans toutes les éditions et réimpressions futures de ce module.

Printed by Libri Plureos GmbH in Hamburg, Germany